知识生产的原创基地
BASE FOR ORIGINAL CREATIVE CONTENT

颉腾商业
JIE TENG BUSINESS

2052

气候、环境
与人类的未来

2052
A GLOBAL FORECAST
FOR THE NEXT FORTY YEARS

[挪] 乔根·兰德斯（Jorgen Randers）———— 著

叶硕————译

华龄出版社
HUALING PRESS

图书在版编目（CIP）数据

2052：气候、环境与人类的未来 /（挪）乔根·兰德斯 (Jorgen Randers) 著；叶硕译 . — 北京：华龄出版社，2023.3

ISBN 978-7-5169-2467-9

Ⅰ . ① 2… Ⅱ . ①乔… ②叶… Ⅲ . ①气候影响—可持续发展—研究 Ⅳ . ① X22

中国国家版本馆 CIP 数据核字 (2023) 第 052224 号

北京市版权局著作权合同登记号 图字：01-2023-1316 号

策划编辑 颉腾文化

责任编辑 苗昊聪　　　　　　　　　　　　**责任印制** 李末圻

书　　名	2052：气候、环境与人类的未来
作　　者	[挪威] 乔根·兰德斯（Jorgen Randers）
译　　者	叶硕

出　　版
发　　行　华龄出版社　HUALING PRESS

社　　址	北京市东城区安定门外大街甲 57 号	**邮　　编**	100011
发　　行	（010）58122255	**传　　真**	（010）84049572
承　　印	文畅阁印刷有限公司		
版　　次	2023 年 4 月第 1 版	**印　　次**	2023 年 4 月第 1 次印刷
规　　格	710mm×1000mm	**开　　本**	1/16
印　　张	23	**字　　数**	374 千字
书　　号	978-7-5169-2467-9		
定　　价	99.00 元		

推荐序

以生态文明行动逆转未来

今天人类正在历经百年未有之大变局，地球正在历经 6500 万年未有之大变局（即第六次生物大灭绝），人类必须开启第四次新文明（即生态文明）以期达到地球生命共同体的可持续生存与发展。每个人都希望预知未来，尤其是在这样一个充满不确定性的巨变时代，本书可以帮助我们做到这一点。

自 2018 年中文版首印，至 2023 年再版，重温《2052》，我依然对作者乔根·兰德斯教授开篇所述的感知未来而"忧虑"有感于心。这种忧虑自多年前在海外留学期间读了作者参与写作的《增长的极限》之后，便一直存在。《增长的极限》出版 50 年来，一直都被高度关注，并以多种文字不断重印。至今，我在全身心投入生态环境保护工作和生态文明研究的事业时，这种忧虑，也从未减轻。

《增长的极限》从人口变动、食物生产、工业产出、资源使用和环境污染五大方面，对人类社会至 2100 年的发展趋势进行了模拟分析，并按照当时的发展模式得出了人类未来生存的环境将难以为继的结论。《2052》则从宏观层面，以一个更短的时间段，对世界经济、社会发展将会发生的变化进行了阐述。这些阐述契合了作者的忧虑：到 2052 年，虽然人们会采取一些积极有效的措施，自然资源消耗也尚未达到极限，但未来依然不容乐观。

我们所忧虑的是什么呢？是对人类可能在2052年遭遇的局部崩溃的担忧吗？也许，更确切的表述应当是对"延迟"的忧虑。就像作者在书中所述：解决方案不会在一夜之间出现，但仅仅"解决方案和实施延迟"阶段，就很可能耗掉十年光阴。而在我们看来，十年，已经是一个十分乐观的估算。

"延迟"的危害，在300多年资本主义工业文明的发展进程中已是一目了然。

我们曾多次在公开演讲中强调目前人类所面临三大危机：全球气候变暖、生物多样性丧失以及公共健康危机。这些危机已经通过日益增多的旱涝灾害、自然景观消减和频繁发生的各类疫情等大家或感同身受或难以察觉的方式，在世界的各地不断展现。但遗憾的是，人们在300多年工业文明所塑造的资本主义发展范式中的急行脚步，并未能因此得以放缓。

中国同样在工业文明的全球化浪潮中受到影响，因为发展飞速，影响也更迅猛。我在北京长大，幼时北京的二、三环外，就有天然荒地、水洼、湿地、农田。繁茂的草木，蛙鸣蝶飞，给我的童年增加了很多乐趣。而今这些自然野趣已陆续被鳞次栉比的高楼、平整宽阔的柏油路所取代。规划整齐的绿化带里，单一树种整齐排列，树干刷着防虫石灰粉并定期喷洒农药，人工草坪两三年更换一次草皮……

北京只是一个缩影。在全球范围内，人类在追求经济增长的过程中，不断以工业化手段大规模地改造自然，我们也离自然越来越远。即便已经有越来越多的研究数据和鲜活案例，不断证明工业化的发展方式正在极快消耗着地球的生态环境和物质基础，并引发了一系列可怕且造成惨重损失的气候灾害，也有相当一部分有识之士充分认识到果决采取可持续发展的必要性，但现状依然是：人们难以改变和停下既有脚步。人类很难会为了500年后大量塑料垃圾所带来的全球性污染而放弃现有使用塑料袋的便利，人们也总是更注重自身和子女当前的生活水平提升，而难以深远考虑子孙后代的福祉。兰德斯教授看到了西方政客们更是如此——其权力的获取，往往更多地来自于对公众而言更为立竿见影的福利承诺。

"延迟"所带来的忧虑，往往令我较多地对眼下的一些做法提出批评。比如大规模的河道硬化工程，以整洁美观和利于行洪的名义开展，实际上却损毁了自然河道，隔绝了水、土及周边植被进行天然的物质交换。岸边野草被清除，何来虫鸣鸟飞？又比如对自然海岸线的大规模开发利用，创造了经济价值，却破坏了滨海滩涂湿地的生态功能，让鱼蟹贝类等失去了自然海岸的依托，涉禽觅食也变得困难重重。我对这些微观层面的不可持续行为的"洞见"以及立场鲜明的批评，使得有人对我冠以"批评家"之名。然而，地球生态环境的现状已无法包容更多的延迟和观望，我们需要在整体的发展模式上做出刻不容缓的改变。

以批评之声发出呐喊，应比溢美之词更易引人警醒，正所谓"爱之深责之切"。和兰德斯教授在《2052》中对中国未来发展前景的乐观评估一样，我对中国将创造更美好的未来，同样保持高度期待。这与中国正在全力推行的生态文明建设密不可分。这部书帮助我们了解国际顶级未来学者对我们的看法，更让我们感到引领世界生态文明建设的责任。

近些年来我担任罗马俱乐部执委，并和兰德斯教授共同发起创立了罗马俱乐部中国委员会，彼此保持着密切的交流。在不间断的交流中，"中国"和"生态文明"是我们共同的高频词汇。如果说工业文明时代资本主义的发展范式，正在让人类社会不断滑向更加崩溃的未来，那么生态文明时代所倡导的绿色发展，将可以通过中国的生态文明建设实践，为全球可持续发展提供更多真实的参考和变革的契机。

兰德斯教授的《2052》著述完成于 2012 年，至今已有 11 年时间，至未来尚有 29 年时间。此时修订再版，意义重大。书中预测的情况正在逐步显现：各国正在为修补和应对气候变化等一系列生态环境问题付出更多成本，人类整体的平均福祉水平在疫情之后也开始呈现下降趋势。但就像我和兰德斯教授在交流时的共识一样：2052，乃至 2100，关于未来的趋势预测，是可以通过一系列努力来逆转的。

最后，我想说明的一点是，每个人的改变和行动，都无比重要。如我在提出"基于人本的解决方案"（Human-based Solution，HbS）时所强调的，人类是所有问题的来源，解决问题的方案取决于人类自身所采取的行动。每个人都可以通过行动在逆转不乐观的未来预测中发挥作用，这些作用或大、或小，但都不可或缺。希望中国的广大读者，能够通过阅读《2052》获得更多收益以及行动的力量。

周晋峰

中国生物多样性保护与绿色发展基金会副理事长兼秘书长

九届、十届、十一届全国政协委员

罗马俱乐部（Club of Rome）执委

2023 年 3 月 15 日于北京

致谢

如果不是因为一次无比幸运的相遇，这本书可能不会有面世的一天。1970年，我在麻省理工学院的物理学研讨会上偶然遇到了系统动力学之父——杰·W.福瑞斯特（Jay W. Forrester），那时他刚得到为罗马俱乐部写作《增长的极限》（*The Limits to Growth*）一书的合同。那次会面让我和丹尼斯·L.梅多斯（Dennis L. Meadows）结识，卓有能力的项目领导者杰选择了他来做这个项目，而丹尼斯又将多内拉·H.梅多斯（Donella H. Meadows）介绍了过来，这实为妙举，她勤奋又温和，是我们所有共同著作的伟大作者。这三个人在我的事业中都扮演了非常核心的角色，丹尼斯和达娜①还成了我一生的好朋友。我对他们无比感激！

我还要感谢：

- 丰田挪威公司、BI挪威商学院和挪威学术人员联盟（Akademikerne），它们是这一预测的特别支持者；
- 我的老朋友乌尔里希·格鲁克（Ulrich Golüke），他创建了这一预测的定量依据（统计数据、电子表格和其他模型）；
- 41位专业人员，他们热心提供了本书中的未来"洞见"部分——从而说明了，他们不仅是独立思考者，还是出色的写作者；

---

① 多内拉的昵称——译者注

- 我的所有好朋友，四十年来，他们一直坚持系统地反对着我对未来的悲观观点；
- 我的妻子玛丽和女儿恩格尔克，她们忍受着我的悲伤，并鼓励我继续奋斗，创建人与自然能够可持续和谐共处的世界；
- 世界自然基金会，将极少数真正相信地球是值得保护的人组织成一个全球性的非政府组织；
- 罗马俱乐部，他们热情欢迎本书作为罗马俱乐部的报告，当作纪念俱乐部第一份报告发表四十周年的纪念仪式的一部分；以及
- 切尔西绿色出版社，感谢他们长期以来为该书出版奉献的力量，他们使本书更具有可读性。

携起手来，我们就能共同创造一个更加美好的世界！

前言

未来会带来什么?

在一个以避免南斯拉夫战争为目的的重要会议之前,主持会议的捷克共和国总统瓦茨拉夫·哈维尔(Vaclav Havel)对面前的记者席问道:

"诸位,你们是乐观主义者吗?"

长时间的停顿。

"不,我不是一个乐观主义者。因此,我并不相信一切都会顺利。但我也不是一个悲观主义者。这意味着,我并不会相信一切都会出问题。我是一个充满希望的人。这是因为,没有希望,就绝不会有进步。希望,像生命本身一样重要。"

四十年前,我和我的同事花了整整两年时间,在我们位于麻省理工学院的办公室里繁忙地工作着。在丹尼斯·L.梅多斯的领导下,在多内拉·H.梅多斯的监督下,我们对未来进行了漫长而艰难的思考——其产品就是那本名为《增长的极限》的"声名远播"的小书。这本书的内容是一个情景分析。在这一分析中,我们试图来回答这个问题:"在未来的130年里,如果人类决定要遵循某些政策,会有什么情况发生呢?"举个例子,如果全球社会继续追求经济增长,而并不特别强调控制人口的增长,那么,将会有什么事情发生呢?或者,如果人类决定将其巨大的技术技能(和一定量的资金)集中起来,在全球范围内开发对环境无害的农业,又会发生什么事呢?我们为未来提出了一些可能的图景。有些图景中所描述的未来，出了这样那样的问题；而另外的图景中所形容的未来，则是对人类更为有益的。

但我们并没有做出任何预测。我们并没有试图去告诉大家，在今后一个世纪的时间跨度中，真正能够发生些什么事情。究其原因，我们并不相信以科学之严谨，就能够做到这一点。我们可以想见，从 1970 年至 2100 年这长达一个多世纪中，有许多事情都会发生，以至于我们根本不可能去"选择"一个可能的未来，而阻止其他未来的可能性发生。

相反，我们去做了一项情景分析。我们试图来对那些不同的政策组合所带来的可能结果"说点什么"。我们试图描述利用社会资源，加快对眼下这些明显的问题——人口增长，粮食短缺，资源稀缺，以及新出现的环境损害——的技术解决可能造成的影响。我们使用了一个计算机模型，来帮助我们捕捉到一些点子，譬如："如果人类决定将人均消费量，或是每名妇女生育的子女数量设置一个上限，可能会发生什么？"

我们试图让各种情景——也就是我们的未来图景——具有内部一致性。我们试图让人口增长与我们关于"理想的家庭规模"的假设，在逻辑上具有一致性，并让家庭规模与所提供的教育和卫生事业水平达到一致。我们试图确保：那些我们认为将要出现的技术方面的解决方案，并不会自发地出现在我们的情景中，而只是在经过几十年的研究开发，以及小规模的试点运行之后才会正式出现。为了避免各个假设之间彼此冲突，我们将这些假设都整合在我们的计算机模型中。该计算机模型还有助于让我们有效避免从全套假设中导出不合逻辑的推论。

我们在 20 世纪 70 年代初的努力，所得出的主要结论是：如果没有大的变化，人类将面临增长超出我们地球物理极限的危险。这是一个基于观察基础上得到的结论（对我们来说，它是不言自明的，但这并不意味着所有人都这样认为）。人们需要一定时间，来解决那些由于地球资源有限而产生的迫切问题（对我们来说，它是显而易见的，但这并不意味着所有人都这样想）。而人们找出这些问题，接受"这些问题真的存在"，设法解决它们，以及实施新的解决方案，同样也需要时间。第一部分"观察与接受延迟"使得（对于我们来说，但并不一定对于所有人）人类很有可能允许自身的数量增长和物理影响，超出全球生态系统的可持续承载能力。这一漫长的延迟过程，将允许，甚至"鼓励"我们俗称的"过冲"（overshoot）情况出现，尤其是当人类的发展超过了地球的限制时。实事求是地讲，人类保持一段时间的过冲状态（如出现过度捕捞时）是有可能的；然而，一旦其基础已被破坏（当没有更多的鱼了），这种状态是不能，也不会永远持续下去的。

世界会崩溃吗？

一旦过冲状态出现，只有两种途径能够回到可持续增长的沃土：要么是"有管控的下降"（managed decline）——通过有序地推出新的解决方案（从养鱼场捞鱼），要么就是崩溃（你不得不停止吃鱼，因为没有鱼了，渔民们的生计也不存在了，在 1992 年以后的纽芬兰地区就是这个样子）。过冲，是不可能持续的。如果你试图保持这一状态，一系列棘手的问题都将在短期内出现。这些问题将给人们提供强大的激励，来制订并实施新的解决方案。然而，一个新的解决方案不会在一夜之间出现，但仅就"解决方案和实施延迟"阶段就很有可能耗掉十年光阴。所以，即使你在基础完全耗尽前开始动作，你依然会冒着面临当它们最终耗尽时，你仍在等待新的解决方案这种窘境的风险。这才是 1972 年出版的《增长的极限》所要表达的真正观点。

自出版之后的几十年里，人类对于气候问题的怠惰应对态度，为这一观点提供了强有力的佐证。这一问题在 20 世纪 60 年代被首次提及；直到 1988 年，政府间气候变化专门委员会（IPCC）才算正式成立，其目的是提供科学观点；而《京都议定书》的签订，则是到了 1997 年。直到四十年后的现在，我们还没有见到每年的温室气体排放量减少的迹象。人类仍然牢牢地位于"过冲"状态下（世界每年排放的二氧化碳量达到海洋和森林吸收量的两倍）。我们也逐渐可以辨认出即将来临的，生态系统遭到全面破坏的早期迹象，这一生态系统所提供的一些生态服务，是人类必须依赖的。"有管控的下降"总是在一次又一次的大型会议上被摆上桌面讨论，但其在减排方面的效果，却可以用微乎其微来形容。

在《增长的极限》所提到的那些场景中，"过冲"+"崩溃"，仅仅是未来的一种可能性，它们完全可以如我和我的同事所认为的那样，通过新的、明智的、前瞻性的政策来加以避免。而一旦无休止增长和迟迟无法出炉的解决方案的潜在危险得到理解，人类将迅速采取行动。这是在最准确的数据的基础上做出的一个理性的警告——我们有理由认为，它能够提高人类的认识，缩短这种延迟的状态，并改变堪忧的未来前景。

然而可悲的是，在过去的四十年里，我们朝气蓬勃的乐观态度，并没有得到太明显的支持。但至少《增长的极限》为一场开明的辩论，定义了其概念工具——尽管辩论从来没有真正发生。

一项有据的猜测

在这本书中，我会做一件完全不同的事情。在我的新朋友们（所谓"新"的意思是，《2052》一书除了威廉·W.贝伦斯外，其他的参与者并没有参加四十年前的第一次努力）非常大的帮助下，我会尽我所能，对"在接下来的四十年中究竟会发生什么事情"做出预测。这一部分也是为了满足自己的好奇心，另一部分则是敦促整个社会开始行动。做出这样的预测，是一项艰巨的任务，这件事是不能以高准确度来完成的。从现在到2052年这段时间中，很多事情都可能发生。因此，从科学的意义上来讲，其结果在一个狭窄的不确定范围内，是不可预测的。未来存在着无数的可能性。其中，有许多是真正可能发生的，而绝大多数是根本不可能发生的。

所以，我不能做出科学的预测——那样就成了权威地阐述，这个预测是"最有可能发生"的。但幸运的是，做出一项猜测（guess）还是完全有可能的。更美妙的是，做出一项有据的猜测（an educated guess），也是完全有可能的。它至少应根据可获得的事实做出，并具有内部一致性，而不是自相矛盾的。

这本书中包含了我的猜测。这并不是"科学真理"——在未来领域，根本就不存在这样的真理。它是一项去粗取精的判断，一项有理有据的判断。就个人而言，我相信我是正确的，虽然这个命题无法得到证明。但也不能证明我是错误的——直到我们在通往2052年的道路上走了很远的时候才可以吧。

目录

第二部分
我　的
全　球
预　测

第三章　预测背后的逻辑

第四章　到2052年的人口与消费

第五章　到2052年的能源和二氧化碳

第六章　到2052年的粮食与生态足迹

第七章 到2052年的“非物质未来”

第八章 2052年的时代思潮

第三部分　分析

第九章　对未来的反思

第十章　五个地区的未来

第十一章　和其他未来的对比

第十二章　你该做些什么？

结语　　　　　　　　　　　　　　　347

第一部分

Background

背景

2052：气候、环境与人类的未来

01

在我的整个成人岁月里，我一直在对未来感到担忧。我所忧虑的，并不是我个人的未来前途，而是全球的未来——这颗小小的行星地球上的，人类的未来。

眼下，我已经 66 岁了，却发现我的忡忡之心始终是徒劳无功的。这倒并不是因为全球的前景看上去一片欣欣向荣，大可令人高枕无忧，我的担忧一直徒劳无益，正是因为我的担忧自开始以来，在悠长岁月中，它似乎并未给全球演进带来多少正面的影响。

这还要从我向美国麻省理工学院（MIT）报到，成为一名物理学博士生开始说起。那还是 1970 年的 1 月。在此之前，我一直居住在挪威，那里地域狭长，生活平稳安逸，号称人人平等。因此，闭目塞听的我，几乎与世界的发展完全隔绝，将自己禁锢在固态物理这座神秘的象牙塔中。然而，经历了一系列的复杂事件之后，1970 年的夏天，我作为一名麻省理工学院斯隆商学院（Sloan School of Management）的研究员，深入参与了一份重要报告，这份报告后来成为了向"罗马俱乐部"（Club of Rome）提交的第一份关于所谓"人类困境"（The Predicament of Mankind）的报告——名为《增长的极限》（*The Limits to Growth*）。报告里，描述了到公元 2100 年，世界发展所能够出现的各种情景。这些情景是基于一个计算机模型运行出来的数据结果——这也算是我新的专长领域。

在短短的几个月内，我的忧虑与日俱增。我们的研究任务是去分析，如果全球人口和经济延续近期的增长和发展，那么百年之后将会发生什么等等。我们并不需要太多定量分析（quantitative）技能，就能够发现我们所居住的星球似乎太过"袖珍";而且，整个人类在五十年之后，正面临着相当严重的危机，除非人类有意识地做出非常规的决定，在自己的行为方面改弦更张。

我们在 1972 年，发表了《增长的极限》这份报告。为了使我们这个袖珍星球上保持可持续的福祉，报告中对我们要做的一些事情给出了建议。在 20 世纪七八十年代，我一直在担心：人类是否会表现出足够的明智，听取我们的意见，并改变其在全球的策略和行为——而且是"及时改变"。我花了相当多的时间和精力，以不同的角色，试图说服人们：改变将会远远优于固守传统的行为模式。1993 年后，我离开了学术界，并通过"世界自然基金会"（WWF）——这是一个极具影响力的大型自然保护组织，在美国被称为"世界野生动物基金"——的工作，进一步加大了我在这方面奔走呼号的努力。自 2005 年以来，我将工作重心更加专注于"阻止气候变化"（stopping climate change）这个课题上。

但我从来没有停止过对这颗小小地球上人类未来的忧虑。在过去的 20 多年里，我一直笔耕不辍，字里行间中总是流露出这份隐隐的忧思。

我们有理由担忧吗？我们正面临的全球未来，是否令这份担忧必不可少？未来是会比现在更好，还是会更加糟糕？抑或这仅仅是一个风烛残年之人的自寻烦恼？

你手中拿着的这本书，正是我对这些问题的答案。长达四十年来，我一直在为我无法参透的这个翳翳不明的将来而惴惴不安——我决定做个尝试，尽可能准确地描述未来的四个十年①，这将有助于减轻我的苦楚。我并不想去描绘出一幅理想的世界圣境——那些理想主义者们所追求的诸多"梦想社会"中的一种。我所需要的未来图景，是人类在未来的四个十年期间，将要为他们自身而创造的；这幅未来图景，将会出自于诸多人的众多决策——集各家聪明才智之大成；这幅未来图景，将最有可能变成现实，并被载入史册。

总之，我想要的是一幅最有可能实现的、通往 2052 年的预测全球路线图。这样我就能够明悉，我将为此做出何等努力；这样我就能够明悉，我实际上是否有理由代表我的孩子们表示出担忧，抑或是作为非洲贫困人群的代言人。这样，我就有可能去做实业界那些中上层阶级的人士所做的事情，换言之，就是去以一

---

① 本书的英文原著写于 2012 年，作者指的"未来的四个十年"，即 2012-2052 年。——编者注

个毫无担忧的心态，放松，并致力于"促进社会的发展"。

幸运的是，我所做出的 2052 年"最有可能的全球未来"这项预测，还将会有其他的用途。

首先，预测将让你能够对"是否有理由担心"这个问题，给出你自己的答案。你的答案很有可能与我的不同。从相同的图景中，不同的人会得出不同的结论。

其次，预测将满足人们的好奇心。在担忧未来如此之久后，我实在是对最终的真相太感兴趣了。在我 50 岁生日时，我最美好的愿望，是希望自己能在 2100 年重生，在人世间活上一个星期，去了解一下 21 世纪到底都发生了些什么。我相信，很多人对于今后的事情，也会和我一样怀有相同的好奇心吧。

第三，有些人会运用这项预测结果，来协助他们的投资获得盈利。

第四，那些更加具有社会化倾向的一批人，将会利用这项预测结果，来厘清哪些新的政策、立法和社会机构，在"创造一个更美好的未来"这件事上，将会产生最大的效果，以便向着这个方向而努力。

而其他人士则会想知道，在将来这几十年的跨度中，什么样的未来安排，能够大幅提高他们享受更好生活的几率。例如，在尚有可能的前提下，迁移到另一个城市、国家或地区；或是在自己的职业日薄西山之前，赶紧转行。

最后，有些人需要去适应呼啸而来的未来世界——持续高温，海平面上升，人口的迁移流动，更加集权的中央政府，以及那些魅力无限的风景名胜惨遭破坏。

做出预测的动机有很多，而这些动机都是实实在在的。我们的共同利益，则是了解"未来四十年内，世界将如何发展"的最终落脚点。

为什么是现在？

大概从十年以前，当我在忧心忡忡中度日时，我对一件事的确信，却与日俱增——那就是：人类，面临着巨大的挑战，尽管其中大多数并非死路一条，但是想应对自如却也难如登天。我开始明白，应当出现的必要变化并不会出现，至少不会及时出现。当然了，这也并不意味着世界将走向末日。然而，这却意味着，全球的未来并不会达到它本来应当达到的乐观程度。从某种程度上来说，这一无奈的认识，极大地缓解了我的痛楚。我开始接受我曾经的损失。

然而，这种心理上的妥协，并没有阻止我继续担忧。它只是将我担忧的重点做了转移而已。眼下，我所担忧的问题是：在人类下定决心痛改前非之前，情况将发展到何等糟糕的地步。如果我能向公众传达这一观点，我的心态可能会比目前更好一点。然而，我并没有胆量去将这种转变推而广之。我同我身边的一小群"同忧共虑者"们——他们是"全球可持续发展"这一运动的先行者——一道担忧：如果公然承认了"人类的悔改行动还远远不够"，那么对公众的士气将是莫大的打击。我甚至还担心，现存的这些微不足道的、矫正人类做事方式的努力，是否将会减少到零。如果将我的忧虑提上桌面，无论表达得多么小心翼翼，都将会激起"游戏结束"或"游戏失败"的呐喊，这样的结果反倒让人们自暴自弃。这会让那些在可持续发展领域努力工作的人们，彻底投子认输。

因此，我一直暗自躲在角落里担忧，同时关注着温室气体排放量不断上升，全球环境治理越来越失调，越来越多的珊瑚礁被破坏，以及现存的原始丛林不断减少。我挚爱着原始森林——它那宁静而永恒的物种"库存"，展示了亿万年来生物进化的结果。

令人惊讶的是，这些森林成了我的"救星"。有一天，我对一位心理学家朋友提到，当我看到，伐木机在一天之内，就破坏掉了大自然需要成百上千年才能够修复——如果此类修复真的能够发生的话——的东西时，我的身心感到巨大的痛苦。她用她那安静、带有职业化的语气劝慰我说，我需要学会忍受损失。将"森林永久地，毫无复还可能地毁灭"这般的事情表达出来，并从心里接受之。积极应对这种心理上的悲痛，就像失去自己的母亲或一位挚友一样。去接受这个现实：苍老的生命逝去，而更多的新生命会成长。用自己的双眼正视未来，并接受它。习惯身边发生的事情。不要去担忧。

我花了很长时间来接受这个明智的建议。年复一年，它确实对我起作用了。现在，每当我在砍伐殆尽的土地"海洋"中，亲眼看到一些仍然保存完好的、小片的古老森林时，我仍然会发自心底地快乐。无论多么小，它总要比没有好得多。在此之前，见此场景，我大概会将我的注意力集中于那砍伐殆尽的周边环境，心存感伤，因为眼前景象会提醒我，就是在不久以前，北半球的大部分土地仍然由不曾受到纷扰的，宁静而茂密的，温带和寒带森林覆盖着。在密歇根州，这是不到一百年前的事情；在俄罗斯，这是不到五十年以前的事情！而要是以前的我，如果想到余下的森林将以更快的速度消失，则会变得更加伤感。

依此类推，我认为，去了解一下将会成为我们未来家园的这个世界——而不是去想象"这世界本该变成什么样"——更能够让人的心情平静下来。在这条路上迈出的第一步，是更加精确地描述"未来究竟看上去是什么样的？"。然后去接受它，并最终不再悲伤。

这种预测是可能的吗？

但是，这样做是可行的吗？就四十年后全球的发展做出预测，是一件有可能的事情吗？显然，仅仅做出"猜测"（guess），当然是可能的——这正如去猜一猜，谁能够赢得 2016 年足球锦标赛冠军那样。猜测，是一件很简单的事情：你无需具备任何有关该主题的知识。而且，你的猜测有可能是正确的。当然，它更有可能是错误的，正如所有的赌博行为那样。

在正常的语境里，"预测"（forecasting）是一项更加雄心勃勃的实践。就一项预测来说，其最终正确的几率应当比错误的几率更高才对——理想情况下，前者应当远远高于后者。人们自然可以理解，如果在预测某系统的未来发展路径时，对其本身有深入的理解，则会处于优势地位。如果一个理性的人打算依靠一项"预计"（prediction），那么他当然会选择深思熟虑的"预测"（forecast），而不是毫无根据的"猜测"（guesswork）。猜测是知情较少人士的选择。

我的那些学富五车的——还有那些不那么学识渊博的——朋友们，从来没有停止指出，预测到 2052 年的未来世界，是一件不可能的事情。不仅在实践中，而且就算在理论上也是这样。当然，他们是正确的。在从事了一生关于社会经济系统的非线性动态仿真模型的工作之后，我是第一个接受这种观点的人。但是他们的观点需要更精确才行。去预计未来世界中的个别事件，这是不可能的事情，即使你对相关系统有着深入的了解，在这个意义上，他们无疑是正确的。就连最外行的人都能看出来超过五天的天气预报的不确定性。但当它用来预测更加宽泛的天气变化时，就是另一回事了。从技术上讲，对那些植根于世界体系中的，有着稳定因果反馈结构的趋势和倾向进行预测，还是完全有可能的事情。

这本书中做出的预测，正是属于上述的广泛性质。去粗线条地追踪一下全球到2052年的演变趋势，在我看来，乃是一个明智的，根据充足的猜测。我会用数字来充实我的案例，而且一定是那些最具指标意义的数字。我做出的预测中，最可靠的方面应当就是它的总体趋势或倾向了。

但是，这个预测过程，是否忽视了人类的自由意志？人类有没有可能在2033年突然作出决策，彻底与其预期的路径系统"脱轨"呢？是的，他们当然可以这样做。但我的观点——它得到了社会科学领域中许多专业同事的认同——这类突如其来的决策，是不太可能出现的。所有的决策都会在某个背景下做出，这一背景会强烈影响决策的形成。或者这样说，那些决策，至少是主要的决策，都是由特定背景所导致的——就像马克思所做的那样。没错，我赞成这个说法：如果有合适的领导人在合适的时间出现，那么类似的决策，可能会提前一年出现，或者推迟三年出现。没错，这类事情可能像互联网推广活动般随机，而并非像国会的一项决议那般准确。细节是很难预测的，但预测那幅"大画面"，则要更简单一些。这就好比，预测"下一个冬天是否会比这个夏天更寒冷"，要比预测"下周是否会比今天更暖或更冷"简单得多。

让我们来举出一个虽然简单但高度相关的，人类决策行为的例子——是否再要一个孩子的决定。一种观点是，这堪称一个不可预知论和"自由意志"（free will）实践的典型例子，"再要一个孩子"的决定，不外乎是一时冲动所做出，而决策的成功，取决于怀孕当时的一系列实际情况。而另一种观点则会观察到：平均来说，如果女士们住在城市，受过良好的教育，身处中产阶级下层，那么比起那些目不识丁而且生活贫困的农村妇女来，生孩子的数量会少一些。因此，我也赞成这个说法，"我的女儿是否有且只有一个孩子"这件事，是根本无法预测的；但我们仍然可以这样说：随着国家工业化的进程，每个母亲生育子女的数量将呈下降趋势。这就是"事件预报"（event prediction）和"趋势预测"（trend forecasting）之间的区别。

在本书接下来的部分中，我们将来探讨那些将会影响到我们和我们孩子们生活的"大趋势"。时不时地，你将会发现一个假想的，对未来事件的描述，但这只是给生活带来的某种可能性而已。如果你从现在开始展开想象，那么"为未来做好准备"这件事，将会变得更加简单。

我的预测中，并不排除自由意志，而是基于这样的信念：人类的决策行为将会受到作出决定时的实际条件的影响。教育水平较高时，会导致家庭规模变小。收入分配不均时，则会出现更多的社会动荡。如果有理由相信，这些实际条件会以某种特定的方式发展，那么，预言"人们的决策也会依此发展"，也就是一件情理之中的事情了。

为什么要预测未来四十年？

为什么不是十年，或是一百年呢？这原因极其简单，而且带有很强的个人色彩。2012年，是《增长的极限》发表后的第四十个年头，这份报告书所讨论的，就是在未来一百年左右的时间跨度中，人类如何在各方面都有限的地球上料理自己的生活。今天，对于我们在第一个四十年做了些什么——以及没做什么——我们已经了如指掌。我们掌握了大量有关这几十年来所作出的决策的理由。对于我们所面临的，令我们在不少方面束手无策的巨大压力，我们也有切身的体会。我们已经亲身经历过，先进的技术可以如此高效地解决某些问题，而在某些不太容易处理的问题上面，人类的进展是如此之缓慢。既然我们对头一个四十年已经了解了这么多，那么，从这其中的经验教训中提取精华，并试图探寻未来的四十年，似乎也是一件顺理成章的事情吧。去研究一种动态的现象时，人们应当这样去做——计划向后预测多少年，就应当回头向前看多少年。如果你想谈一谈2012年至2052年关于人口增长的内容，那么去了解一下1972年至2012年的人口数量，或许会大有帮助。

所以，我对未来的四十年所做出的预测，是对那些我认为会发生的事情所做出的有根据的猜测，而并不是一个情景分析，当然更不是对"应该发生的事情"的描述。后者，人们已经做了太多次。全球社会非常清楚应该做些什么，来为我们的子孙们创造一个更美好的世界。我们要去消除贫困，还要去解决气候变化的挑战。我们知道，这件事在技术上完全可以做到，而且能够以一个相对较低的成本实现。但是，遗憾的是，如你将会看到的那样，我不相信这件事能够发生。如我曾担心的那样，人类将无法应付自如，至少不会足够及时地应对，以避免造成不必要的损害。民主国家复杂而旷日持久的决策机制，将使这一结果板上钉钉。

不同的社会群体，将会有不同的发展经历。2012 年时生活在中国农村的贫苦农民在迈向 2052 年的旅程中，比起后工业化世界里的中上层人士，将会有更好的发展，而后者将会失去他们拥有的许多特权。

有据猜测的基础

那么，如何去描绘 2052 年"全球未来"最有可能实现的图景呢？它不仅仅有个唬人的"大标题"，而且是宽泛的，深入的，多方面的。"现实"（reality）不仅仅有一个，而是有多个平行的现实同时存在。没有一幅图景能够被称为"完整"；每一幅图片都是丰富多彩的"现实"——人类的生存状态——中的一个节选。我们所研究的动态（dynamics），就存在于其中。从目前的均衡状态（equilibrium）到达下一个的进化绝不是一条直线。随着系统发展到下一个均衡，其实是种种新条件作用的结果。这样的发展道路——从"这里"到"那里"——可以采取任何形式来发生：一条曲线，一个正弦波，螺旋式等等。它是经典的"论证、对照、综合"（thesis, antithesis, and synthesis），同一时间在多个层面并行发展的形式。

这就是我所做的工作。我通过引入多位同行的专业知识，来应对研究对象前述的丰富性。我应用我的"老朋友"——动态仿真模型（dynamic simulation model）来试图处理这一动态（dynamics）。我试图探索新的模式，来坚持我的观点——通过刻意回避目前流行的"二战后范式"（post‑World War II paradigm），该范式可以不那么贴切地总结为"以化石燃料为基础，通过经济持续增长带来的幸福"。让我们来逐一讲解一下。

全球未来的丰富性

为了避免自己出现短视、管窥蠡测之类的问题，以及对世界各方面了解明显存在个人知识结构的局限性，我请求我的朋友和同事们——他们都是独立思想家和作家——来告诉我，他们认为在 2052 年之前一定会发生的事情。很多人以极大的热情接受了这个挑战，我告知他们，要将他们这"对未来的洞见（Glimpse）"限制在 1500 字以内，还要集中在一个他们熟悉的领域。你会发现，这些"洞见"中的 35 篇，都被全部收录或节选摘录在本书中了。

在这些"洞见"中，你会看到来自世界各地的，受过良好教育的人，当他们不需要做一些他们打心眼里不喜欢的事情——没有科学、商业以及政府事务等领域中司空见惯的条条框框的前提下，做出某项预测，能够说些什么。总之，这些"洞见"为未来世界描绘了一幅多维草图。我的收集范围非常广泛，但许多英雄所见略同的主题，也一并被收录在我的预测中。

此外，令人惊讶的是，这些"洞见"中，彼此并没有相互矛盾的地方。这确实是一件令人惊讶的事情，它可能意味着，"独立的思想家和作家"们，在被要求"向前看"，并诚实地描述他们的观点——而且不需要为他们所讲的东西考虑后果时，总会得出近乎相同的图景。

动态

许多全球性的预测是不一致（inconsistent）的。这意味着，某一项预测的一部分，会与这项预测的另一部分自相矛盾。让我用一个简单的例子来加以解释。往往，一项传统的预测将会以华丽的辞藻，来描述国内生产总值（GDP）将会在未来的几十年中，以高速度增长。在这样的预测背后，其核心假设之一通常是人口有一定的增长，而人口数据是从国家统计办公室（national statistical office）或联合国收集的。如果这一假设得以维持，那么这项预测很有可能是大错特错的，仅仅是因为它没有考虑到较高收入对出生率的强烈冲击。人们少生孩子时，他们将变得更加富有。随着国内生产总值的提高，人口增长将会放缓。所以，一项不向下调整未来人口的预测，将是错误的。这样的预测，往往会夸大未来的出生率，高估未来人口数量，并低估人均 GDP。人们的未来平均收入，将被证明是高于这项初步预测的。此类错误，不仅仅涉及目标的最终状态。它将导致动态的误导——对发展路径的描述，也将是错误的。另一个例子，则是关于科技发展的速度：前面对其所做出的假设，被套用在未来的几十年里。如果预测表明，经济将以飞快的速度增长，那么这些假设将被推翻。一个更大的经济体，将能够承担更多的研究费用，因此出现更高的科技发展速度。

为了避免这种类型的不一致，并确保我的预测的确是按照假设的逻辑所做出，我运用了一套动态的电子表格，来检查我得出的结果。这些电子表格是（至少是非常接近于）一些方程组；而这些方程组，则是去利用一系列的微分方程来描绘这个世界。在这些模型中，事物的境况（situation）从其初始态（starting state），通过反映在方程式中的，对整个模型起到决定作用的因果关系（causal relationships）的运作，以一种内部逻辑一致的方式演化着。我这项预测的"数理上的主心骨"（quantitative backbone），现在就通过"2052网站"（www.2052.info）上的电子表格向大家提供。这些电子表格并不是完全动态化的，因此我用了（尽管是在有限的范围内）两个关于世界的计算机模型，以确保主要的反馈效应不会被这项预测忽略掉。

如果你不明白最后这四句话，完全不用担心。这几句话是专门为那些计算机或数学发烧友们准备的，这些人知道它们究竟是什么意思。我要表达最重要的观点是，我充分认识到口头预测中存在的内部不一致的风险；而且，我已经使用电子表格和全球系统的计算机模型，以尽量减少这种不一致性。

我同时也在依靠一个令人印象深刻的统计时间序列集合，以确保我不会不小心地偏离既定的传统和行为——这些当然业已体现在历史数据中了。这些数据也可在本书网站上的电子表格中找到。

范式

所有以上这一切都指向我的第三个帮手——有意识选择范式（Paradigm）的态度。一个范式就是一种世界观。有许多不同的世界观共同存在。马克思主义是一种范式，而宗教保守主义则是另一种。没有一种范式是绝对正确的。不同的范式，只是强调了现实的不同方面。一个范式也是一个简化（simplification）的过程，它可以帮助你将事物的显著趋势与那些起干扰作用的"噪声"（noise）区分开来（这当如你自己的范式所定义的那样）。但最重要的事情，是去理解，你所选择的范式——通常是隐性的，很少被直接描述出来——对于你所看到的东西，有着意外强劲的影响。让我们来举一个例子。传统宏观经济学的一个假设，就是世界市场长期处于均衡状态。因此，大多数经济学家，当他们读报纸或走在街上的时候，所观察到的是一个均衡的世界。而这种范式的反对者，例如，系统动态经济学（system dynamics）——我所属的学派，则认为世界是不均衡的。在我们的眼中，整个世界正在不断从一边倒向另一边，在探求着下一个均衡，它总是永不停息地探寻者。

最重要的一点是，你心里应该明了，你有自己独特的范式，这就是说，你脑中秘藏的，来帮助你度过一生的那套信念和诠释。在最为理想的情况下，你应该能够根据所面临的问题，从一个范式转移到另一个范式。而大多数人都无法做到这一点。

当前的西方世界，存在着一个主导范式。它包括诸如"以市场为基础的经济效率""民主政府的自我纠错能力""化石燃料为基础的经济持续增长带来的好处""通过自由贸易和全球化增加的福祉"之类的基本信念。而当我们试图厘清未来四十年的时候，一定要注意将这一主导范式重大转变的可能性包括进去。我们至少应该避免将自己囿于通过"一副眼镜"——即目前的主导范式——进行分析的局面。

是的，简化（simplification）这个过程，对于在当今世界中度过幸福的一生这件事来说，是非常重要的。然而，当我们再往前看四十年时，选择适当的简化过程，则变得愈加重要了。尝试多种简化的思路，避免"将孩子和洗澡水一起倒掉"的后果，何尝不是一件更加安全的事情呢？

用平和的心态全速前进

在结束本章的时候，我需要着重强调，这本书的写作目的之一，也是为了鼓励人们采取行动。如前所述，通常并没有人写这样的书。这是因为，那些具有社会意识的作家们，理所当然地会去担心，他们的努力到头来反而会压制人们的激情，阻碍正在进行的和未来或将发生的，旨在改善现状的行动。我对这种普遍的看法深表理解，但仍然决定冒险去描述一下摆在我们面前的现状。希望我的全球预测将起到一个"外部敌人"（external enemy）的作用，能够促使全人类——至少是几个致力于此的义士——付诸行动。正是通过这种方式，我的预测才能够扮演"全球环境灾难"这个角色，而这一灾难看上去似乎永远不会突然来袭，足以引发人们对共同政治行动的广泛支持。

　　大家是否还记得我的无尽忧虑呢？是否还记得那位心理学家"对别人说出自己的悲伤，然后从内心接受古老森林的损失"的建议呢？（在本书中）我并没有去漫无目的地忧虑，"未来四十年后，留给人类的还有什么？"——而是去努力描绘公元 2052 年，我认为最有可能出现的未来图景。我已经去认识了这个未来，经历了那些原本不必要的痛苦悲伤，并最终以一个平和的心态，面对业已失去的全球性的机会。我的内心不再如此煎熬。未来，就应该是未来本该呈现的样子。现在，每当我注意到哪怕是微小的可持续增长的迹象——或者更确切地说，一个微小的，不可持续增长减少的迹象——我内心都将感到真正的幸福，而不再会有"这世界本该如何如何"的悲伤反应。

02

那么，未来将会变成什么样子呢？

最简单的方法，当然就是去请教那些知道答案的人。然而，如果你想知道对未来四十年世界发展的可靠预测，这件事就很难办到——因为根本没有人知道答案。也甚少有人会假装自己知道答案。如果你还想要一个对未来的全景描绘，那么据我所知，没人能做到。找到一剂关于"世界未来如何发展"的药方，还是相对容易的（例如，世界商业委员会可持续发展2050版中，就介绍了如何使世界在2050年成为可持续社会的方法）；但我还从未听说过一个考虑周全的预测，能够预测2050年世界会发生什么。

在过去，曾经有研究小组使用大规模计算机模型，来对全球变化进行研究，希望能得出关于未来世界的图景。这种潮流曾在 20 世纪 70 年代和 80 年代初风靡一时，但之后就逐渐淡出了人们的视线。如今，以全球为对象的长期模型基本局限于宏观经济和能源领域，而 2030 年一般是最长的预测期限，重要变量（如人口和生产力增长率）仍然是外生变量。因此，如今能提供的最好预测，也仅限于某个行业，而不是全景。

对未来全景预测的缺失，令我感到忧心忡忡。我在可持续发展运动中做出了多年努力，而且，作为世界模型的一位构造者，我非常清楚，怎样（至少我是这么认为的）才能在2050年建造一个美丽的世界。但与此同时，我也确信，人类并不会将这些必要的措施完全付诸实践。因此，预测人们究竟会有多少行动，才是那项真正的挑战。

可持续革命

幸运的是，描绘过去三百年来全球的物理变革，是一件相当简单的事情。18世纪前，全球人口稀少，而且大部分人从事农业，对能源的消耗也少之又少。这是个依靠奴隶、马匹、牛群和柴火就能运转良好的世界。燃煤蒸汽机的横空出世，开启了工业革命的先河，其显著标志就是能源消耗的激增。在过去的 250 年里，能源消耗给工业国家带来了物质财富，提高了大众的生活水平。如今，工业化程度尚未发达的国家正在尽其所能，以最快的速度追随前人的脚步。最近崛起的中国就是鲜明的例子，展示了国家工业化的意义所在。其他国家也在奋力追赶。

到 2052 年，工业革命将在富裕的国家完成，一如之前的农业革命那样。劳动力将完成从农业向制造业的转移，并将进一步向服务业转移。只有很少一部分工人会继续从事物质生产。从那时起，人们的关注点，将转变为如何为普通人提供越来越好的服务。

但还有一个原因，导致人们对工业化的关注遭到削减。我们已经知道（深深地了解到），即便人均食品和工业品消费额不断增加，相应的享受程度只会略有上升。一旦人们吃饱、穿暖、安全有保障、生活舒适，大多数人就会渴求更多的"抽象享受"（abstract satisfaction）。物质消费和能源消耗的不断增长，可能会使一些人获得更多的精神享受，但这小小的优点很容易被连带产生的负面影响盖过。其负面影响，就是每个普通人都会去模仿富人的生活方式。或早或晚，可持续革命都会继工业革命而来。到那时，各国的主要目标，就是要去打造一个在物质和精神上都是长期可持续的社会。这次革命会首先发生在富裕国家，在本世纪末期传播至其他国家。我无法确切地说明未来社会的模样。但我很愿意打赌，各国的雄心不会是"化石燃料推动的经济增长"（fossil-fueled economic growth），而是"可持续的福祉水平"（sustainable well-being）。

这两个词——可持续和福祉——所含有的意义并未被清晰地定义过。我们无从得知，这种转变将会带来什么。但我们的确知道一些主要的参数。在未来，人口不会继续膨胀。人均能源消耗量会相当大，但人们会理性地使用可再生能源。最后，世界会利用太阳能——直接使用太阳热能或太阳电能，或者通过风力、水力和生物质间接使用。未来世界将多关注人类的福祉，而不仅仅是经济这一方面。

最大的问题是，向可持续发展的转变将会以多快的速度发生？我们可以确定的是，可持续革命已经开始了。新的范式早在四十年前，甚至是五十年前（由蕾切尔·卡森于 1962 年提出）就已经产生，并且在不断传播，但尚未成为主流。我们对替换化石燃料的需要的了解日益加深，但还没有采取行动，真正应对挑战。一些人——甚至是身居高位的人——早已开始严肃地讨论，人类福祉的增长是否需要取代国民生产总值增长，成为新的社会目标。最近发生的，最能说明问题的例子就是 2009 年由约瑟夫·斯蒂格利茨、阿玛蒂亚·森和让 – 保罗·菲图希向法国总统萨科奇提交了一份报告。在这份报告中，上述几名宏观经济学家与传统理论分道扬镳，开始宣传加快从 GDP 为重转向福祉为重的转变。

因此，可持续革命已经开始，但仍处在萌芽期。这场革命会在何时完成？我想，到 2100 年，我们的世界会比现在更加可持续——理由很简单，用公司持久力专家阿兰·耐特的妙语来说，就是"不可持续是无法持续的（unsustainability is unsustainable）"。根据"不可持续"这个词的定义，目前种种不可持续的做法，不能无限制地继续下去；它们会被长期可持续的体制和行为所取代。未来可持续的世界究竟是充满魅力的，还是会带来比现在更低的生活水准，目前尚未可知。一切都取决于在 21 世纪剩下的时间里，人类选择去做些什么。从本书给出的预测中，你们可以了解到：我认为，到 2052 年，向可持续发展的转变只会完成一半，而且将在 21 世纪后半叶遭遇到巨大的困难。2052 年后，如果希望世界能在 21 世纪结束时呈现一种美好而可持续的状态，那么全球社会必须使奇迹发生。

关于体系变化的五个核心问题

想要向可持续发展转变，我们需要根本地改变一些体系——这些体系决定着如今的世界发展。不仅能源体系需要从化石能源转向太阳能，占统治定位的范式需要从永久的物理增长转向地球承载力范围内的可持续发展，其他如资本主义、民主、公认的权力分享与人类对自然的看法等潜移默化、指导各种机构运行的观点也需要改变。

幸运的是，我在这本书里"只是"想要预测到 2052 年为止的世界发展——

而不是预测到可持续发展成为世界主流的时候。这使得预测工作变得相对简单，因为（在之后的章节你可以看到）我认为就在 2052 年之后的数十年，世界会遭遇真正的打击。但在 21 世纪前叶，人类仍然会面临许多问题。我需要对每个问题都形成自己的观点，才能做出一个广泛、与事实一致的预测。

在认真思考和做了最初的预测工作之后，我认为五个关键问题的解决与否，很大程度上影响了未来四十年的全球走势。他们都是影响日常生活的无形体制和观念：资本主义、经济发展、民主、代际公平和人类与气候的关系。就上述几个问题而言，人们早就质疑过当前做法是否能够延续。在未来四十年，这些质疑会得到一些答案，随之而来的还有观念、价值和视角的变化。但不要指望能立刻取得进展。尽管体制变化需要一段时间，但范式转换后的情况就如同地震之后一样：新环境与过去截然不同，但非常稳定。

逐一讨论这五个关键问题大有裨益。为了使讨论能够更加深入，我在每个问题中都加入了一名专家的视角，讨论 2052 年前世界可能发生的变化。

资本主义的终结？

在过去几百年里，资本主义曾大放异彩，为世界创造了巨额财富。在当今全球经济中，这种配置人类活动的方式仍然占据主导地位。资本主义成功地将注意力和资本集中在能够为顾客提供商品和服务的组织上，而这些顾客既乐意，也有能力支付这些商品和服务。一旦需求发生变化，资本体制就重新进行资源配置，使社会资源不断增长，内部分配不断调整。但是与此同时，不受控制的资本主义使财富逐渐集中在少数人手中，招致越来越多的批评，批评的矛头直指制度中的利益分配不公。资本主义的捍卫者总是回击称，维护公平是政治家的任务。但是，鉴于政治家，特别是民主政体中的政治家，似乎无法有效地对资本家进行征税，并重新分配社会财富，资本主义通常仍是批评的对象。

在资本主义社会中，就业是主要的财富分配工具。如果你有一份工作，你就在社会财富中占据了一部分。你占有的比例不一定是公平的，但总好过什么都没有。如果你没有工作，那你就是一无所有——除非你生活在能得到失业救济的国家，而失业救济通常有数额和领取时间的限制。这就是为什么在所有资本主义经济体中，失业让人恐惧；这也就是每当失业率上升时，资本主义就饱受抨击的原因。

在最近的经济下行后，尤其是在 2008 年后，失业率飙升，对资本主义的批评声也此起彼伏。实际上，人们的根本问题是：会有足够多的新工作吗？我们会眼看着失业率不断攀升、不公平现象日益加深，对资本主义的反抗不断增加吗？——至少是在那些不够强大，不足以改进资本主义的国家中，会出现这些恶劣的情况吗？

"洞见 2-1：黑暗的年代：特权和分化"以丰富实用的视角，看待我们面临的处境。现在就读一读这篇文章吧，之后我会评论其内容，以及文章观点与我的预测相符之处。同时请注意，在每一篇"洞见"文章最后都附有作者简介。之所以将作者简介放在最后，是因为比起作者本人而言，文章的观点以及它们在全景预测中的地位，对你理解这本书更为重要。

洞见 2-1　黑暗的年代：特权和分化

卡洛斯·何利（Carlos Joly）

在经历了半个世纪的激进启蒙运动与生活水平不断提升之后，我们又来到了新的黑暗年代。在这个年代里，多数人生活艰难，而少数人享受着无上特权和财富。

社会流动性提升，曾经是 1945 年到 1990 年的普遍现象。在一代或两代人里，贫困或工人阶级家庭向上流动，进入了中产甚至中上层阶级社会。在美国，再工业化、经济发展、大学教育的普及、工会谈判所带来的福利、公共医疗补助和医疗保险促成了这一流动。在西欧，社会民主经济也有类似的举措。这些措施连同欧盟（EU）政策一起，使运转良好的福利国家为城市工人、农民、手工艺者以及小企业主提供了更好的生活、更多的机会。人们的工作时间缩短、假期延长，同时购买力增加，健康水平提高，退休年龄提前，以至于工人将退休后的时光称为"金色年华"。

然而，在过去的 20 年间，情况却发生了变化。在成熟的经济体中，人们不再感受到生活水平提高。他们的确有理由感到悲观；而且，他们的处境会继续恶化。

在我看来，我们正在进入一个经济、社会、文化和环境不断分化的时代。在成熟市场中会有越来越多的贫困和不公平现象——也就是贫困大众与富有少数人之间的分化。在新兴经济体中，贫困会减少——就像二战后，我们在成熟市场中看到的经济社会变革一样。新兴经济体正在奋起直追，而那些西方富裕国家，却在逐渐落后。但无论在哪种经济体中，环境状况都会出现恶化，极端天气的出现频率增高，恶劣程度加深。这些灾难会袭击所有国家，只是影响方式有所差别罢了。新兴经济体需要学习如何应对气候变化：阿根廷的潘帕斯草原上，雨水过多或过少，都影响到大豆和小麦的收成；俄罗斯的西伯利亚平原上，输油管道和其他基础设施正在和不断下陷的冻土逐渐分离——这些都是亟待解决的问题。

总体而言，我认为除非大难临头，否则国际社会不会积极减少碳排放量。即便在危急时刻，政策和资金也会投向应急响应和修复工作，因为预防措施已经为时过晚。届时，成熟经济体将落在下风，因为他们没能更新工业基础设施，使之更为环保。中国则会赢得这场比赛——他们在风力、太阳能、电池技术和铁路方面都跻身前列。

西方国家一再出现危机的原因，就在于将情况看得过于简单。而这也是金融资本主义的成就所在，其帮凶就是那些新自由主义（neoliberal）机构——美联储、美国财政部、国际货币基金组织、欧洲央行、国际专利保护法案等——以及由企业与金融寡头对政府的取而代之。当然，这里也有一些例外：其中最值得注意的就是北欧模式，包括社会民主、协调劳资双方及政府利益的工作宪法、强制工业支付使用税的自然资源法案，以及通过刺激就业提高民众生活水平的社会福利机构。

经济增长、消费主义、气候变化

人们的衣柜、阁楼和车库，都早已装得满满当当。然而，在宏观层面上，人们仍然驱动世界去制造更多的产品。各国政府都致力于推动传统的 GDP 发展，以创造更多的工作岗位、获得更多的税收收入。他们还积极支持金融资本主义，错误地认为这是推动 GDP 的唯一方法。但 GDP 模式没有考虑到环境资源，如水资源、土壤肥力、生活质量和稳定的环境等因素。各国财政部、欧盟、南美国家联盟以及东南亚国家联盟制定的经济政策，都没有包括对环境指标的考量。但是，当前的全球化却意味着全年有更多的商品被运往其他国家，大大增加了碳排放量。

在企业层面上，只要商品产量增加，就能达到股票市场要求的利润水平。同时，在国家账户中（national account），企业账户（business account）无须为环境污染和环境恶化买单。除非市场测量和报告机制能够引入环境恶化这一指标，否则我们仍然会继续过度开发自然资源，超过自然维持人类文明和其他生命的同化与再生能力。

新的计算规则

至少在成熟市场中，文化的、无污染的以及非实体商品必须取代实体商品；前者的价格应该定得更高。简单地说，我们必须改变盈利方式。但是，改变所必需的能源、农业、交通运输和制造业的全面变革，却不会按时进行——也就是说，在 2052 年前不会进行——因为煤炭、石油、天然气、石油化工、汽车产业、公用事业和仰赖于这些产业的商业部门有强大的既得利益，会在政治上成功地驳回变革的要求。

其结果就是，灾难离我们只有四十年之遥了。到 2052 年，大气中聚集的温室气体将引发不可逆转的大规模危害。为了将温室气体浓度保持在危险线以下，到 2052 年，世界需要削减至少一半的碳排放量。但我不指望这会真正发生。人类活动导致的温室气体终将超过危险临界点。

新技术并不是行动的阻碍：现有技术已经能够 100% 地使用风能、水能和太阳能。资金缺乏也不是真正的问题。战争支出所占的比例，超过全球 GDP 的 2% 到 3%；而在未来 20 年里削减 50% 的碳排放量，并适应现有的气候变化影响，仅仅需要战争支出的一半费用。

从"削减"到"适应"

我预计，政府的工作重点会从削减碳排放量，转向对气候变化的适应工作——从避免灾害发生，转向减少风暴、干旱、洪灾、高温、强降温和暴雨增多带来的影响。而这些努力都是徒劳的。需要加以改变的不仅是农业，还有新城市的选址和基础设施的本地化。旅游景区和相关产业也受到影响。一些知名的地中海旅游胜地在夏天变得过于炎热干燥，从而被波罗的海和斯堪的纳维亚的城市所取代。可持续性将成为可生存性的同义词。

企业的社会责任、负责任的投资、自愿提高的生态效率、碳交易以及保护主义，其解决划时代的气候变化的能力，不会比联合国全球契约、21世纪议程及千年发展计划解决全球贫困的能力更强。"市场自愿、自律"这个教条，早在20世纪90年代和21世纪最初十年，就已经宣告失败了。解决气候变化，需要付出与政府主导的二战工业化及马歇尔计划相当规模的努力。就好比目前急需的是紧急手术，而不是给伤口贴上创可贴这般自欺欺人。

决策中的投降主义

发达国家面临的问题，仍然是政治是否会优先考虑可持续发展、是否有足够的领导力和行动意愿。政治家和议会仍然会就污染问题争论不休，而不是讨论如何发展绿色产业。发展中国家仍然会关注如何发展自己的经济，为人民提供基本的住房、交通以及医疗服务，而不是寻找发展可持续世界的最佳方法。它们会承受与发达国家同样的短期金融市场压力。因此，我认为，在21世纪，世界无可避免地会遭受气候变化带来的灾难。这场灾难会波及全球，不同国家由于自然和社会状况好坏、基础设施和适应能力的强弱差别，受灾速度和影响会有不同。遗憾的是，只有当狂风暴雨来袭时，社会才会转变发展方向。但气候灾难并不是狂风暴雨，而是一点一滴的小风小浪积累起来的。

只要股票市场仍然是经济的驱动力，人类就会不断追逐经济增长。

政府仍然无法设想其他创造就业机会，或提高税收的方法，只能继续支持金融资本主义。结果就是，到 2052 年，发展中国家的贫困人口会有所减少，但发达国家的贫困和不公平现象会增多，全球环境恶化问题更为严重。

我衷心地希望自己的预测是错的。正如 19 世纪小说家和人道主义者罗曼·罗兰所说："思想悲观，并不代表对意志悲观。"（The pessimism of the mind does not exclude the optimism of the will.）

卡洛斯·何利（阿根廷人，1947-）在欧洲生活工作了 25 年。他作为一名资深投资经理，提出了许多在资产组合管理中考虑环境问题的方法。卡洛斯目前是法国对外贸易银行资产管理公司所属的气候变化科学顾问委员会主席。

在我看来，《洞见 2-1：黑暗的年代》描绘的世界，是许多批评当前世界的人们所设想的未来。人类应对收入分配不公平与气候变化挑战的行动过于迟缓，因此必须承受数十年的全球发展失调。有趣的是，文章作者在金融市场经历颇丰，但他仍然对如今资本主义体系的利用方式加以抨击。

我认为，作者的分析完全正确，但未免过于悲观。文章中提到的问题最终会在世界各地出现，但在未来四十年里，它们主要的影响对象是富裕国家。由于生产力增长缓慢以及不公平现象加深，这一小部分人（占世界人口的五分之一）会从过去的宝座上跌落。但是，与此同时，其他人会感受到生产力与收入增长的成果，而他们占了世界人口的大多数。这种成功在数十年里，会使发展中国家感到自己正在取得进步，并抵消不断出现的全球问题，如恶劣天气。大气中二氧化碳含量当然会有所增加，但不至于在 2052 年就引发剧烈的气候变化。

未来四十年里，应对面临的挑战反应过慢、措施不力将主导全球发展趋势。整体来看，人类的应对措施可以解决一部分问题，但不足以解决全部——这也是如今资本主义体系的特征。让我们来以"石油峰值"（oil peak）问题为例。石油峰值运动预测，全球石油年产量会到达峰值（或者说已经到顶了），因此未来人类可利用的石油将越来越少。我认为传统石油产量的确接近（或者已经超过）峰值。但值得注意的是，资本主义体系正在寻求克服石油短缺的方法：其一，开发非传统石油（如石油砂、油页岩以及生物燃料）；其二，减少石油的使用，更多地利用天然气和可再生能源（如风能、太阳能、水能以及生物能等）。图表 2-1 显示的就是行动的结果。20 世纪 70 年代后，由于传统石油产量停滞不前，各种非传统石油开始填补空缺。人们首先利用的是浅海石油，接着是深海石油，后来又开始利用真正意义上的非传统石油。正如人们预料的那样，资本主义体系对传统石油短缺和油价上涨做出了应对。结果就是，油价攀升只会是暂时的现象——可能持续十年左右——因为到最后，油价将由最新的石油替代品的生产成本决定。

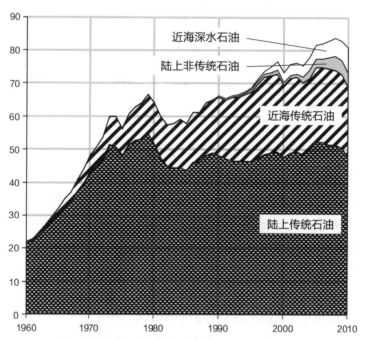

图表2-1　世界石油生产，传统石油与非传统石油，1960-2010。
范围：0-9000万桶/天。（数据来源：J. Grantham 2011）

引人注意的是，在过去大约十年间，美国已经有能力提高生物燃料（大多由玉米制成）的产量，为十分之一的交通运输提供燃料；而美国使用的全部天然气中，天然气页岩（大部分在国内）的供应比例占四分之一，这有力地证明了，资本主义体系具有适应变化的能力。推动能源换代的因素有很多，但这一例子证明，如果条件允许，非传统能源取代传统能源的速度会相当迅速。

非传统石油的崛起能够减缓、但无法永久推迟石油的衰落。因此，资本主义应对石油峰值的方法的确解决了一些困难，但还有问题悬而未决。对贫困人口而言，石油峰值依旧是一大困境，因为他们无力在能源转型期，负担如此高昂的油价。对依赖源源不断增长的廉价石油供应的企业而言，也是如此。而在我看来，最重要的是，这个所谓的"解决之道"引发了另一个新的问题：就是使用每单位非传统化石燃料的过程中，二氧化碳排放量的增多。

但是，资本主义的应对方法的确解决了一些人的问题。那些人可以在有限的石油储备（以及其他有限资源）中预留一部分，其比例不断增长，因为他们有能力支付高昂的价格。

图表 2-2 所表现的是技术与市场经济取得的另一次成功，即 1975 年以来，太阳能面板成本的显著下降。由于太阳能使用灵活、分散且环保，在过去几十年里，资本一直在投向太阳能研究、研发以及试点项目。如今，太阳能使用成本仅为最初的百分之一，即将实现"电网平价"[1]。在不久的将来，太阳能将与其他能源展开竞争，为家庭提供电力。在之后章节的预测中，未来可再生能源的爆发式增长将是主要话题之一。

那么，资本主义也能创造足够的工作机会吗？我相信，在多数时间、多数地区，就业岗位数量将和劳动力人数保持同步，如同过去的情况一般。而高失业率时期最终将使经济体系做出必要的改变。但这些改变不会尽善尽美，对避免失业人群不必要的痛苦（以及社会生产力损失）而言，为时过晚。一些地区会爆发革命。但总体而言，我不认为在未来四十年里，工人与资本家之间的权力斗争会与过去四十年的结果有所不同。因此，在一部分地区，过时的资本主义体系仍然能够屹立不倒；但在其他一些地区，该体系将经历大刀阔斧的变革。我们会在之后的章节里详细讨论这一问题。

---

[1] 即太阳能价格与国家电网价格相当。——译者注

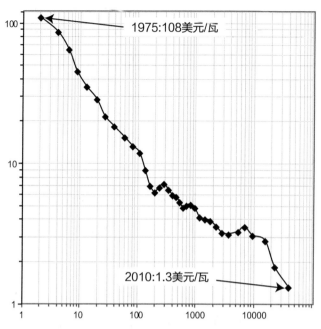

图表2-2　太阳能面板平均成本，1975-2010。

范围：1-100美元/瓦（高峰容量）（来源：光伏新闻1982-2003；彭博社新能源金融2003-
2010）

经济发展的终结？

接着，让我们看看来自东南亚的观点。这个地区是发展中国家范围内，发展
速度最快的。《洞见2-2：限制亚洲消费》讨论的问题是，在这样一个物质资源
有限的星球上，能否使经济不断增长。自20世纪70年代起，人们就开始关于这
一问题争论不休；到90年代，答案终于浮出水面："是的，经济发展能够不断持
续，但经济发展留下的生态足迹，必须要维持在地球承载力之内"。显然，我们
可以使GDP不断增长（例如，使理发师理发的速度越来越快，或者收费越来越高）。
但同样显而易见的是，我们无法使地球上的物质资产不断增多（例如，无法使污
染环境的汽车数量无限制增长）。

我相信，人类社会将继续追求经济增长，原因之一就是经济增长作为创造就

业机会、促进社会再分配的方法，是最广为人知的。然而，正如你会在之后详细预测中所看到的那样，我认为，我们并没有办法来延续过去四十年的经济高速增长。但是，我们会竭尽所能，在 2052 年前，使全球 GDP 增长到现在的两倍。但 GDP 不会像过去四十年里那样翻上两番。

因此，我正在思考的问题就是：人类有能力限制生态足迹，将其保持在地球承载力范围之内吗？还是说，我们会继续过度使用自然资源，超出全球生态环境的自净能力？你会在之后的章节中发现，目前人类生活方式需要 1.4 个地球资源的支持。人类已经在过度利用地球资源了，而最明显的后果就表现在大气中二氧化碳的不断聚集。

《洞见 2-2：限制亚洲消费》讨论的就是这一问题。现在就读一读吧。

洞见 2-2　限制亚洲消费
钱德兰·奈尔（Chandran Nair）

2011 年，世界目睹了全球市场由于对美国国债及欧洲经济衰退的担忧，而再次陷入动荡的景象。数十年的管理不善和对这一事实的否认，都源自一种错误的理念，即通过过度借贷、以消费拉动经济的模式，能够为所有人带来永久的繁荣。

2011 年的经济动荡，以及 2008 年的金融危机，都源于西方对自由市场近乎信仰般的推崇。在过去的三十年里，这种推崇统治了全球金融市场。人们一直相信，如果民主和市场、技术及金融联合在一起，就可以使所有人得以自由行事，解决所有的问题。现在至少该重新考虑一下，这种想法究竟正确与否了。

与此同时，在 2011 年的夏天，英国多地发生了前所未有的骚乱和抢劫活动。人们将这些事件归结为公民价值崩塌、警察行动不力、优越感（a sense of entitlement）以及消费主义横流。在 2011 年，即便是那些依靠社会福利生活的人们，都认为自己有资格购买由亚洲廉价劳动力制造的、标价虚高的耐克牌商品。参与骚乱的人群中，没有人是因为饥饿而铤而走险的。因此，英国骚乱与中东动荡截然不同。在中东，人们是为了更好的生活条件，以及人人能获得基本生活设施的权利，才走上街头示威抗议的。而这些要求只有在资源分配更为公平时才能被满足。中东人民并没有要求不切实际的西方式民主。与其他发展中国家的兄弟姐妹一样，中东人越来越相信，消费拉动的经济模式加深了西方社会的特权和优越感，超越了为集体福祉做贡献的重要性，因此不应该采取这样的模式。

与此同时，整个亚洲（其人口数超过了全球的60%）正在观察并思考，西方经济模式对这个最为多样化的地区意味着什么。毫无疑问，全球市场的诡计曾经使亚洲股市陷入动荡。但是，股市行情体现一国的真实财富、影响该国普通民众生活水平的理论，却是我们这个时代最大的谎言之一。事实上，股市对亚洲大部分民众，甚至是中产阶级的影响微乎其微。

对大多数没有股票的民众而言，真正有负面影响的，是许多亚洲国家政府制定的政策。这些政策使人们继续相信神话的存在，也就是自己可以拥有西方人的生活与消费方式。如果存在拒绝将世界看作迪士尼乐园、停止推行美国梦的理想时间，那么就是现在。地球无法承载两个或三个美国的生活与消费水平。直到现在，全世界60亿人还误以为，发展不会受到自然资源的限制，因为最终人类智慧会解决一切问题。然而，事实并非如此。政客们，以及从现状中获利最多的商人们，必须停止否认真相。

如果在未来的四十年里，一些亚洲人继续希望像如今的美国人一样，或者比欧洲人略微节俭地生活，而且他们成功地做到了，那么支持人类生活的自然系统很可能发生崩塌。地球承载力实在是太小了。究竟是亚洲人，还是美国人、欧洲人被迫改变生活方式的程度最高，眼下还尚未可知。但无论如何，大部分人仍然会生活在贫困之中。大约20亿的少数人会有能力维持目前的生活方式（对其他人而言花费巨大），使自己免于遭受地球上不断恶化的生活条件的影响。但实际影响究竟几何，只有到本世纪后半叶才能了解。有史以来，人类第一次处在科技巨变之中，并意识到不断的发展（根据现在的定义）将使许多人痛苦不堪。但我们照行不误。

让我们以汽车拥有量为例。很遗憾，在一些发展中国家中，这是驱动经济发展的必要引擎。如果印度和其他一些亚洲国家希望达到发达工业国的汽车拥有量水平（国民被告知这是他们的权利），那么到2050年，全世界将有30亿辆汽车，几乎是目前拥有量的4倍。这在许多方面都会造成灾难性的影响。城市会变得更加不适宜人类居住（许多城市早已如此）；本可以用作他途的宝贵燃料，包括生物燃料，都会被用于汽车。亚洲将会拥有近20亿辆汽车，随之而来的对健康的危害，更是难以想象。不仅是汽车，从肉类消费到廉价饼干，从空调到iPad，这样的例子数不胜数。

那么，为了避免这样灾难性的后果，亚洲必须采取哪些行动？最重要的是，亚洲必须拒绝"敦促亚洲人无限制消费"的狭隘观点——无论这些观点是由西方经济学家，还是希望亚洲成为"经济增长引擎"以重新平衡世界经济的领导人，或者相信人民希望、或需要经济不断增长的亚洲各国政府提出的。

与以上狭隘观点相反，亚洲各国政府必须找到其他推动人类发展的途径。他们急需改变对未来的期待，并直接解决食品（安全有保障）、水和卫生设施、保障性住房、教育和基层医疗等问题。政府还必须澄清，如拥有汽车并不是一项权利，对商品和服务的需求必须考虑实际成本；强调公共利益比个人权利更重要，尽管这条原则与消费驱动的资本主义的核心诉求相比，在根本上是冲突的；政府必须反对追逐私利会带来社会福利的论断。

亚洲政府还应当直言不讳，指出富裕国家有责任削减消费，采取更为俭省的生活方式。

管理像亚洲这样的经济体并不容易，尤其是因为亚洲社会数十年来都被告知，没有什么限制是不能突破的；而且只有传统意义上消费拉动的经济发展才能带来繁荣。因此，需要强有力的政府行动，公开反对当前西方对民主和资本主义的所谓"权威"说法，才能促进亚洲的发展。同时，亚洲政府需要从跨国公司和本地精英，包括那些将亚洲消费视为本国经济救世主的西方政府与机构手中，夺回既得利益。

首先，亚洲政府可以将资源管理列为政策制定的中心，然后通过征税、发放执照甚至全面禁止部分消费方式的方法，为温室气体和资源确定合适的价格。这并不是说人民必须穷困，而是说政府必须引导人们的消费方式，使之不会进一步消耗或污染目前已经短缺的资源，并危害数千万人的生活与健康。

亚洲各国需要创造可持续国家经济的财政手段、土地使用方法和社会组织的新方法。限制资源使用的方法必须推广到生活的各个领域。关键的一步就是制定财政与劳务政策，加强本地经济，减少贫困与城市民工潮。两个关键领域就是农业和能源。在农业方面，削减资源密集型的工业化农业可以使本地收入更均衡。能源生产体系的分散化也能达到同样的效果。

一些亚洲政府会采取这些大胆的行动，还是会向西方寻求支持呢？

答案尚未可知。但作为一个"无可救药的乐观主义者"，我认为，21世纪的后半叶将是推陈出新的时代。我之所以抱有这样的希望，是因为相信，在未来十到二十年间，亚洲政府会意识到当前模式的不可维系，转而改变政策。但愿与此同时，一些西方国家会减少自己的生态足迹。这一转变将是21世纪最大的挑战，因为它需要领导人愿意将民众纳入有关资源限制的真诚讨论中，继而改变人们对生活方式及需求的期待。这从许多方面而言都是巨大的痛苦。

钱德兰·奈尔（马来西亚人，1954－）是全球未来研究所（Global Institute for Tomorrow，总部位于中国香港）的创始人与首席执行官。他还是社会投资基金爱维稳特（Advantage Ventures，在中国香港和北京设有办事处）的领导人。他曾经担任ERM亚太区主席，在10年间将ERM打造成亚太地区最大的环境咨询公司。

《限制亚洲消费》一文认为，使所有的国家都拥有目前西方的物质生活水平，是一件不可能的事情。例如，地球上没有足够的原材料、燃料以及空间使每个人都拥有汽车。文章认为，新兴世界领导人必须内化这一事实，并说服人民追求生活水平的可持续提高，而不仅仅是物质财富的增长。但作者也提示，这些领导人未必会取得成功。

我相信，文章的分析是正确的，但是能够解决过度消费的方法并不是英明领导。说服人民放弃潜在的消费增长是不可能的。民主社会将追求短期民众满意度，并依此选择领导人。因此，想要有效地限制消费，这可能在中国取得成功，但并非所有地区都会如此。

总体而言，过度消费的恶性后果将通过机制——而非英明领导——来加以缓解。技术的不断进步将部分解决世界面临的问题。廉价资源和空间匮乏，将迫使人们寻求对生态影响更小的解决方法（如体积更小的可充电汽车；隔热效果更好、离工作地点更近的家用住宅；所需肥料与灌溉更少的作物；更大、更节能、载客更多的飞机等）。对稀有资源的需求增加会推高价格——对富有国家而言也是如此——并进一步刺激技术进步。

此外，未来全球 GDP 增长速度，会比预期或期望的更低，因此生态足迹也会比担心的更少。还有重要的一点，在亚洲达到富裕国家的消费水平之前，后者（尤其是美国）的经济已经被迫出现下行，因此无法维持当前的消费水平。富裕与贫穷国家的收入差距逐渐缩小，使西方国家维持现有消费水平的成本越发高昂。不公平现象导致的社会矛盾与冲突不断累积，富裕资本主义国家的生产力增长水平也会落后于贫穷国家。在一系列因素的共同作用下，西方消费水平会出现下降，为新兴世界迎头赶上提供了更多的空间。

最后，尽管所有国家都会尝试——而包括中国在内的一些国家会成功——但许多国家竭尽全力也无法在未来四十年之内赶上西方的生活水平。2052 年后，随着人口减少，人均生态空间增加，这些国家才能崛起。届时会有更多节能环保措施，但人类也会遭遇迎面而来的全球气候恶劣问题，限制了物质生活水平进一步提高。

总而言之，全球人均资源消耗量永远无法达到美国在 2000 年左右的水平。因此，世界面临的资源使用过度问题不会像人们担心的那么严重。新的技术会及时出现，缓解危机。替代传统石油的非传统能源，就是这样一个例子。

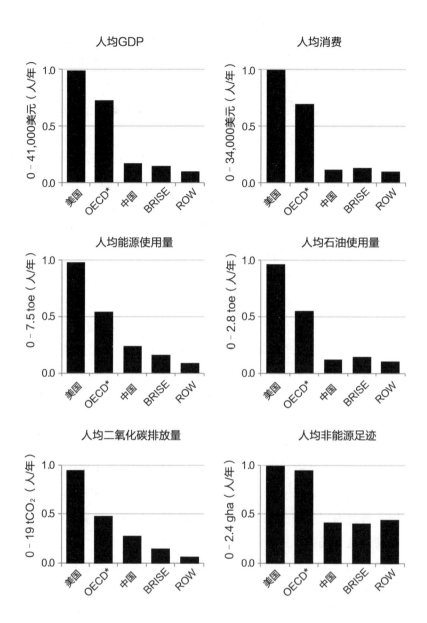

图表2-3　全球不公平现象，2010。

定义：OECD*：除美国外的经合组织（OECD）国家（OECD-less-US）；BRISE：大型新兴经济体；ROW：世界其他地区。人口数量（以10亿计）：美国：0.3；OECD-less-US：0.7；中国：1.3；BRISE：2.4；ROW：2.1。缩写：toe：换算为石油当量（以吨计）；TCO2：二氧化碳（以吨计）；gha：拥有全球平均生产力的土地（以公顷计）。

在这里，有必要让各位了解如今的不公平现象有多严重。图表 2-3 的上部分展示了全球五个区域间，生产（GDP）与消费的差异——以人均数值计算。数据以人均年产值或消费值呈现，金额统一以 2005 年美元价值计算，并根据购买力差异进行了调整。附录 2 中详细解释了这一计算方法。为了展现地区间的差异，我们根据经济状况将世界分为五个地区。第一个地区是美国，这是人均而言世界上最为富有的国家。第二个地区包括了其他工业化程度最高的国家，又被称为经济与合作发展组织。附录 2 列有详细国家名录。这一地区被称为除美国之外的OECD 国家（OECD-less-US）。第三个地区是中国，它实力强大，自成一体。第四个地区由最大的几个新兴经济体组成，包括巴西、俄罗斯、印度、南非和其他10 个人口众多的经济体，如印度尼西亚、墨西哥和越南。我们将这个地区称为BRISE，附录 2 中也有详细的国家名录。第五个地区则是世界其他地区（ROW），共计 150 个国家。图表 2-3 显示了这些地区间的差异。例如，美国人均生产和消费量是 ROW 地区的 10 倍左右。OECD-less-US 的生产消费水平紧随美国其后。图表 2-3 的中间部分展示了类似的情形——事实上，不公平现象更为明显——这显示在人均能源和石油使用量上。图表的下部分显示，美国人均二氧化碳排放量，是 ROW 地区 21 亿人口人均排放量的 10 倍左右。在右下角，你可以看到，前两个富裕地区用以供应食物与木材的土地面积，是其他三个地区的 2 到 3 倍。尽管中国近年来经济增长迅速，其生产、消费水平仍然更接近贫穷地区的情况——如果按人均计算的话。

正如图表 2-3 所揭示的那样，如果所有人都像美国人一样生活，那么人类对环境的影响将是现在的 5 到 10 倍。这不可能发生在我们资源有限的星球上的，因为没有足够的空间。但人类会试着这么做，而未来人类会有多大程度的成功，则是本书之后章节的主要话题。

缓慢民主的末日？

完成任何事情都需要时间。但在许多情况下，这并非坏事。通过思考和咨询之后再行动，人们就可以避免意料之外、令人不快的副作用。但在其他情况下，例如当一个人正在向砖墙冲去的时候，迟疑不决却是致命的。在我看来，世界正在面临一些需要立即采取行动，加以解决的问题——首要的就是气候问题。这个问题需要我们立刻行动起来，而非思前虑后再动身。一些人并不同意我的观点，因此如今的决策仍然极其缓慢。

民主有许多优点，民主决策也比自上而下的决策更持久。但是民主决策的过程非常缓慢。因此我认为，就这点而言，根本问题是民主是否会在为时过晚之前——在我们一头撞到自我强化的气候变化（self-reinforcing climate change）这堵砖墙上，造成不可逆转的生物多样性丧失，以及对具有前瞻性的研发投资不足前——赞成更强势的国家（以及更快的决策过程）。

《洞见 2-3：转向可持续》讨论了关于如何解决民主决策过慢的问题。

洞见 2-3 转向可持续

保罗·霍恩（Paul Hohnen）

2052 年的历史学家们，在撰写 21 世纪前半叶历史的时候，会着重强调 3 个突出的时代特点。

第一个特点与物理环境有关。在事后了解，以及现代测量技术的帮助下，历史学家们会注意到，地球的生态物理环境在过去的四五十年间，发生了巨大的变化。大气化学成分组成和天气系统改变，土壤、淡水和海洋系统多样性与再生能力减弱，不可再生与可再生自然资源数量与质量下降。这些变化的结果，不仅使地球承载力自智人走出非洲以来遭受了最为严重的破坏，还使地球跌入以气温升高为特征的气候不稳定时代。同时，种群适应环境变化的能力，对地球生命 21 世纪末及之后的形态的决定性越来越强。

第二个特点则是关于科学与社会环境的。未来，当历史学家回顾 2012 年之后的科学文献时会指出，许多刚提出的趋势早就被有效地记录、了解并讨论过了。例如鱼群种类减少（甚至是以商业方式销售珍贵鱼类的行为）、大气中温室气体及其他污染物的不断聚集以及若干种原材料（例如石油）生产的增长与巅峰后的衰落。在许多情况下，地面发生变化的程度被认为是严重地低（有时候是高）估了。社会研究会强调，科学数据及其阐释之间存在巨大差异（有时二者完全不符）。社会学家和人类学家则会将社会人群分为几类，包括否认环境问题存在的人群；认为环境问题存在并试图做出改变的人群；或者认为环境问题存在，但问题无可救药的人群。

第三个特点关乎政策环境。未来的分析会思考组织管理的多种体系——国有和私有体系——怎样回应得到的信息。到2052年，生物物理环境的变化会迫使人们在一系列政策中做出决定。以下是一些在2052年，历史学家将要记录的政策问题，以及他们得出的结论：

- **决策的层面**。决策必须考虑到全球问题，如为碳排放量定价，建设大型项目以适应气候变化，以及改革国际金融体系。人们可以选择让各国在现有或新的政府间论坛上做出共同决策，或让国家或地区单独做出决定，或干脆什么也不做。历史学家会记录道，政府间合作的方法之所以被采用，是因为它终于意识到"各国为己"的战略是没有成效、甚至适得其反的。争夺资源而引发的地区战争证明了这一点。
- **国家的角色**。各国政府——尤其是那些身处超过10国的组织中的国家——无法对之前提到的种种恶性趋势做出足够快速的决策。这一点在2012年就是显而易见的。未来的历史学家会认为，地区决策变得越来越重要。事实证明，让193个国家同意任何一件事都是不可能的。《京都议定书》签署之后的谈判就是一例。但更小规模的国家组织则可以共同行动。国家——私人的合作伙伴关系也在蒸蒸日上。人们选择了一种混合模式，即政府加强对商业的控制（类似中国的社会主义市场经济体制），但同时也邀请商业领袖参与政府决策与实施。
- **市场的角色**。未来的历史学家会提到，2010年到2020年的十年间，很明显，各国的发展方式正在将世界逐渐拖离可持续发展的道路。资本主义正在损害自己的前途。随之而来的问题是，在受资源与污染所限的世界里，自由市场究竟应该有多"自由"。到2022年，也就是首届地球峰会召开30周年之际，一系列因恶劣天气造成的商品危机将使各国政府和企业相信，适应气候变化是国家安全的永久问题。政府将出台法规政策，鼓励投资低碳、节能技术与基础设施建设——也就是所谓"绿色"经济。在2012里约+20峰会失败10年后，人们决心将快速转变经济模式作为工作重心，即便这需要政府干预自由市场的运作。

历史学家还会更详细地指出，2012年的商业文献显示：

- "一切照旧"的商业模式无法带来可持续发展。
- 商业是解决方法的重要部分，但需要首先为大众福祉谋利。
- 商业领袖意识到，他们需要健康的生态系统和相当稳定的气候。
- 可持续商业模式还未成主流。

2052年的历史学家们会更深入地研究这些文献，指出一系列的问题，并认为这些问题早在2012到2022年就已经存在，并阻止了人们采取可持续发展的经济模式。问题包括：

- **短期盈利主义**。对快速回报的需求、鼓励买卖的股票交易技术的发展，以及虚拟经济的扩张，意味着金融市场正在远离长期视野和长期投资。为了保证可再生能源与清洁技术的可持续发展，2012到2052年间，政府采用了一系列方法，鼓励对关键领域与国内行业的长期投资。2020年前的几次金融危机，则削减了人们对现有金融模型保证公众利益的信赖。
- **评价方法**。到2012年，研究显示，国家与企业账户普遍使用的计算工具扭曲了事实。在许多情况下，国家"发展"实际上正在破坏经济价值。其后十年间，政府出台政策，制定并采用人类与生态系统状况指标，并对指标定价。到2022年，提出了社会价值及企业资产的新定义，作为对以往GDP指标的补充，并设立企业金融状况与可持续性报告相结合的标准。

- **消费者惯性**。20世纪60年代之后，对环境的担忧成了政治问题。一小部分（数量在不断增长）的消费者推动了绿色市场的发展。但是到2012年，显然绿色消费者运动还没有进入主流社会。这迫使政府和企业重新评估之前利用消费者行为所需的"胡萝卜加大棒"政策。尽管贸易伙伴和世界贸易组织均表示反对，许多国家仍然在2030年前制定相关政策，鼓励国内绿色市场，尤其是能源、农业和废弃物处理市场。

- **科技创新**。可持续发展不是缺乏所需技术，就是技术盈利能力不足。因此，政府开始更为直接地进行干预，刺激国内战略性行业。能源（包括交通）、水资源、农业、废弃物处理、医疗行业及基础设施建设成为重点干预对象。无法或不愿采取国家行动的国家，则继续依赖资源密集型产业。新的全球分化就此产生，分水岭就是是否使用清洁技术。

- **转型阵痛**。在从化石燃料推动的经济发展模式，转向可持续发展模式的过程中，所有发达国家都经历了社会经济的转型阵痛。从2052年来看，显然那些转型最为成功的国家，都通过立法和污染税双管齐下的方式，为新型经济模式提供补贴和支持。事实还证明，解决那些为了自己的短期利益，吵闹不休的少数派也非常重要。

到2052年，人们会广泛接受这一事实，即21世纪后半叶的发展需要人们为适应不断变化的地球做出更多的行动。政府管理也会为这一目标而行动。

保罗·霍恩(澳大利亚人,1950-)现居欧洲,是一名可持续发展顾问。他曾是澳大利亚外交官,担任过"绿色和平"组织的政治顾问,并帮助建立并担任"全球报告行动"的战略发展指导。

《转向可持续》一文较为详细地描绘了未来几十年的政策情况。文章认为,理智决策已经有了智力基础,需要的是下定决心并加以贯彻。民主和资本主义倾向的是传统思想。我们知道需要做什么,然而真正行动起来却需要时间。为了使世界能够蓬勃发展,我们需要抛弃过去的传统做法,形成能够在较短时间内达成共识的新型伙伴关系。

我完全赞同这一观点。正如你会在第二部分看到的预测那样,我认为未来几十年的发展会变得十分缓慢,令人恼火(当然这也使发展变得容易预测)。全球社会将慢慢向右(即保守派)靠拢,同时留有回旋的余地。我们仍然会陷在个人权利高于集体福祉的理想中,但是在日益拥挤的世界中,这种观点越来越无济于事。

同时,社会关系和环境关系也会出现紧张。如何消除这些紧张态势,将是人类在通往 2052 年的道路上遇到的第四个问题。

代际和谐的终结?

每年,全世界都有一群新的年轻人成为劳动力,购买房屋,组成新家庭。在过去的 100 多年里,我们已经习惯看到,每一代人的世界都变得更为美好,人们身体更健康、教育更好、财富更多以及未来更辉煌。具体表象当然有很大的不同,但这么归纳是有用的,因为我们向繁荣前进的步伐开始七零八落了。

如今的年轻人,尤其是富裕世界的年轻人,正在面临全新的境况。他们从父母那里继承了巨大的国家债务负担;他们必须奋力竞争,才能进入被长期高失业率困扰的就业市场;他们无力承担父母辈的住房水平;他们还必须为父母的养老金买单。最要命的是,似乎没有能够快速解决这些问题的方法。

因此,相关的问题就是:对于上一代带来的沉重负担,年轻一代会平静地接受吗？还是我们会看到以富裕国家"婴儿潮"与当代年轻人为首的，两代人之间日益激烈的冲突？《洞见2-4：代际战争，为公平而战》提供了一种答案。

洞见2-4　代际战争，为公平而战

卡尔·瓦格纳（Karl Wagner）

未来四十年，将是人类文明发展进程中最为重要的一段历史时期。巨变会影响所有人、所有国家，但各个地区所受影响不尽相同。

西方国家会经历最为根本的变化。对许多欧洲国家民众而言，21世纪20年代的历史意义，和1848年的一样重大。1848年，在几个欧洲国家，民众与封建统治阶级的冲突不断加剧，并最终演变为革命。由此，欧洲人突然进入了一个全新的时代。

在未来四十年，我们会看到旧范式和基于这一范式的建构——也就是帮助维持当前污染巨大、剥削严重以及精神情感都不发达的文明的体系，开始摇摇欲坠。这一转变既不会一帆风顺，也不会和平。

目前这种过时范式的消失速度，会比许多人预想得更快。事实会因为需要而改变；地球上容不下"一切照旧"的做法。新的信仰体系会取而代之：

- 消费主义文化将被文化要素取代。这些文化要素提供长期可观的享受，不断提高福祉，让人真正感到幸福。
- 目前，对达尔文进化论的解释中占统治地位的一种，即"物竞天择、适者生存"，将被另外一种解释所取代。新的解释认为，生命是通过合作，而非统治得以进化的。
- 各种文化会越发接近，当前的文明冲突不会使世界毁灭，而是成为社会发展的一部分。
- 对"社区"的新定义出现。新定义是传统社区生活、价值以及优化的个人主义的现代体现，抓住了集体解决问题的价值所在。

推动这一发展的因素有许多。年轻人是变革的主要动力。他们开始明白，父母和祖父母正在给他们留下一个饱受剥削的地球。在这个星球上，生命保障系统恶化、经济深陷债务泥淖、就业机会减少、住房成本高昂。在发达国家中，年轻人也继承了照顾数量不断增长的退休工人的责任。这些工人在未来三十到四十年里会一直领取退休金，享受医疗保障。

这些年轻人有权利要求体面的生活，以及属于自己的新家庭。他们不想一辈子都在偿还前人积累的债务。现状尽管令人不快，却像极了1848年的欧洲。像1848年一样，不公平现象是个定时炸弹——但这一次不仅是欧洲遭殃，全世界都得蒙难。在未来十到十五年间，我们会看到民众忍耐力逐渐达到极限。我们会看到年轻人揭竿而起，为体面生活和体面工作的普遍权利而斗争。

其他重要的推动因素，还包括城市化、气候变化、石油产量峰值以及人口减少。它们会共同作用，改变土地利用和分配方式以及政治决策。人口密度会更高。交通会变得更昂贵，开私家车通勤会成为奢侈享受。农村人口减少，而城市对国家政治的影响力增强，成为社会变革的引擎。

但最大的变化将是电子通讯的逐渐普及。这是全球化最有力的推动因素。未来几十年里，全球意识逐渐浮现。这是另一种思维模式。它的原理和真实视角尚未可知，但在未来五到十年间就会显现出来。世界会从"云计算"转向"云思考"，甚至是"云感受"。其他东西——"网络"——不仅会为我们做出逻辑判断，还会通过不断反馈其他人的观点，来设定议程。这肯定对大众情绪有所影响。但这种网络接入的爆炸式增长也有其负面作用。我们已经知道，电子通讯是收集、控制个人信息的理想工具。我们也知道，可以利用电子通讯使人们聚集到一起，并对人群进行宣传。2011年的中东剧变就是一个例子。但网络也可能被人利用，用以镇压和操控个人和群体。

那些当前体系的既得利益者，将对变革采取抵制，抵制的时间会比许多人想象得更为持久。过时的政府体系并不能增加大众福祉，但在短期内仍然会被权力，以及少数希望维持现状、从中得利的人所把持。其结果就是产生社会摩擦和冲突。西方国家会首先面临这一问题，接着其他地区也会受到冲击。但在紧张态势得以缓解前，工业化国家中大多数人的生活状况会持续恶化。然而在大部分民众忍无可忍之前，与现有体系的决裂不会发生。

工业和企业在冲突双方都会扮演重要角色。雇佣人数较少的小型企业会推动变革，而大型跨国公司则认为放弃追逐季度利润、股东红利及金钱至上的思维方式非常困难（如果不是不可能的话）。

变革会以多种方式呈现。推动变革并不需要城市里失业青年的大规模暴力行为，但暴乱还是会出现。推动变革并不需要阶级战争或恐怖分子炸毁银行，或者网络好战分子公布从避税天堂盗取的账户信息，但这些行为仍然会发生。一些人会身先士卒，退出旧体系，自愿加入新体系。

我认为，冲突会从现在开始升级，到21世纪20年代在欧洲和美国达到顶峰，然后不可阻挡地演变成某种革命。这是不可避免的，因为旧体系不会自行退出舞台，只能被强制退出——人们会采取行动，并得到网络新技术等因素的帮助。体系转变可以通过议会和平讨论的方式进行，但实际不会如此。

这场革命将是全球性的，但首先会在欧洲、美国及其他经济合作与发展组织国家发生。那些国家的态势已经非常紧张：老一辈人对未来期待甚高，与当前接受了过多教育或者失业年轻人的无所期待，形成了鲜明反差。革命会继续波及拉丁美洲，并在接下来的20年里蔓延到占统治地位的经济体。在未来的许多年里，非洲面临的挑战可能截然不同，因此不会在这些全球代际冲突中有突出表现。

代际战争将在21世纪后半叶结束。人类会发现自己身处更公平、可持续程度更高的世界中。年轻人的生活水平会有所提高，代价则是老年人福祉的下降。

卡尔·瓦格纳（奥地利人，1952- ）是接受了正规教育的生物学家，之后接受培训，成为环境保护活动家。他曾经为国内、国际环保活动奔走三十年，大部分项目由世界自然基金会资助。目前，他为罗马俱乐部工作。

用我的话说，《代际战争，为公平而战》一文生动地描绘了一个人们不愿意提及的棘手问题。老一代（也就是我所属的一代）总是认为，我们正在给下一代留下更好的世界。我们做出牺牲，工作越发努力。我们常常为下一代的教育节衣缩食，在他们长大成人前为他们提供吃住。我们这么做，就像是农民为了给后代留下更好的田地一样。我们长年累月、毫不思索地这么做，以至于没有发现，自己再也不能为孩子提供什么帮助了。他们中的许多人的生活起点并不美好。

该文章预测——我认为预测是正确的——代际和谐的时代将要终结。新一代并不会顺从地接受为他们准备的世界。其结果就是，年轻人的生活水平提高，而我（也就是老一代）和银行（即资本拥有者）需要承受相应的损失。总体上说，财富和机会的再分配会对生产力增长有负面影响。社会紧张和冲突并不能帮助经济进行有效地调整，但这种调整对增加劳动生产力年增长率而言是必须的。因此，代际冲突会导致经济增长放缓，经济总量变小，甚至会导致更多的社会冲突。我希望，再分配能够以更温和、更系统的方式进行。

借此机会，让我来谈谈另一种代际冲突。这个问题更为明显，但恐怕在未来四十年间仍然被人们视而不见，因为没有压力集团推动人们去承认问题的存在。我所讲的利益冲突是在当代人和后代之间的，也就是我们和那些尚未出生的后代之间的冲突。人类正在使世界逐渐丧失对未来的居住者的吸引力。的确，我们正在不断投资知识、机构和实体基础设施，目的就是使世界变得更美好。但我不确定，那些尚未出生的孩子们是否会满意我们的努力。我们会继续美化世界，但主要是为了自己和儿女辈。因此，我们给孙辈留下的将会是个糟糕的世界。

稳定气候的终结？

代际问题与后代在三个方面联系最为明显：人为造成的生物多样性毁灭、气候变化和放射性废弃物掩埋。以上三个问题产生的影响会很持久，远远超过当代人的生命长度。人们只是大概意识到了这些问题，并不足以给政治家真正改变现状的权力。

选民对全球变暖后的生活意味着什么所知甚少。他们似乎明白海平面上升和更为频繁的热浪可能带来什么后果，但无法了解数百万动植物灭绝对 2100 年的人类有什么影响，就像无法理解处理核废料需要数万年意味着什么。

但 2012 年最大的问题是，人类的温室气体排放量惊人，而且在不断增长。我们很清楚地知道正在发生的事情，图表 2-4 就情况做了总结。

人类通过三大途径来排放二氧化碳。最原始的途径就是砍伐森林，毁林耕田、修路造房。砍伐森林通过焚烧或腐烂作用，使原本由树木吸收的碳元素，以二氧化碳形式的重新被排放至大气中。幸运的是，毁林造成的二氧化碳回流自 1990 年左右达到巅峰后，已经开始逐渐减少。制造水泥也会排放大量二氧化碳，但能源利用是人为排放量最大的。当人们燃烧化石燃料发热发电时，煤炭、石油和天然气中的碳元素被转化为二氧化碳，排放至大气中。图表 2-4 展示了 1960 年以来，人类制造的二氧化碳排放量的惊人增长。图表中没有显示出的，是其他温室气体的排放量，主要来自农业生产和垃圾填埋中产生的甲烷气体，这使二氧化碳带来的全球变暖效应增加了五分之一。整本书中，我都使用十进制单位和“吨”来提醒你某些数字的巨大，而二氧化碳排放量每年以十亿吨计。

但同样重要的是，图表 2-4 显示了二氧化碳最后的归宿。它首先以气体形式被排放到大气中，并在全球范围内进行快速循环。一部分二氧化碳会（以碳酸形式）被海洋吸收，（或以肥料形式）被植物吸收。目前，大约四分之一的二氧化碳进入海洋，四分之一进入新的生物质，还有一半留在大气中。因此，大气中的二氧化碳浓度不断累积，从 1750 年左右的 280ppm，升至 2010 年的 390ppm。二氧化碳循环也提高了海水的酸性，使贝壳类生物难以存活。

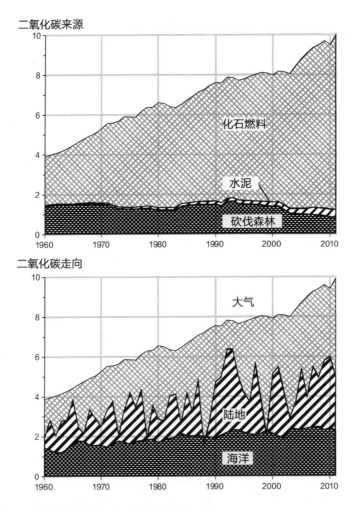

图表2-4 全球二氧化碳来源与走向，1960－2010。
范围：0－100亿吨二氧化碳/年（来源：全球碳工程2011）。

　　二氧化碳浓度增加，加速了植物的生长，但同时导致地球表面温度升高。自工业革命以来，全球平均气温上升了0.7摄氏度。为了应对气候变暖，全球社会同意，共同努力将升温控制在2摄氏度以下。在数十年的国际谈判中，这是少数几个具体的讨论成果，这在降低危害风险方面也是必须的。想要达成目标，我们必须使大气中的二氧化碳浓度低于450ppm（这一数据经过了广泛可信的计算）。目前，二氧化碳浓度正以每年2ppm的速度增长，从2010年的390ppm升至 450ppm 只需要三十年, 因此我们在灾难来临前力挽狂澜的时间, 已经所剩不多。

《洞见 2-5 : 2052 年的极端天气》为这一讨论增添了更多的细节。文章描述了 194 个国家试图就共同行动, 限制温室气体排放达成一致时, 所遇到的困难。文章还告诉我们, 目前行动的进展如何——或者, 我们离实现承诺还有多远。最后, 文章简要概括了无法及时削减温室气体带来的危害。

洞见 2-5　2052 年的极端天气
罗伯特·W. 柯雷尔 (Robert W. Corell)

1992 年 6 月, 108 个国家的首脑、172 个国家的代表团以及 2400 个非政府组织齐聚里约热内卢, 出席了首届地球峰会。与会者们签署了历史性的正式国际条约——《联合国气候变化框架条约》(UNFCCC), 该条约于 1994 年 3 月起正式生效。在该条约下, 各国进行国际气候谈判, 签署各项议定书, 覆盖范围包括 194 个该条约签署国。UNFCCC 确立了处理气候变化问题的框架, 其中新目标是稳定大气中温室气体浓度, 使之不会对气候系统造成危害。这需要在一定的时间框架内进行, 使生态系统有充分的时间自然地适应气候变化, 保证粮食生产不受威胁, 使经济能够可持续发展。

自 1994 年以来, UNFCCC 已经举行了 16 次缔约方会议 (Conferences of the Parties, COP), 并成功地签署了一系列议定书 (如《京都议定书》) 及其他正式协约。最近几次缔约方会议分别是 2009 年在丹麦哥本哈根的第 15 次会议、2010 年墨西哥坎昆的第 16 次会议及 2011 年末南非德班的第 17 次会议。

这些缔约方会议的目的在于进行协商, 并就削减全球温室气体排放量达成共识。作为协商的一部分, 194 个参与国定期公布本国的最新减排目标, 以及相关应对气候变化的行动。各国提出的目标能够通过一些组织被查找到, 并为希望预测未来碳排放量及其带来的全球气候变化的研究人员提供可能的研究起点。

接下来，我会谈谈如果 194 个国家的减排目标达成，世界会变成什么样。那可能就是 2052 年世界的面貌，虽然我并不希望如此。我希望的是，UNFCCC 能够使各国在未来四十年里排放更少的二氧化碳，尽管最近行动进展缓慢，使人们难以相信各国会履行承诺。

基于 IPCC 情景的预测

计算机分析工具可以预测，在 21 世纪剩下的几十年里，不同碳排放量导致的结果。由于预测结果过多，2000 年联合国政府间气候变化专门委员会（UN Intergovernmental Panel on Climate Change, IPCC）设定了 6 个标准情景，描绘了 2100 年全球经济社会及科技的发展的不同可能性。

政府间气候变化专门委员会使用这些情景，来估算未来每个情景下的碳排放量，并提供分析报告，利用现有技术预测每个情景可能发生的气候变化。2007 年发布的最新分析报告表示，到 2100 年，全球平均地表温度在碳排放量最小的情景（B1）下，很可能上升 2.5 摄氏度；在碳排放量最大的情景（A1F1）下则会升高 4.8 摄氏度——基准温度都是工业革命前的平均地表温度。到 2050 年，气温升幅可能在 1.8 到 2.2 摄氏度之间，而目前的温度比工业革命前高了 0.7 摄氏度。

基于当前国家承诺的预测

但是，除了使用 IPCC 情景之外，人们还可以根据 194 个国家的减排目标，计算目标达成后的结果。在这方面，全球气候模型"C-ROADS"是重要的工具之一。它跟踪国家公布的减排承诺，并将数据输入模型。2011 年 6 月 29 日得到的 C-ROADS 预测称，如果所有 194 个国家都能够履行自己在 UNFCCC 做出的承诺，那么全球地表温度在 2050 年会上升 2.2 摄氏度，2100 年则会上升 4.1 摄氏度。使用 C-ROADS 预测的不确定性很大（上下浮动 1 摄氏度左右），但尽管如此，我们还是要注意，最近这次根据国家承诺的预测温度，和 IPCC 碳排放量最大情景下的温度一样高。

最近的排放轨迹和未来的可能结果

在 IPCC 的 6 个情景中，A1F1 情景的碳排放量最高。但根据全球碳计划（Global Carbon Project，这一组织每年报告第二年的碳排放量和趋势，包括全球碳排放量和全球大气二氧化碳浓度）的数据，过去十年实际碳排放量轨迹与 A1F1 模拟的情景几乎相同。2004 到 2009 年，实际碳排放量基本和 A1F1 情景相同；2010 年二者出现一些偏差，主要原因是 2007 和 2008 年的全球金融危机；但到 2015 年，又会恢复原状。

A1F1 描绘的是经济高速发展、全球化程度加深、技术飞速变革以及不断上升的全球地表温度——到 2050 年，气温将上升 2.4 摄氏度，而到 2100 年这一数字是 4.8。正如之前提到的，如果当前各国都能履行减排承诺，那么至少到 2050 年，未来全球地表温度将和 A1F1 结果相近。因此，我们可以使用 IPCC 全球流动模型（Global Circulation Models）数据库对全球的详尽预测，更为详细地预测各国履行承诺给地区带来的结果。例如，A1F1 情景下，2050 年全球平均地表温度上升情况已经在图表 2-5 里给出了。我们可以看到北极大部分地区温度将有明显上升（大于 4 摄氏度），陆地大幅升温（2 到 4 摄氏度），海洋升温较少（2 摄氏度以下）。注意，这只是未来四十年的升温幅度。

影响预测

在相关的文献中，已经详细地描述了气候变化趋势带来的影响。这些影响将是非常巨大的。一些人预测，许多大型陆地与海洋生态系统，将无法适应气候变化的程度。水资源及其质量可能成为严峻挑战，特别是对发展中国家而言。而降水变化很可能在一些地区造成旱灾，在另一些地区则造成洪涝。到 2052 年，冰川融化的速度可能会更快。由于地表温度上升，海平面会大幅上升。唯一的好消息是：一些高纬度地区，如斯堪的纳维亚、西伯利亚和加拿大地区的粮食产量会更高，但在发展中国家，粮食产量会下降。

到 2052 年，全球平均海平面预计比现在上升 0.3 米。但在亚洲太平洋地区，小岛周围的海平面上升幅度会是平均水平的 3 到 5 倍。预测还提示，地区小型气候中，出现极端天气及变化的可能性，如飓风更猛烈、雷暴向南北移动、雨量增大等。沿海地区可能会遭受威胁，像低洼地区（如孟加拉国）海平面的上升，会使数百万人流离失所。传染病及经水传播的疾病会增多，在医疗系统不发达的地区更是如此。

如果目前 UNFCCC 的 194 个国家能够履行各自的减排承诺，以上这些就是 2052 年世界的境况。

但一些严肃可靠的分析表示，世界不会沿着上述道路发展。目前已知或可以获取的技术与可持续能源，足以让人们在 21 世纪实现能源变革，并在 2052 年创造一个更为美好的世界。

罗伯特·W. 柯雷尔博士（美国人，1934-）是一名海洋学家与工程师，正积极参与全球变化与公共政策的研究。他曾经在美国与挪威的大学执教，目前是总部位于美国弗吉尼亚州阿灵顿的全球环境与技术基金会（Global Environment and Technology Foundation）主席。

《2052 年的极端天气》一文中所描述的是，如果人类如果仅仅依靠 2011 年 6 月做出的国家自愿承诺，减少温室气体排放，那么世界在 2052 年会是怎样的境况。倘若事实果真如此，2052 年全球年均碳排放量将是目前的两倍，而平均气温会上升 2.2 摄氏度。换言之，全球气温早就超过了"比工业革命前高 2 摄氏度"的警戒线。

幸运的是——正如你们会在我的预测中所看到的那样——我认为人类会做得更好。改变需要时间，但在 10 年之内，也就是到 21 世纪 20 年代，减排量会有条不紊地超过目前的承诺标准。许多国家的减排量会比承诺的高，因为提高能源效率的努力开始有了结果，经济增长比预期缓慢，而选民也开始担忧环境问题。接着，在 2030 年左右，碳排放量将达到顶峰，并逐渐减少，并于 2052 年回到 2010 年的水平。

负面影响会是巨大的——但不会是灾难性的，至少在 2052 年之前将是如此。洪涝灾害、极端天气和虫害会更多。海平面会上升 0.3 米，夏季北冰洋将成为一片汪洋，而新的天气状况对农民和度假者都有影响。各类生态系统会向南北两极移动数百英里，或向山顶移动数百米。酸性海水会影响贝壳类生物。许多物种将会灭绝。2052 年，世界会更期待 21 世纪后半叶的变化。自我加强的气候变化是最令人担忧的问题——冻土融化释放的甲烷气体，使气温进一步升高，而气温升高反过来又加速了冻土融化。世界仍然可以正常运转，但成本更高，也无法为 21 世纪后半叶留下什么繁荣。

在未来，地区之间差异将是巨大的。自工业革命以来，气温平均升幅会或超过 2 摄氏度，但各地区升幅在 0 到 4 摄氏度之间。升温幅度较高的地区包括阿拉斯加、加拿大、西伯利亚和北冰洋以及南极冰盖。其他人口更为稠密的地区也会明显感到升温，如：美国中部、东欧、北非、中亚、西澳大利亚和亚马孙河流域的热带森林。其他预测各地区降水分布的地图也分别展示了降水量增多和减少的地区。

最后这部分，则显示了有效预测中定量计算的必要性。因此，在之后的章节中，我对全球未来的预测一直包括一个核心，也是我预测的支柱，那就是可测量变量（人口、劳动力、GDP、能源使用、二氧化碳排放、粮食生产、非能源导致的生态足迹等）。这些变量常常因周围变化而改变。其他更主观的问题——如本章讨论的 5 大问题——则采取定性方法，提问方式类似"美国向中国递交世界领导权的过程会是和平的吗？"这里，我的答案根据地区情况有所不同。你必须读过我的预测，我们才能有效地进行讨论。但为了使你思考，我还是要提醒你记住，社会动荡使生产力增长速度放缓——这反过来会导致更多的社会紧张和冲突。但是同时，增长放缓意味着资源消耗与环境污染减少，使我们有更多的时间规划地球承载力范围内的生活。因此，答案取决于二者影响孰强孰弱。这需要定量分析和整体思考，也就是你在本书第二部分中将会看到的内容。

第二部分

我的全球预测

My Global Forecast

03

预测背后的逻辑

第二章中，我选择了一些关于未来四十年的观点，来呈现给各位——我们一同了解了五个将在幕后不断发酵的问题，这些问题会影响这一代人发展的具体模式。本书第二部分则展现了更为全面的图景——也就是我对世界到 2052 年为止的预测。

该预测基于我能得到的所有信息：统计数据、轶事、环游世界得来的印象，以及过去对某一领域发展的分析。正如在第一部分提到的，这项预测还引用了许多 2011 年夏天，我从国际专家那里得来的"洞见"。一些"洞见"描述了宏观趋势，另一些不仅提供了一针见血的预测，还详细描述了 2052 年人类生活的一些方面。但最后，我还是依靠自己实践与科学经验，选择了一些我认为很重要的驱动力和因果关系，它们在探寻世界到 2052 年的发展这个问题上至关重要。

我使用了一些工具，使预测尽可能保持前后一致。首先，我使用了一个自 1970 年以来，一直用于描述全球变化的统计数据库，以便使研究起点——即当前情况——正确无误。我还使用了描述过去变化程度的数据，以确保研究各个变量变化程度的起点能够正确无误。这些变量包括人口、生产力以及能源使用等。其次，正如在第一部分中提到的，我使用了动态电子表格，以确保预测的内在一致性。例如，确保使用能源产生的二氧化碳排放量，能够正确地根据能源使用量，以及能源来源的变化而变化。最后，我使用了两个系统动力学模型，检查我的预测是否忽略了广为人知的反馈效应（feedback effect）的影响。例如，确保研究能源使用时，考虑到了资源枯竭，以及不断上升的生产成本。这两个系统动力学模型吸收了许多学术理论——来自经济学、政治学、社会学、工程学、生物学、农学以及环境科学的理论。但与任何预测模型一样，它们作用很有限，只能确保我的预测在动力学上是说得通的。

综合起来，利用各种研究来源与研究工具，我对世界的经济社会—文化—自然系统提出了自己的观点。我对世界到2052年的预测，就反映了这个观点。这不是"完全的真相"。它不过是描述了真实世界发展的一些方面，同时也忽略了其他许多方面。这是无可避免的。但为了避免迷失在无关紧要的细节中，有所取舍是非常必要的。

指南星

但是，我们怎样才能决定哪些是相关因素呢？系统科学告诉我们，想要构建有效的世界模型，就需要从清晰明确的问题着手。除非你事前想好自己想要探索的问题是什么——也就是你想解释的社会现象是什么，否则你就无法创造一个有效的模型。

那些技艺高超的模型建构者都知道，除非你能聚焦某一个问题展开工作，否则你很快就会在细节的汪洋中迷失方向。

我将自己的预测工作目标定为两个问题：其一，"未来四十年，全球消费模式会有什么变化？"；其二，"在什么情况下——也就是在何种社会和自然环境中——会出现未来消费模式？"除了使我的研究工作一直进展有序之外，这两个问题还有另一个特点：在当今物欲横流的世界中，它们也是许多全球公民共同关注的问题。

这两个问题，其实也不妨合并成一个问题："我在2052年对自己的生活会有多满意？"这个问题可以迅速地转化为下面一系列问题："我会更富有吗？""我能继续现在的消费水平吗？""我有能力追求自己的爱好吗？""我还能在暑假去海滩吗？""我的家庭会面临怎样的情况？"或者问题可以更深层次一些："2052年我会有工作吗？如果有，是什么样的工作？""我能住在自己想住的地方吗？""我的孩子的生活会和我这样舒适吗？"

粗略的全景

接下来几页是对未来的粗略预测，你将有机会回答自己的问题，也就是你的生活在 2052 年是否会更好。你的答案会很大程度上取决于你的身份——你的年龄、职业和居住国都是影响因素。许多地球公民在 2052 年会生活得更好，也会感到自己过得更好——因为他们的生活水平大大提高了。但其他人则不会有相同的感受。我们之中，大约三分之一的人到 2052 年已经不在人世。

但重要的是记住，我的目的是描述未来你生活的地球的"主要方面"——而不是细枝末节。了解世界人口会在 2040 年左右达到峰值，比起知道班加罗尔的人口在 2040 年后会继续增长更有用。了解太阳能将在 2052 年为世界提供超过三分之一的能源，比起知道哪些国家仍然会使用核电站更有用。

记住这一点也很重要：这不是我们本来可以拥有的世界。这绝对不是我想要的世界。但这很可能就是人类自己创造的未来。

简述我的预测

我的预测基于简单的因果关系，这种关系导致了一系列全球趋势的产生，因此值得在一开始就得到阐明。

你会看到，世界人口达到峰值的时间会比你设想的更早。劳动力数量见顶的时间则稍晚，因为在人口不断增长的城市中，人们不再想生那么多孩子了。劳动生产力（也就是生产力和 GDP）会有所增长，但增长速度前所未有地缓慢——原因就是资源枯竭、污染、气候变化和越发严重的不公平现象。因此，全球商品与服务的生产（全球 GDP）会继续增长，但达到峰值的时间比许多人设想的更早，而且峰值会更低。能源使用会继续增长一段时间，但增长速度比预期更慢，因为能源使用效率正在稳步提高。起初，二氧化碳排放量会和能源使用量的增长速度相同——但随着可再生能源使用的增加，二者速度不再同步。

但我的预测还包括通过提高（预防性和适应性的）投资，解决新出现的问题，如资源枯竭、污染和不公平现象时，所引发的社会反应。在经历了一段时间后，这种社会投资会占投资的多数，并解决一部分问题，但是无法完全解决问题。在此期间，不断增长的投资会需要削减消费。消费减少，繁荣不再会引发不公平、社会紧张和冲突加剧现象。而这反过来又加速了劳动生产力的下降。在较为恶劣的情况下，这种恶性下降就可能出现。

预测根据地区差异而有所不同。我将世界分为五个区域来分别讨论发展问题：美国、其他工业化程度最高的国家（包括欧盟、日本和加拿大等国）、中国、14个大型新兴经济体（包括巴西、俄罗斯、印度和南非）以及世界其他地区（包括收入最低的 21 亿人）。

到 2052 年，全球地区和阶级差异将是最大的。全球贸易和移民不足以抵消地区间、以及地区内部物质财富与生活水平的巨大差异。财富分配不公平将导致社会矛盾甚至是武装冲突。到 2052 年，全球城市化和虚拟化程度都将是极高的。儿童数量减少、老人数量增加。那些人们曾经认为值得为之争取的核心价值，开始被新的思考方式所取代。从 2012 年开始，世界开始蹒跚前进，无法以完美的姿态处理危机四伏的 21 世纪后半叶。许多穷人的生活水平会有所提高，但以往的精英生活方式会失去它的魅力。

在另一方面，世界已经准备好了舞台，迎接政治、金融体系甚至是生活组织方式的重大变革。而且有史以来，对个人福祉和国家福利的追求第一次超过了对金融增长的关注。

决定性的支柱

我的预测选取了一些由于惯性阻碍，发展得相当缓慢的实体与概念事实，作为研究的基础。这些事实的变化是逐渐发生的，因而比大多数现象都更容易研究。这类事实变量包括人口、GDP、能源使用、温室气体排放量、气温、工业基础设施和许多基本价值（如相信民主的价值、科学研究方法、自由市场、小政府、自由贸易以及相信自然是为人类利用而存在的）。这些事实需要数十年才能发生重大的变化。我将这些缓慢变化的事实，称为预测中"决定性的支柱"。图表 3-1 描绘了这些事实，其导致的发展结果在第四、五和六章有详细讨论。

在我介绍完有形的"决定性支柱"的数据后，我还要增加无形的、非实体的变量——就像是在圣诞树根茎旁加些绿草，在枝条上加些装饰一样。但我努力控制细节的数量，不断提醒自己，本书的目的是使读者了解，自己在2052年对生活的满意程度。这些非实体方面会在第七、八章加以讨论。

而每个地区的情况会在第十章出现。

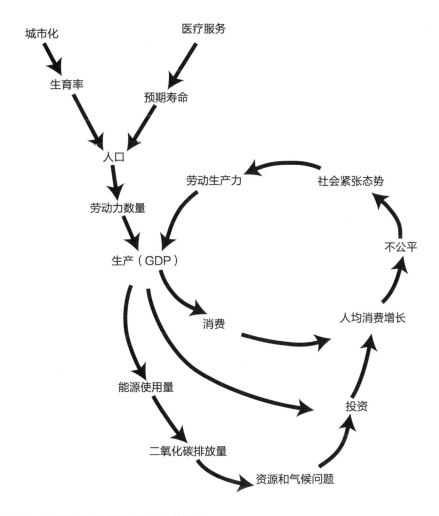

图表3-1　本书预测所包含的主要因果关系图。

圆形迷宫的线性呈现

我的预测将以线性方式加以呈现，从（精心选择的）起点到（精心选择的）重点逐步展开，遵循（精心选择的）路径，穿梭于全球体系中许多错综复杂、互相作用的部分。当然，世界并不是按预测展开的方式发展的，而是在反复中前进的。我每次做预测并研究结果时，都不得不承认，结果和自己之前的设想并不相符。因此我必须对预测进行修改，无论是修改结果还是修改设想，然后重新再来。经过反复失败和不断尝试后，我终于得到了现在的这份预测。

这一线性展示将从未来 GDP 预测开始——基于对未来人口和生产力预测——接着是对未来投资、消费、能源使用、气候影响、粮食生产和土地利用的预测。我之所以选择这一结构，是为了将预测与人们通常感受到的因果关系保持一致。我选择了 1970 年以来的数据变量，其中不仅包括国家数据，还包括变化率。正如之前提到的，我关注的是逐渐变化的变量，以确保变化趋势较为平稳。但是，现实世界中存在反馈效应。在反复尝试中，我已经尽力控制这种作用的影响程度，一次又一次地修改设想，直到使预测和现实一致为止。

数学公式

为了更简略地介绍接下来几章的内容，我特地增加了这份数学公式指导，介绍了预测核心变量的计算方法。在本书网站 www.2052.info 上有五个地区各自的计算方法，以及全球的计算方法介绍。

第四、五和六章讨论了世界发展的结果，遵循如下步骤：

1. 未来全球人口基于对生育率（也就是儿童数量除以女性数量）和死亡率（也就是 1 除以人均寿命）的预测。

2. 潜在劳动力数量作为人口的一部分进行计算，即 15 到 65 岁人口的数量。

3. 劳动生产力等于 GDP 总量除以潜在劳动力数量。其预测基于历史趋势，以及我对未来的猜想。资本、资源可获得性、技术以及劳动参与率的影响都包括在这个变量中。因此劳动生产力等于 15 到 65 岁人口贡献的人均经济增量，以人均年产值（美元计）呈现。

4. 年产值（GDP）根据潜在劳动力数量乘以劳动生产率得到。

5. 生产中的投资部分（即每年没有被消费掉的部分）预测基于历史趋势，以及我对未来猜测。

6. 消费是生产中除了投资的部分。社会只能消费没有被用于投资（也就是为了支持未来消费而花费）的生产部分。根据这个说法，我将投资定义为未来所有为了消减资源枯竭、污染、不公平问题以及为适应气候变化买单的支出。我并不区分私人和公共投资。

7. 人均消费——预测的指南星——是消费总量除以人口数量。

8. 能源使用量是生产乘以生产能源强度。生产能源强度基于历史趋势和我对未来的猜测，以 GDP 每增加一美元需要的石油量为统一单位。

9. 能源结构组成包括煤炭、石油、天然气、核能及可再生能源。预测是基于历史趋势和我对未来的猜测的。

10. 能源使用产生的二氧化碳排放量，就是上述五种能源使用中释放的二氧化碳总量。能源使用产生的二氧化碳强度是二氧化碳排放量除以能源使用量。后者就是将能源换算为石油当量后，排放的二氧化碳量。可再生能源（风能、太阳能、核能和水能）的使用，帮助减少了二氧化碳排放率。碳捕集和封存技术（CCS）也发挥了相同的作用。

11. 大气中的二氧化碳浓度根据全球平均气温和海平面升幅进行计算。计算依据是表格中未提及的气候模型。其他《京都议定书》提及的温室气体也一并计算在内。

12. 食品生产量等于用于耕种的土地面积乘以平均土地产量。（每十亿公顷）土地和（每公顷年均粮食，以吨计）产量预测，基于历史趋势和我对未来的猜测。土地产量考虑了所有类型的投入（肥料、杀虫剂、水、种子、转基因生物等等）以及气候变化的影响。

13. 气候变化对食品生产的净效应——也就是气温升高（这会降低产量）和二氧化碳浓度升高（这会提高产量）对土地产量的影响——是根据表格未提及的模型进行估计的。

14. 最后，尚未使用的生物产能（没有用作粮食生产、砍伐或建造城市的土地）是全部的生物产能（也就是所有土地）减去非能源生态足迹（也就是用作粮食生产、砍伐和建造城市的土地）。后两者的预测基于历史趋势和我对未来的猜测。

这些变量构成了全景预测的核心部分，而许多"洞见"则使围绕预测展开的讨论更有深度，细节更丰富。这些"洞见"也讨论了许多未来为我们准备的东西：更大的城市、更多的太阳能、一直存在的互联网、更多对共同解决问题的支持、更少的自然资源、可见的气候变化以及城市贵金属挖掘活动等等。

对数据库的最后一点解释

我已经告诉过大家，我的预测基于大量关于真实世界的数据。如果你觉得量化数据才是更为可靠的，那么你会在书中欣然发现，大约20个独立变量有1970年到2010年每年的数据支持。而且我在全球预测与地区分析中都用到了它们。这些数据来源可靠，相关收集工作就花费了我大量的资源和时间。这些数据来源在附录2中有详细收录。尽管这些数据的小数点后面都有好多位，给人以十分精确的感觉，我还是强烈建议你记住：在许多数据中，小数点后第二位就不是很准确，第三位更不必说了。数字数据看起来比实际上要精确得多。你会在本书网站提供的表格中找到更多的数据。

但是，我的预测并不仅仅建立在有关过去的数据上；它还基于人们对世界运转的了解，特别是世界在未来将如何运转。在这种定性分析中，不确定性更大，因此我预测时，我常常得为选择哪一位专家的观点而绞尽脑汁。简单概括地来说，我通常选择来自工业化国家、受过良好教育、获取信息丰富的生态经济学家所普遍持有的观点。更确切的说法，可以从安格利亚鲁斯金大学（Anglia Ruskin University）的阿莱德·琼斯（Aled Jones）及其同事对现代可持续文献调查中找到。我对他们的调查奉为圭臬。调查完整地回顾了近期关于资源枯竭、环境污染和气候变化问题，分析其政策意涵，对我的研究很有帮助，而且在很多问题上作者与我的观点一致。因此在书中，除了那些我与主流观点不相符的见解之外，我只是简单地说明自己同意专家的部分，而没有给出确切的有关文献。

预测的第三个支柱就是，我相信在未来四十年间，科技和社会变化会和过去四十年一样巨大。因为驱动变化发生的力量是相同的，而全球社会的组织形式不会突然发生改变。

　　现在让我们看看，基于这些事实加总的，掷地有声的预测吧。

04

到 2052 年的人口与消费

那些和我一样，一直担忧人类生活前景的人，可能都会对一个要素忧心忡忡——那就是人口增长。在过去几十年里，我们一直想知道：地球究竟能承载多少人口？人口峰值会是多少？我们什么时候会达到这个峰值？人口峰值对世界有什么影响？从人类出现以来，直到 1960 年，人口才增加到 30 亿；但仅仅四十年后世界人口就翻了一番，达到 60 亿；又过了 10 年，世界人口就达到 70 亿，这也就是当前世界的大致人口数量。

之前的一些担忧，终于成为了现实。科学家发出的警告足够警醒，至少使人们开始关注人口爆炸问题，并采取行动。当人口数量和相关的消费数量超过自然资源承载力时（这是将要发生的事情），我们的境况就为更为糟糕了。

人口数量会达到峰值

那么，2012 年之后的世界人口将会发生怎样的变化？我对 2052 年人口的预测，已经显示在图表 4-1 的右边部分，左边则是 1970 到 2010 年人口的历史记录。早在 2052 年前（其实提前了 10 年），全球人口就会到顶，原因就是不断下降的生育率。人均寿命增长只能部分抵消生育率下降带来的影响。正如图表 4-1 所显示的，这两个趋势会导致全球人口在 21 世纪 40 年代初就到达顶峰，也就是大约 81 亿，随后开始减少，而且减少的速度越来越快。

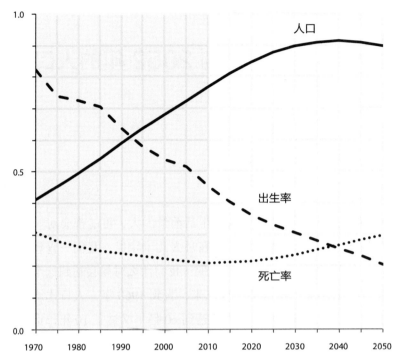

图表4-1 全球人口，1970—2050。
范围：人口（0-90亿人）；出生率与死亡率（0-4%/年）。

　　全球人口持平和减少，（主要）并不会源于饥饿、污染或虫害，而是数十亿城市家庭选择生育孩子数量减少的结果。目前，全世界已经有超过一半的人居住在城市里，而随着工业化程度的深入，发展中国家的城市人口比例也会不断提高。大多数人会成为城市居民；而在城市里生活，孩子太多并不是件好事。在工业化国家中，对小家庭的追求绝不是双职工的专利。在发展中国家，数十亿贫困城市家庭会做出同样的选择，目的就是摆脱贫困。

　　在其他地区也会有同样的想法。家庭选择孩子数量的能力不断增强——因为人们受教育程度提高、医疗服务日趋完善、避孕技术不断进步。大多数家庭也会发现，多生一个孩子就多一份负担。在拥挤的大城市中，多一个孩子就多要一份食物，就多一个孩子需要上学——而不是多一份农田获得收入。更完善的公共医疗服务可以延长寿命，降低儿童死亡率，因此头一个孩子就很有可能一直存活下去，为家庭带来欢乐和骄傲。

药物质量的提高会有助于消灭传染病。到 2052 年，全球平均寿命将超过 75 岁（非常时期除外）。每个妇女生育的儿童数量（也就是总生育率）会逐渐接近 1。因此，全球人口会很快以每年 1% 的速度减少，到 2075 年回落到目前的水平（70 亿人口）。

我们已经可以在数据中看到这些趋势。在过去四十年里，总生育率已经从人均 4.5 个孩子减少到 2.5 个。如果这一趋势持续下去，那么到 2050 年总生育率会是 0。但这显然不会发生。相反，人口减少的速度会逐渐放缓——因此到 21 世纪中叶总生育率会接近 1。人口减少会是一个逐渐、持续的过程。的确，即便是城市父母也希望有人在他们年老时照顾他们，但越来越多人会认为一个孩子足够了——如果再加上养老金的话。另外，比起一群没有受过教育的孩子而言，一个受到良好教育的孩子，能够更好地照顾父母。在未来，有可能出现一些生育率剧降的情况——就像 1990 年到 2010 年期间，利比亚的人均生育率从 7 骤然下降到 2。但在总体上，我们讨论的是生育率逐渐降低的问题，在图表 4–1 中显示为毛生育率（crude birth rate，也就是每年新出生人口占当前人口的比例）。

一些鼓励生育的政府，会试图阻止本国生育率降低。如果政府有能力负担成本，就会提供廉价的学前教育，使父母在"正式经济"（formal economy）中继续工作。但这不会是普遍的做法，因为大多数政府无法得到足够的税收以补贴父母。因此，更为简单和廉价的做法，就是帮助年轻的城市父母建立小家庭。与此同时，一些地区会继续对抗"西方的自私享乐主义"，而不是反对减少生育的做法。但我相信，当他们切实感受到拥挤城市带来的恶劣影响时，就会抛弃过时的宗教般的说教。在宗教盛行的年代里，世界地域广袤、资源丰富，而人类数量很少，不过是在埋头耕种罢了。

富裕国家会首先达到人口顶峰。如果没有移民因素，德国等大国的人口现在就已经开始减少了。到 2015 年，这些国家就会达到人口顶峰。接着，在 2020 之后中国人口也可能会见顶。俄罗斯的人口则正在呈下降趋势，即便政府已经在努力扭转这一趋势。在意大利，即便有罗马教皇和大男子主义的存在，其生育率也"稳居"全球最低之一。其他正在进行工业化的国家，则将步 OECD 各国的后尘。印度和撒哈拉以南非洲会落后于这一趋势。但总体而言，全球人口到顶的时间会比大多数人预想的要早。到 2052 年，世界人口已经处于下降通道。

劳动力数量到达峰值时间稍早

因为想要预测商品和服务的年产量（也就是未来 GDP），所以我对全球人口中能够工作的那部分人特别感兴趣。我将这部分人定义为 15 到 65 岁的人口。图表 4-2 显示了这一年龄组的历史发展趋势。自 1970 年以来，这部分人口的数量在所有地区都有所增长。

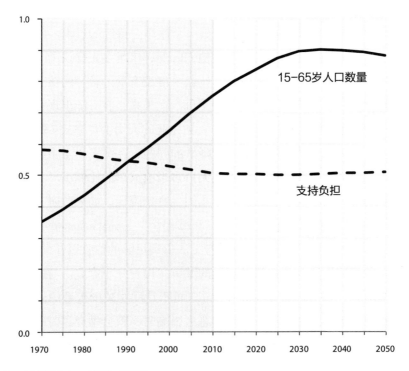

图表4-2　全球劳动力，1970-2050。
定义：支持负担=人口数量除以15-65岁人口数量。
范围：15-65岁人口数量（0-60亿）；支持负担（0-3）。

这一年龄组就是潜在的劳动力数量——也就是如果条件适宜，能够工作的人口总量。实际劳动力数量通常会比潜在数量少得多。从历史上看，造成这一差距的原因有两个。首先，根据传统，妇女是不参与正式经济工作的。第二，许多这一年龄段的人由于失业、疾病、残疾或因为其他种种原因而没有正式工作。但一直以来，劳动参与率都在提高，尤其是在 OECD 国家中，在那些社会较为发达的经济体中，妇女劳动参与率也一直都有提高。如果将学生计入实际劳动力的话，那么这一趋势就会更为明显——这么做也是应该的，因为学生是社会对未来生产力投资的一部分。从另一方面来看，15 到 65 岁的人还不包括越来越多的老年人，他们不仅有能力，而且正在正式经济中工作。大体上，这一年龄组人数只能大致代表潜在劳动力数量，但仍然可以为粗略地描述未来图景提供帮助。

从现在到 2052 年，潜在的劳动力数量会发生什么样的变化？答案可以通过我对人口年龄分布的预测计算得出。潜在劳动力数量会和人口发展情况相同：首先增长，然后到顶，接着开始减少，就像在图表 4-2 中显示的那样。有趣的是，由于人口的动态变化，15 到 65 岁人口的数量到顶的时间，比人口总量到顶的时间早了五年。

许多人对未来潜在劳动力数量减少表示担忧。如果你也是他们之中的一员，那你应该仔细看看图表 4-2 中的另一个转折。那个转折显示了"支持负担"（support burden）的发展趋势。支持负担等于人口总量除以潜在劳动力数量。这一负担——也就是每个潜在劳动力支持的人数——在过去四十年里正在减少，正如图表 4-2 中显示的那样。这种具有历史意义的减少，与无休止的公共讨论话题截然相反。人们一直在讨论，老龄人口会对年轻工作人口造成负担。然而事实却是，负担并不会像许多人坚信的那样一直增长。相反，支持负担在过去四十年里一直在减少，并即将停止减少。因此，我们很快就会面临这样一个事实——即便改变人口年龄分布，劳动力的支持负担也不会再有所减少。在未来四十年里，支持负担会大致持平，因为老年人口的增长会被新生人口数量的减少所抵消。如果支持负担的不平衡持续下去，那么我认为社会将快速采取应对措施，提高退休年龄——即便那些接近退休年龄的人们会强烈反对。因为这些人毕竟是少数。

生产力会增长，但会遭遇障碍

未来数十年间，潜在劳动力数量仍然会继续增长，为 GDP 的持续增长提供一部分基础，因为我们没有理由相信，劳动参与率（也就是 15 到 65 岁人口参与正式经济的比例）会减少。事实上，这部分人口的劳动参与率正在不断提高。原因之一就是，越来越多的女性正在从免费从事家庭劳动转向有报酬的工作。因此，潜在劳动力数量的增长，会带来实际劳动力数量，也就是正式经济劳动人口的增长，并且反映在 GDP 的增长上。但是，劳动生产力又会发生什么变化呢？

请注意，我将劳动生产力定义为年均生产量除以潜在劳动力数量，而不是通常的实际劳动力数量。因此，我将 GDP 总量除以 15 到 65 岁人口数量，而不是除以实际劳动的人口数量。我这么做是为了简化数据工作。比起得到实际工作人数随时间变化的数据，得到 15 到 65 岁人口数量随时间变化的数据则要容易得多。根据这些数据，我就能够更为合理地比较，在组织方式不同的劳动力市场中，各经济体的劳动生产力的差异。

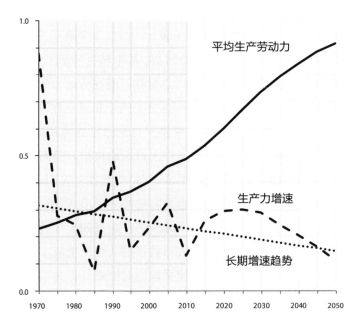

图表4-3　全球平均劳动生产力，1970-2050。
定义：平均劳动生产力=GDP除以15-65岁人口数量。
范围：平均劳动生产力（0-20000美元/人/年）；生产力增速与长期增速趋势（0-7%/年）。

如图表 4-3 显示的那样，在过去四十年间，全球平均劳动生产力一直在提高。尽管其增速放缓，但通过劳动参与率增加，能源、机械、设备、计算机以及其他变化带来的工作效率提高，平均劳动生产力还是在提高，而且速度很快。由此带来的产量提高，超过了发达国家中人均年工作小时数减少带来的损失。从 1970 年到 2010 年，劳动生产力平均提高了 90%，而除美国之外的 OECD 国家的提高率为 110%，中国更是达到了令人瞠目结舌的 1200%。全球范围内的劳动生产力提高显示，各国都十分渴望提高商品与服务的年产量。同时也显示，OECD 国家保持生产力领先，比中国奋起直追更难。

从另一个角度看，考虑劳动生产力的历史发展很有帮助。从 19 世纪初开始，农业劳动生产力的提高，使得利用更少的劳动力生产足够的食物这件事成为可能。最后，拖拉机（使用化石能源）、肥料、杀虫剂和新型种子解放了大部分农业劳动力，使他们得以进入制造业。在制造业中，通过能源、机械以及规模经济，再次出现了生产力的飞速提高。于是，更少的工人也能够制造出足够的工业品，满足人们的需求。

在如今的后工业化社会中，大部分劳动力都可以选择从事服务与护理方面的工作。而这些部门的劳动生产力也在提高：计算机承担了会计和行政工作；机器人正在尝试进入护理服务行业。我们已经可以大致看到未来经济的轮廓：届时，大多数劳动力会从事服务、教育、娱乐、创意活动，还有最耗费时间的——护理工作。

不同国家正处在这一发展的不同阶段。OECD 最初的几个成员国正在引领这项发展，稳步提高二战后的人均产值。之后加入的成员国，如日本和韩国，通过采用先进国家的方法和技术，在这一代人的时间内就可以迎头赶上。随后，当它们跻身前列时，其增长率就会降到和领先者一样的水平——原因很明显：后来居上者也必须承担开发新方法和新技术的成本。

一直以来的生产力提高趋势会在未来四十年持续下去。首先，中国在迎头赶上时，其增长率会非常高。之后，一些新兴经济体也会奋起直追，但印度会被落在后面。一些最为贫穷的国家的生产力也不会有明显提高。因此，劳动生产力会继续提高，但不同地区的增长速度非常不同。发展的一端是成功的新兴国家，在追赶西方先进国家的过程中，这些国家会保持数十年的增长。中间是发展停滞的富裕国家。这些国家的劳动生产力已经很高，而且大部分劳动力在从事服务和护理工作，而那些部门想要提高劳动生产力是很困难的。其他国家则毫无进步，因为他们将无法引进教育体系、司法体系、法律法规以及其他促进经济增长的要素。

结果就是，到 2052 年，中国的劳动生产力会相当接近于富裕国家的水平。我预测，到 2052 年，中国的人均年 GDP 会达到 56000 美元，而同期美国水平为73000 美元，除美国之外的 OECD 国家则为 63000 美元。这就意味着，自 1978年邓小平实行改革开放以来，中国只花了八十年时间就基本赶上了西方国家。中国所需的时间比日本或韩国多三十年，因为中国的起点较低。

图表 4-3 显示了自 1970 年以来，全球生产力增长放缓的情况。历史数据非常庞杂，但点状线提供了线索。整体而言，在开始增长后的头几十年里，一个地区的增长率通常能够保持高位，一旦该地区迎头赶上领先国家——过去四十年领先的一直是美国——其增长率就会开始降低。数据还显示，在成熟经济体中，劳动生产力的增长速度已经开始放缓。例如，1970 年到 2010 年，美国的劳动生产力年均增长率从 2% 下降到 1%。年度数据虽然略显庞杂纷乱，但数值仍然契合这一大趋势。我认为，这种趋势还会持续下去。

正如图表 4-3 所显示的那样，劳动生产力增长会首先从 2010 年的低谷走出，接着在 21 世纪 20 年代达到顶峰，然后在本世纪中叶前一直放缓增速。我是从对单独地区的预测中得出这一发展趋势结论的。到 2052 年，人均 GDP 的年增长率只有1%。届时人口已经开始减少，所以全球 GDP 会随后达到顶峰，然后开始下降。

很少有人想过，由于劳动力数量减少，而劳动生产力却保持不变或下降，全球 GDP 可能会在到达高位后开始逐步下降。而我认为，这将是 21 世纪后半叶全球经济的一个重要特征，但直到 2052 年之后才会出现。

生产会增长，但速度越来越慢

GDP 应当等同于一个经济体商品和服务的年产量，以市场价格计算。人们公认，GDP 的缺点在于它忽略了所有正式经济之外（如家务）的生产。但这个缺点会变得越来越微乎其微，因为更多的生产活动会从家庭和村庄中走出，进入以金钱衡量的经济中。

全球 GDP 以每年万亿美元计。一万亿也就是一千个十亿，也叫作一兆。2010 年，全球共生产了价值 67 万亿美元的商品和服务，其中三分之一是由

OECD 国家贡献的,七分之一由中国贡献。本书使用的美元价值均为 2005 年价值,不同国家的 GDP 根据购买力平价汇率(purchasing power parity, PPP),从国家货币转化为美元。

全球商品和服务的生产,也就是全球 GDP 在过去一个世纪里增长得非常快,20 世纪 50 年代尤为如此。生产增长的确应当归功于劳动力数量的增加,以及劳动生产力的逐步提高。劳动人口和人均产量均有大幅增长。劳动力人数随着人口增长而增加。而劳动生产力则伴随着能源、机械和技术使用的增加,以及劳动专门化程度的提高而提高。

那么,在未来四十年里,生产又会发生什么变化呢? 图表 4-4 显示了我的预测。这是由未来潜在劳动力数量乘以未来劳动生产力得到的。预测结果是,全球 GDP 将会停滞不前,并在 21 世纪中叶后就开始下降。

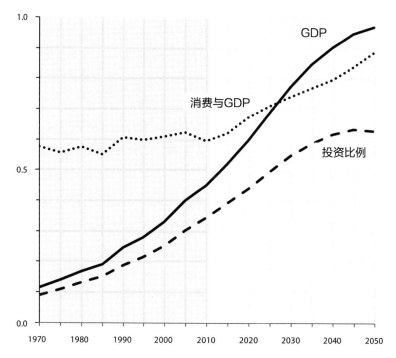

图表4-4 全球生产与消费,1970-2050。
范围:消费与GDP(0-150万亿美元/年);投资比例(0%-40%)。

到 2052 年,全球经济总量会十分庞大,相当于现在的 2.2 倍。换言之,人类在 2052 年生产的商品和服务，会比 2010 年整整多出 120%。这使得更高的人均消费水平成为可能，但也会增加人类的生态足迹。碳排放量会逐渐增加，而资源枯竭速度也会加快。不过，在未来四十年里，资源和能源使用效率的提高，会缓解人类活动与自然限制之间的矛盾。之后的章节会进一步讨论这一问题。

与此同时，各地区的 GDP 发展会很不平衡。一些经济体——尤其是成熟经济体——会发展得非常缓慢，甚至是没有发展。中国 GDP 则有显著增长，许多新兴经济体也是如此。如同第十章提到的那样，一部分贫穷国家会停留在 2010 年的水平，止步不前。

但是，即便未来 GDP 能够翻番，其总量仍然比许多人预想的要小。这是因为相比普遍预期，劳动力数量会更少，劳动生产力也会更低。两者的差距也取决于其他因素。劳动力数量减少是因为人口减少；而人口减少是因为在日益城市化的世界中，生育率下降。劳动生产力下降，是因为劳动生产力增长速度会比预期的来得慢；而劳动生产力增长放缓，则是因为在未来更多的成熟经济体中，大多数人将从事服务和护理工作，这些工作的效率很难提高。另外，生产力提高会受到不正常天气的阻碍，不正常天气使人们难以提前规划农业和其他部门的生产；而不公平现象加深也会扰乱经济持续发展所需的和平与稳定。

生产力增长有赖于资源向更有生产力的部门有序流动。在制造业里，这一流动比服务业更简单。如果你能够模仿前人的做法，那么生产力增长速度就会更快。稳定的法律环境也是有益的。外部冲击、高失业率以及社会动荡自然对提高生产力没有帮助。令人遗憾的是，我认为未来还是会存在这些阻碍因素，但每个地区的程度不同。在一些地区，令人无法忍受的不公平会导致社会冲突，以及生产力的急剧下降。

在成熟经济体中，人口减少，劳动力数量减少，其结果可能就是 GDP 的负增长。换言之，经济总量会减少。这使得收入和财富的再分配变得更加困难。在市场经济中，经济增长放缓导致失业和收入分布不均。长此以往，则会导致更多的不公平、社会矛盾和摩擦，以及对现有秩序的抗议。除非社会秩序能够得到改变，更好地处理分配问题，否则缓慢的经济增长可能带来巨大的社会问题，并导致经济增长率的进一步下降。

我预测，2052 年的全球 GDP 会大大低于根据过去 GDP 增长率计算得到的数值。从 1970 年到 2010 年，全球年平均经济增长率为 3.5%。如果经济继续以这个速度增长的话，那么到 2052 年，世界经济总量将是现在的三倍。未来经济总量从预测的三倍，下降到实际的两倍，这听起来不是太夸张，但其实意义重大。因为这会使 2052 年的人类活动削减三分之一，其减少的负担相当于现在全球经济活动对地球造成的负担。当我们已经超过地球承载力的时候，这个减少量尤为巨大。

需要说明的是，我做出这样的预测，并不是认为人类会幡然醒悟，进而自觉限制经济活动，以保护资源与环境。我想表达的是，人类会继续发展经济，但不会如设想的那样成功，原因在之前已经提到了。尽管在这方面我们失败了，但我也预测，未来四十年里，新增的经济活动和有人类以来到现在的经济活动一样多。因此，经济总量翻番仍然是个巨大的胜利果实，对整个地球都有极大的影响。

《洞见 4-1："不经济增长"的终结》讨论了世界经济不断增长的问题，关注了增长的组成部分。文章传达的信息是，我们正在面临的世界中，人类可能必须学会如何不损害其他（自然、文化和未来）价值，同时创造经济财富。作者希望，到 2052 年，这种学习的需求会传播到更多的地方。例如，通过对市场价格的外部性进行系统性内化辅之以对违规行为的全球禁令。

洞见 4-1 "不经济增长"的终结
赫尔曼·达利（Herman Daly）

人类会幡然醒悟，并主动减缓经济发展以保护地球吗？我不那么认为。但我相信，未来经济活动的组成会发生转变，减少对一些要素的伤害，尽管这些要素在目前的市场经济中没有被标上价格。

四十年前读到《增长的极限》时，我就相信，在四十年之内，资源消耗总量（也就是人口乘以人均资源消耗量）就会停止增长。书中使用的模型分析，以及马尔萨斯甚至更早的古典经济学家的理论，有力地证实了这一普遍常识。

好吧，四十年过去了，经济增长仍然是几乎所有国家政策的首要任务，这点不容置疑。发展经济学家说，"新马尔萨斯主义者"就是错了，我们应该继续过去的增长势头。但我认为，经济发展已经停止，因为继续发展的经济是"不经济的"。这种发展取得的增长，小于其消耗的资源，我们因此变得更为贫穷而不是更富有。它之所以被称为经济增长，或者"增长"，是因为我们错误地以为增长永远是"经济的"。而我认为，我们已经达到经济增长的极限，而且毫不自知。我们还在通过漏洞百出的国民收入与生产核算，竭力隐瞒这一事实。因为我们将增长奉若神明，停止这种崇拜会受到诅咒。

如果你问我，我是不是宁愿生活在山洞里，在黑夜中瑟瑟发抖，也不愿意接受这些历史增长带来的好处。那答案当然是"不"。直到如今，增长累积带来的好处远远超出所花费的代价；尽管也有一些历史学家对这个观点持有异议。在任何情况下，我们都无法从头再来，因此我们应当对那些承担代价的人心怀感激。我们现在享受的财富，正是建立在他们的牺牲之上。但是，所有经济学家都知道，决定增长何时转为"不经济"的，是边际（不是总的）收益与成本。我们首先满足的，一定是最紧迫的需求，因此边际收益会出现下降；我们首先使用的是最容易获取的资源，并在发展中牺牲最不重要的生态系统（将自然转化为人工），因此边际成本会出现上升。那么，第三辆车的边际收益，抵得上气候变化、海平面上升这一边际成本吗？如果净收益增长的话——实际上，当过去增长的净收益达到最高值时，不断下降的边际收益，就会等于不断上升的边际成本。没有人不想变得富有，至少在物质方面较为充裕。穷不如富的道理不言自明。但认为增长总是让我们变得更为富有，这就犯了低级错误，即便在正统经济学的基本逻辑中也不成立。

正如之前提到的，我们并不是真想知道增长什么时候会变得"不经济"，因为届时我们必须停止增长。但我们不知道怎样使停滞的经济运转起来，而且我们一直虔诚地信仰"没有限制"这一观点。我们希望相信，增长可以治愈贫困，而无需我们分享自己的财富，也无需限制人类活动的程度。为了维持这种幻想，我们将"经济增长"一词的两种不同的解释混淆了。有时候，这个词指的是经济（由人口和财富增长、生产和消费流动组成的世界物质系统）的增长。当经济总量增长时，我们就将其称为"经济增长"。但有时候，"增长"又有另一个截然不同的意思。如果某种活动的收益增长速度比成本增长速度快，我们就将其称为"经济活动"。这么说，"经济增长"就是带来净收益或者说利润的增长。现在的问题是，第一种"经济增长"是不是就意味着第二种增长呢？不，当然不是这样。经济总量更大，我们就会更富有的想法，纯粹是混淆了二者的概念。

认为经济学家应当对以上的概念混淆负责，这种说法着实令人不解。因为所有微观经济学知识的目的，都是找到某种活动的最佳规模，找到边际成本超过边际收益，之后增长将成为"不经济的"那个临界点。"边际收益＝边际成本"甚至在公司扩张中被称为"何时收手法则"。为什么这个简单的优化逻辑在宏观经济学中就找不到呢？为什么在宏观经济增长中，没有相应的"何时收手法则"呢？

我们看到，所有微观经济活动，都是更大的宏观经济体系的一部分，其增长会使体系的其他部分发生变动，甚至是承担牺牲。但宏观经济本身被认为是经济的全部，当它扩张时（想必是徒劳无功的），无法改变任何事情，也不会产生任何机会成本。但这显然是错误的。宏观经济也是整个体系的一部分，是自然生态体系经济的一部分。宏观经济的增长会提高机会成本，使自然资本减少，这种情况到了一定程度，就会限制未来的增长。

然而一些人表示，如果我们衡量增长的主要指标是 GDP，并基于自由市场中，终端商品和服务的自由买卖，那就确保了增长总是包含了实在的商品，而不是不良"虚拟产品"。自由市场不会给这些产品定价，但即便如此，它们仍然不可避免地作为商品的副产品，被生产出来。由于这些产品是没有价格的，GDP 计算中无法去掉它们，相反，计算中添加了反虚拟的生产（这是有价格的），并将它们作为商品来计价。例如，我们无法将污染成本作为坏资产计算，但我们将污染清理的价值作为好资产加了上去。这是不平衡的计算。另外，我们将自然资本（如矿产、泉水、地下水、森林、鱼类或表层土壤等自然资源的枯竭）作为收入，而不是支出来计算——这是个极大的计算错误。与之相矛盾的是，无论GDP计算的是什么，它仍是最好的统计指数，最能反映污染、资源枯竭、交通堵塞和生物多样性减少的情况。经济学家肯尼斯·博尔丁（Kenneth Boulding）略微挖苦地说，GDP应该是国内成本总值（Gross Domestic Cost）的缩写。至少我们应该将成本与收益放在不同的账户中进行比较。经济学家和心理学家现在发现，在超过一定生存标准后，GDP和自我评估的幸福感之间的积极关系消失了。这并不令人惊讶，因为GDP从来就不是衡量幸福或者福祉的指数——它只是衡量了经济活动；在经济活动中，有一些会令人愉快，有一些则会带来收益；一些尽管不便但仍然是必须的，一些却能够起到矫正作用；一些微不足道，一些会带来伤害，还有一些，则堪称愚蠢至极。

总而言之，我认为在过去的四十年里，我们已经达到了增长的极限，但我们仍然选择否认这一点。尽管这对大部分人而言伤害极大，但一小部分精英必须维护自己的利益。他们不断鼓吹增长论，因为他们有办法将增长收益私有化，将更大的增长成本社会化。

我正在考虑的问题是，否认、妄想和混淆的手段还能继续另一个四十年吗？如果继续否认增长的经济极限，那么我们离无以为继、灾难性的生物物理极限还有多远？我希望，在未来四十年里，我们能够承认并适应更宽容的经济极限。适应将意味着从经济增长转向经济持平，届时经济规模肯定会比现在小。我所说的规模，是经济相对于生态系统的大小，资源生产率可能最能反映这一点。

我必须承认，对经济极限的否认竟然持续了四十年。我认为让人类幡然醒悟，就需要彻底觉悟和转变（用宗教用语来说就是如此）。预计我们是否会有足够的精神力量、理性来完成这一转变，是很愚蠢的。对历史发展方向的预测前提是，上帝通过因果关系决定了目的和行动。而且，如果我们真的是决定论者，那么我们预言什么都毫无关系；甚至我们的预言都是预先注定的。我不是决定论者，因此我希望，而且也会在未来四十年里，为终结这种疯狂的增长而努力。这是我对中期未来打的赌。我认为有多少胜率？大概30%吧。

赫尔曼·E.达利（美国人，1938-）是马里兰大学公共政策学院的终身教授。他曾经是世界银行环境部门的资深经济学家。著作包括《永恒的经济学》（Steady-State Economics，1972）和《生态经济学和可持续发展》（Ecological Economics and Sustainable Development，2007）。

我同意文章表述的观点。未来几十年里，经济活动将逐渐转向对自然伤害较小的领域。我也同意，到2052年，人类不会停止所有不经济的增长。但最大的进步将是，人类会在解决"洞见"里提到的"不良虚拟产品"上花费更多。从宏观经济上看，人类会提高GDP中的投资比例，并使用这些投资来解决资源枯竭、污染、交通堵塞、气候变化和生物多样性减少的问题。因此，消费会有所减少：对解决不良虚拟产品的关注增加，必然要减少消费。这会被认为是物质生活水平的下降。但这种转变不会减少GDP，也不会减少就业，因为就业是随着GDP变化的。只有消费会比潜在水平更低。

还有一点很重要。未来四十年间，GDP增速的逐渐放缓，会使我们有能力更好地向理性经济转变。理性经济不会逐步摧毁未来或未定价的价值。未来世界经济总量将会翻番，造成的生态足迹少于经济总量增加两倍的情况。经济总量较小，资源就不会那么快枯竭，造成的污染会更小，对环境的损害也更小。首先，在绝对值上，我们对地球承载力的破坏不会过于粗暴。经济增速放缓会给我们更多的时间，感受经济对自然造成的伤害，并预备补救措施。我们会有更多的时间学习，将学习到的经验转化为实际解决方法，以避免对自然的伤害——并挽回过去犯下的错误。最后值得注意的是，我的预测显示，在未来四十年里，全球人均GDP会增长80%。这差不多是重复了过去四十年的增长情况。但各个地区的增长速度会非常不同。中国的生产力会提高许多，而美国和欧洲则保持在2010年的水平。许多大型新兴经济体的生产力会有明显提高。而令人遗憾的是，世界其他地区的人均GDP则会原地踏步。

投资——被迫的和自发的投资——将会增加

在未来的四十年里，人类会发现，自己正在面临越来越多的挑战。这些挑战的源头，大致都是因为人类正在小小的地球上快速扩张。我们会面临许多问题，如资源逐渐枯竭、多种污染物聚集、一些物种和生态系统消失、保护建筑物不受极端天气影响的需求增加、交通堵塞导致的耗时问题等等。社会将以人类传统的方式对所有问题加以回应。人们不会停止相关活动，至少不会自发地停止。相反，人类会决定，砸下一大笔钱来解决问题。社会将试图通过寻找新方法来解决问题。社会将为替代品买单，为新的生产流程买单，或者更笼统地说，为成果相同而不招致负面影响的方法买单。换言之，社会将通过增加投资来解决不断出现的问题。

增加的投资额，会来自私人和公共财政。但表面上——经济学家称为"实体经济"，而不是金融经济中——增加投资意味着投入更多的人力和资本，以得到更为可持续的解决方法。如果新的解决方法更为廉价，那么对投资的反映将是强劲迅速的。但如果新的解决方法更昂贵，那么进展就会缓慢。例如，下一代人将以更昂贵的解决方法，如可充电汽车或可持续的生物燃料，来取代廉价的化石石油。这样以贵代贱的方法，推行起来会非常缓慢，除非政府进行干预，如实行相关支持法规，或安排税收减免等。如果国家不采取行动，那么这种转变不会大规模地发生，直到旧方法的市场价格超过新方法的预期成本。但是，由于价格升降需要时间——从没有解决的问题到解决方法的大规模运用，至少需要20年（想想手机成为大众用品的时间）——最后，会出现一段空白期，期间社会必须面临无法解决的问题，并等待着解决方法的出现。与此同时，社会还将面临使用资金适应环境，而不是找到解决之道的诱惑。乍看上去，投资建设一条堤坝（能阻挡五年内海平面上升带来的危害），比投资碳捕集与封存（防止五十年内海平面上升的最佳方法）等环保技术更好。

但是，如果不考虑社会反应的具体形式，那么所有出现的问题都意味着增加投资。增加的投资可能是被迫的（根据过去情况，如飓风善后工作来看）或者是自发的（根据未来发展趋势，如开发新的低碳能源来看）。

在两种情况下，GDP中投资商品和服务的比例都会提高，使得可供直接消费的比例下降。你还应该记得的，我预测中的"指南星"，就是预测未来消费。我通过预测投资，并将其从 GDP 预测中减掉，而得到消费预测值。我把 GDP 与"GDP 在投资中所占比例"的预测值相乘，得到对未来投资的预测。这一投资比例，及其在未来四十年的增长，会在未来扮演极为重要的角色。

全球 GDP 包括"消费者商品和服务"的生产和"投资商品和服务"的生产。前者包括全年所有消费的商品和服务；后者则包括社会为了未来高生产水平而在全年的投入。投资包括建房、修路、购买机械设备、建造发电站、矿井、汽车、飞机、火车及其他。许多人认为教育投入也应该是投资的一部分，因为它对未来生产力有至关重要的作用。研发投入也属于投资。我同意这个观点。

人类每年生产的商品和服务，平均 75% 被消费掉了，而另外 25% 用于投资。注意，我并不区分"私人"消费（如购买电视机或汉堡包，或开着自己的车去私人医院，花自己的钱接受治疗等）和"公共"消费（例如当你参观阅兵，得到食品抵扣券或被州政府的救护车送往公立医院，接受公费治疗等）。在书里，我将私人消费和公共消费统称为消费，因为二者都对你的生活享受有所贡献。它们满足了直接需求或愿望。类似地，我不区分私人投资和公共投资。只要这项活动不是消费，而且是为了保证长期消费的，那我就认为它是投资。

我希望将政府的教育、研究和国防开支，和传统政府投资，如道路、医院和其他基础设施一样列为投资。然而，这在实际操作中十分困难，因为现有数据将所有政府支出列为一项。在书中，我选择将这项列为消费。这个系统计算问题中的问题就是，我们低估了社会为未来做准备的努力，但正如我们之后会看到的，这不是个很严重的错误。

因此，当全球社会面临越来越多的资源枯竭、环境污染、生态系统破坏以及气候变化问题时，我认为人们会通过两种方法来增加传统投资，以应对各种问题。首先，人们会增加自发投资，以避免未来资源枯竭或环境破坏问题。其次，在没有解决资源和环境问题，从而导致各种灾害出现后，被动的被迫投资就会增加。自发投资的一个例子，就是以更昂贵的可再生能源，取代廉价的传统石油。被迫投资的例子，就是在飓风或洪水肆虐后重建房屋。我认为，这两种投资将越来越多地由政府执行，而不仅仅是通过市场对利润信号做出回应。由于过去传统的阻碍，向政府影响力提高的转变会是缓慢、逐渐的。

一个大问题是，未来几十年里，强迫和自发投资的总和的增长，是否会超过消费增长的速度，导致消费下降？社会将选择增加自发投资，并被动提高被迫投资，以至于消费被推回原先的轨道吗？社会将放弃一时的享乐，以保证长期的可持续发展吗？显然，如果社会增加投资，那么可供消费的部分就会减少。但同样明显的是，如果同时GDP增长迅速，那么对消费的冲击就会减弱。如果经济增长迅速，增加投资的主要作用只会减缓消费增长的速度。

我并不认为消费必须建立在外债的基础上。从未来四十年的发展来看，这只是一个临时解决办法。一个国家无法永远通过借贷来维持消费水平，尽管2000年之后，美国显然是在尝试这么做。

自1970年以来，全球经济中投资的比重一直是大约25%。每年的生产中，有15%投资于商品和服务，目的是为了确保未来能有更多的消费。这种"正常"投资比例被证明是足够的。这些投资足够用来更换老旧的基础设施，确保经济不断增长。

另外，全球社会还花费了GDP的10%用以维持政府运转。这部分GDP是直接由政府控制的。它包括消费和投资。但正如之前提到的，我将它看作是消费。如果我不这么做，那么政府将使投资在GDP中的比例提高5%。因此，社会通常使用将近三分之一的全年生产用以维持未来的高消费比例。这部分可以被视作是社会意愿的表达。社会希望确保"可持续"发展——通过减少短期消费，来确保长期消费水平。

但在必要时刻，各国都愿意牺牲更多的消费。中国就是现成的例子。过去几十年里，中国GDP中投资占了将近40%。为了保护国家安全及其政府形式，美国的国防支出占GDP的比重，从1940年的1.6%上升到了二战间连续三年的32%。

新成本将会浮现

在未来四十年里，全球社会将需要更多的投资，以便：

- 发展和使用稀有资源（如传统石油、天然气和磷）的替代品。

- 发展和使用减少有害排放物（如氟氯烃、二氧化硫和氮氧化合物）与温室气体的方法。
- 不再使用过去的免费生态服务，代之以冰川水或地下水用作农业灌溉或渔业饲养。
- 修复过去人类活动造成的损害，如停止使用核电站，或转移沿海核电站。
- 通过适应海平面等气候变化，保护地球免遭未来气候灾难。
- 重建因极端天气而损毁的房屋和基础设施，为基础设施使用寿命缩短提供补偿。
- 保持武装部队以打击移民，保护资源供应，并为更为频繁的紧急情况提供足够的人力。

令人难过的是，未来四十年里，由于一切照旧的做法，以上这些情况很少会变得更容易，或者成本更低。唯一的例外，似乎就是北纬 50 度以北地区农业和林业的生产率提高；北冰洋夏季融冰的出现，使获取海床资源的成本降低；曾经冰封的欧洲与东亚间的北方航道，也由于融冰而变得更为廉价。但穿行于这条航道的船只需要昂贵的保护措施，以冲破可能出现的冰封；还需要高价保险，以防石油泄漏在冰层上。当然，未来四十年里，人类科技进步也会带来好处。一旦新技术，如太阳能面板、风力发电装置或电动汽车电池离开学习曲线（learning curve），它们的成本就会下降。

我要提醒你，在我的名词中，应对未来挑战的额外"投资"，实际包括了一些在国家核算中被列为"消费"的开支。它们包括燃料、灌溉用水、环境保护、国防以及其他地球承载力限制带来的成本上升。我这么做，就可以更简单地将新出现的成本记为增长的投资，而不是增长的消费。正统的做法是建立一个类似"（不以提高福祉为目的，只是当全球资源和污染情况恶化的时候，用于维持福祉水平的）额外消费"的新类别。但我认为，将这类支出列在投资名下，计算更简单。

未来新出现的成本会有多少呢？必须增加多少投资，才能自如应对新挑战？我在这里无法给出精确的答案，但可以提供一些潜在成本的量级估算，并将它们相加起来。

我得到的答案是，如果计划花费全球 GDP 的 1% 到 6%，就能够极大程度地解决许多现存问题，如削减一半的温室气体排放量，或者以利用太阳能、风能和水能等可再生能源体系取代化石燃料能源体系，又或者是帮助最贫困的国家发展经济。这些支出占 GDP 的比重，预计最少是 1%，最多是 6%。由于投资目前占 GDP 的 25%，因此人们需要将这一比例提高到 30%，以解决目前已知的种种问题。如果我们将应对灾害与不稳定的被迫投资也算上，那么投资比例还会提高大约 6%。因此，根据粗略计算，投资比例可能提高 50%，占 GDP 的 36%。投资总额相当于二战后美国的国防开支，以及中国 2000 年以来的自发储蓄总额。这会带来较高投资比例，但不会高得过分。我们仍然可以使用三分之二的全球生产力，来维持现有的消费水平。

我对 2052 年的 GDP 中投资所占比例的预测，在图表 4-4 中有说明。从 2015 年起，随着大众开始意识到能源、气候和资源问题应当受到重视，自发投资会逐渐增加。每当灾难过去，公众恐慌时，自发投资就会快速增长。被迫投资的发展模式也大致相同，但速度较慢。被迫投资首先会逐渐增长，接着随着气候变化带来的损失增大，投资增长速度也变快了。我再次重申，本书提到的额外投资，包括一些在国家账户中列为消费的支出，如由于新挑战出现而提高的燃料或灌溉用水成本。

有哪些证据可以支持我对未来投资成本的预测？过去有哪些经历能够证明这一预测？人们的预算又是多少？

最广为人知的数据，或许就是对解决全球气候问题所需成本的各种量化计算吧。斯特恩委员会（Stern Commission）在 2006 年的估算值被引用的次数或许是最多的。该委员会预测，如果采用最廉价的方法，则需要全球 GDP 的 1% 来解决全球气候问题。2008 年，斯特恩爵士将这一数字提高到 2%。同时，不采取任何行动的代价也有所提高。到 2100 年，GDP 就会减少 5% 到 20%。2007 年，美国经济学家威廉·诺德豪斯（William Nordhaus）估算，气温上升 0 到 6 摄氏度，气候变化造成的经济损失就会相应地占 GDP 的 0% 到 10%。IPCC 则表示，如果气温上升 4 摄氏度，GDP 就会减少 1% 到 5%。

让我们回到减灾的成本上来。2006 年，著名的麦肯锡成本曲线估算，2030 年 GDP 的 0.8% 到 1.4% 将用于减灾。但在环保技术尚未成熟的阶段，实际成本会更高。几年后的后续研究认为，2020 到 2030 年间，减灾需要每年 5 千亿到 8

千亿美元的额外投资，超过了占 GDP 的 1% 的普通投资。2011 年，OECD 组织则估算，对其富裕成员国而言，达到低碳生活的成本将是 GDP 的 4%。

另一个研究领域是可持续发展的成本。1992 年联合国首届地球峰会签署的《21 世纪议程》，估算了创造一个可持续世界所需的成本。估算结果是每年 5 千亿美元，也就是当时全球 GDP 的 2%。联合国也向富裕国家提议，拿出 GDP 的 1% 来帮助减少全球贫困问题。

根据预算，为全球所有人提供清洁饮用水的成本是 19 万亿美元，占全球年 GDP 的 30%。如果在三十年内完成这一工程，全球每年就需要拿出 GDP 的 1%。有意思的是，最近对全球粮食生产翻番所需成本的估算显示，未来 50 年内需要总计 5 万亿美元投资，比提供清洁用水成本更低。

在能源方面，国际能源机构（International Energy Agency，IEA）最近估算了改变世界能源基础设施，以免受全球变暖所害的成本。2009 年，IEA 比较了"参考情景"（如果继续依赖煤炭、石油和天然气）和"450ppm 情景"（如果将全球气温升幅控制在 2 摄氏度以下）二者的成本。在 450ppm 情景下，2010 年到 2030 年的累计成本，比参考情景下高大约 10 万亿美元。前者的成本为每年 5000 亿美元，略少于全球年 GDP 的 1%。但是，一旦新的基础设施就位，节约的燃料成本就能补偿大部分投资成本。IEA 表示，诱使社会投资以获得长远利益，也就是更低的燃料成本和更少的温室气体排放量，才是挑战所在。

这些工程都需要耗费巨大的成本，但是与必须建设的能源基础设施所需的成本相比，前者究竟有多大呢？

2011 年，IEA 估算，2011 年到 2035 年，能源基础设施建设的总成本为 38 万亿美元。前 20 年需要花费 30 万亿美元，此外还需要 10 万亿美元建设环保的能源体系。因此，似乎后者的成本是前 20 年投资的三分之一。人们支付的能源账单将比现在高出三分之一。

这些宏观估算，是有微观层面的证据作支撑的。以下答案都是有根据的猜测。如果公用事业使用的能源，从煤炭改为更环保的天然气，那么电力成本会受到什么影响？提高 30%。从传统的化石天然气转向非传统的页岩气的成本是多少？20 世纪 90 年代末价格的两倍（但仅为 2006 年天然气高价的一半）。以二氧化碳为主要来源的碳捕集与封存的成本是多少？起初是 100%，长期而言可能降到

30%。从高油耗汽车转向环保型汽车的成本是多少？起初成本会上升30%，之后则会大幅降低。看上去，能源相关的商品和服务成本会上升三分之一。如果能源开支占GDP的6%，那么上升的成本就占了GDP的2%。

最后，最近有了新的文献讨论全球经济结构重组的成本。这就是联合国环境规划署2012年的报告，《迈向绿色经济：通往可持续发展和消除贫困的各种途径》(*Towards a Green Economy: Pathways to Sustainable Development and Poverty Eradication*)。这份报告研究了向低碳节能经济转型的成本，其目标和IEA设定的一致，也就是使全球气温升幅控制在2摄氏度之内。报告给出的答案是，这一目标可以实现，前提是投资全球GDP的2%到10个关键部门：农业、建筑、能源、渔业、林业、制造业、旅游业、交通、水资源和废弃物治理。联合国环境规划署报告主要想传达的信息，和我的想法是一致的：怎样才能使人们不再投资那些有损环境的项目和产业，转而投资绿色产业。

我的结论是，通过积极投资，解决这些新出现的问题的成本，会占全球GDP的几个百分点。如果富裕国家为这些买单，其国民将不得不贡献更多GDP。但是如果解决行动延迟，那么成本会更高。我们已经看到总投资中增加的一部分了。例如，由于石油资源变得稀缺，成本提高，每桶石油的价格已经从几美元暴增十倍。过去，人们可以轻易地从德克萨斯州和沙特阿拉伯的油田中获取石油，但到20世纪末，人们必须在北海的海床上钻井数百米，才能得到石油。石油价格曾经保持20美元的价格达100年之久，但1972年开始至今却上涨了五倍多。这就意味着，消费者每年购买石油的开支增加了3万亿美元。仅仅因为一种资源逐渐稀缺，就使全球GDP多花费了5%。天然气是下一个稀缺资源。自20世纪90年代以来，欧洲天然气价格至少增长了四倍。

花费GDP的1%意味着什么？

本书中和公共辩论中提到的成本，大多以"GDP的百分之几"来表达。因此，我们需要了解这在实际生活中意味着什么。

承担这样的成本，意味着经济组织中必须发生转变，也就是说，我们需要增加或减少某些东西的产量。这对那些会制造新东西的人而言，是好事；对那些必须停止生产旧东西的人而言，就是坏事。

让我们来看看这个例子。许多研究都认为，将富裕国家的温室气体排放量减半，其成本是这些国家 GDP 的 1%。这意味着什么？ OECD 国家 GDP 的 1%，相当于每年 4 千亿美元（也就是 0.4 兆 / 年）。但这个数字太庞大了，许多人都无法理解其重要性。解决气候问题需要使一个国家 1% 的工人停止生产使用化石汽油的汽车，转而生产电动及其他低碳汽车；停止建设燃煤发电机组，转而建造风力发电站；停止铺设天然气管道，转而建造输电线。1% 劳动力的转移，还需要伴随着设备转移，这样工人才可以使用电机，而不是燃气涡轮；或者建造隔热效果好的小型房屋，而不是隔热效果差的大型房屋；或者制造太阳瓦（将屋顶上的太阳光，转化为家中使用的电力），而不是普通的瓦片。这样一来，花费 GDP 的 1% 来解决气候问题，就需要转移 1% 的劳动力和 1% 的生产资本，进入气候友好型制造中。

如果要在 10 年间完成这一转变，那么每年就需要转移 0.1% 的劳动力。在就业率充分的情况下，这个劳动力转移并不是很大。失业率在 10% 之内时，这也应该是个很小的变动。然而，理论上说得简单，在真实世界中，向绿色经济的转变，被证明几乎是不可能的。这不仅是因为绿色新产品比原有产品价格更高，还因为如果在现有设备老化退役前就转向气候友好型社会的话，过去化石燃料驱动的经济中有较好工作的人，以及拥有化石燃料资本的人，必将蒙受资本上的损失。他们对变化持抵触情绪，也是可以理解的。

还有最后一个障碍。成本产生的时间比收益来得更早。因此，即便长期看来，成本只占 GDP 的 1%，在投资期间，成本将是长期平均值的数倍。这和新兴都市的情况相反：首先是短期的高成本，接着是长时期的低收益。因此解决全球问题的有益行动会被延迟。

适应成本和灾难损失会呈爆炸性增长

尽管我预测，2015 年到 2050 年，自发投资会逐渐从 0% 增长到 GDP 的 6%，但我认为，直到全球社会再体验 10 年的极端天气和社会紧张态势，人们才会自发投资。只有到那时，人们才会愿意增加投资，以规避未来出现的问题。选民需要整整 10 年的时间，才能相信热浪、洪水、强风和海平面上升，会带来系统性的灾害（systematic damage）。

与此同时，全球社会将面临更多的自然灾害，但我认为，这些自然灾害只是气候变化的早期症状。我预测，未来四十年里，全球社会的被迫投资比例将从 0% 增长到 GDP 的 6%。

过去三十年里，由于自然灾害导致的"保险损失"增加了 3 倍。目前，每年保险业承担的损失达 1500 亿美元——也就是每年 0.15 万亿美元——这"只"占全球 GDP 的 0.2%。但 2011 年造成的损失比平均值高了 3 倍，达到了 0.4 万亿美元。如果这种趋势持续下去，长远来看，自然灾害损失将占到全球 GDP 的 1%。其原因有两点：第一，天气变得更加难以预测；第二，世界人口不断增长，人们不得不将昂贵的基础设施建设在易受灾害破坏的地区，如海岸或冲积平原上。

当然，目前的灾害损失和世界经济总量相比，仍然是比较小的。2007 年，卡特里娜飓风造成的损失为 0.1 万亿美元——是美国飓风平均损失（0.02 万亿美元）的 5 倍——占美国当年 GDP 的 1%。福岛核电站事故的后续清理工作所需资金是卡特里娜飓风的 2 倍，占 2011 年日本 GDP 的 4%。但核事故的清理工作所需时间很长，大约是 20 年左右。因此，每年的善后资金"只"占日本 GDP 的 0.2%。

尽管这些损失和全球 GDP 相比，数额较小。但和灾难发生国家的 GDP 相比，其比例就高得多。

那么，我的预测：全球经济中的投资比例从 24% 上升到 36%，是不是过于激进了？我不这么认为。我的预测就是全球投资比例会提高 50%。如果由于极端天气和社会动荡，基础设施的平均使用寿命从 30 年缩短到 20 年，人们就需要这样大幅提高投资。如果道路或建筑的平均使用寿命从 30 年缩短到 20 年，那么为了确保质量，投资率必须提高整整 50%（也就是从每年 1/30=3.3% 到 1/20=5%）。如果正常的重置投资（replacement investment）占 GDP 的 24%，那么由于基础设施寿命缩短，重置投资比例必须提高到 36%。这一增长率很高，而且人们很难理解提高投资的必要性，直到他们开始考虑将超级大城市和交通基础设施转移到安全地带的成本。人们需要为新的住房，更牢固的建筑，更好的空调系统，更高的堤坝和防水高速公路买单。如果有人能够成功地在地球上建造一个不受气候变化影响的绿洲，而其他地方正在遭受热浪和洪水的侵袭，那么又将需要多少军费开支，来保护这片绿洲呢？

总而言之，许多未来发展会需要全球 GDP 贡献几个百分点的投资。从长期来看，如果未来形势严峻的话，投资额可能会轻易地就超过 10%。而我认为，这就是未来的模样。不仅因为这种局面不可避免，还因为决策缓慢会使我们延迟对新的解决方法的投资，继而在得到问题答案之前，就蒙受灾难和损失。

国家参与会增加

如果我们需要在 24% 的传统投资率之上，再追加 6% 的自发投资，以规避未来的不可持续发展；以及 6% 的被迫投资，以弥补气候变化和社会动荡带来的损失——那么，这些投资将从何而来呢？由于这些增加的投资还包括更高的运营成本，额外教育支出、额外研究支出以及额外的国防开支时，投资来源问题就更为突出了。

社会将试图通过减少传统投资项目以获得额外资金，并避免减少消费。社会也可能会碰巧很幸运——失业人群和闲置设备正好可以用于增加的投资项目，从而增加投资而不减少消费。这就是 2008 年经济危机之后，所谓"绿色刺激计划"的雄心之一。这一计划所需资金占美国 GDP 的 1%。中国就决定拨款 0.3 万亿美元，投入 2011–2015 年五年计划的"绿色低碳经济"项目。这一投资占中国 GDP 的 3%。

但如果投资增长十分迫切，或者数额庞大，那么上述两种方法都是无法满足增长需求的。社会必须将生产消费商品和服务的工人和设备转向投资领域。方法可以是通过提高税收，获得必要的资金，以开展并完成额外的投资活动。增税同时会减少对消费商品的需求，使之前在提供消费商品的公司中工作的人解放出来。

宏观的影响就是，投资商品和服务在经济中的比例会有所提高。重要的是，工作数量没有受到影响，只有税后的可支配收入减少了。工作岗位只是从消费生产部门转移到了投资生产部门。

经验显示，在有些民主国家的自由市场经济中，很难做出积极的决策，只好在走投无路之前提高自发投资。在危机到来，基础设施损毁，生活水平下降之后，做决策就更容易些了。在税收更高的国家中，情况稍好一些，因为国家政策对投资模式的影响很深。更专制，更倾向于国家资本主义的社会，能最快地做出应对，但也有向错误的方向发展的风险。

目前的情况不会有太快的变化，因为对私人和公共活动之间，人们还持有意识形态上的差异。在自由市场主义者眼中，政府支出不如私人支出，原因很简单——因为大政府不如小政府受欢迎。而在当前的西方国家，自由市场深深扎根于占统治地位的信仰体系。如同其他任何信条一样，对自由市场的信仰不会很快消减。对许多人而言，私人和公共投资之间的区分仍然非常关键，即便是面对危机的时刻也是如此，而且值得为保持这种区分而斗争。结果就是，自由市场理念会比人们想象的存活得更久，即便在未来数十年中，社会将面临越来越多的挑战，而仅靠自由市场无法解决这些挑战。

根深蒂固的价值是如此之稳定，这使我的预测工作变得简单。我将预测建立在这样一个基础上，即人们普遍会继续抵制大国家（也就是更高的税收），而且这种抵制的消减会很缓慢。这意味着，解决方法的真正使用会晚于最佳时机——至少在那些偏爱市场经济的国家中，情况是如此的。人们并不会诉诸公共组织解决方法，除非私人解决方法（基于不受限制的市场中的私人行动）明显不足以纾困为止。

《洞见4-2："稍微绿色调"的增长》描述了OECD国家认为减少温室气体排放，将气温升幅控制在2摄氏度之内的成本，即全球GDP的4%。但是，作者作为OECD前副秘书长，并不认为世界（也就是选民与政治家）会首先选择支付这笔开支。结果就是，气候问题和全球变暖问题只能得到部分的解决。但"洞见"也预测，未来的确会有一些组织良好，具有前瞻性的经济体，一马当先，不顾成本，选择打造绿色经济，将经济活动转向资源消耗较少、污染较少的部门。

洞见 4-2 "稍微绿色调"的增长

托瓦尔德·莫（Thorvald Moe）

从历史上看，经济增长提高了消费水平，也增加了对环境的负担。现在的问题是，消费增长是否能在持续的同时减少人类的生态足迹。特别是在我们大量减少温室气体排放的同时，是否还能维持消费增长。

如今，在可持续发展的框架下，一些人表示，可以保持 GDP 增长同时避免环境灾难。最近 OECD 的一份报告就反映了这种乐观的想法。

绿色增长策略，是围绕经济和⬚⬚⬚⬚⬚⬚⬚展开的。它考虑到自然资本作为生产要素⬚⬚⬚⬚⬚⬚⬚地位。它关注如何减轻对环境的压力，并⬚⬚⬚⬚⬚⬚⬚格增长模式的转变，避免遭遇严峻的本地⬚⬚⬚⬚

如果这份报告果真如此，⬚⬚⬚⬚⬚⬚⬚可以帮助我们在 2052 年之前避免遭遇"⬚⬚⬚⬚⬚⬚⬚继续追求消费水平的提高。但这可能发生⬚⬚

气候挑战

在 1992 年里约热内卢气候⬚⬚⬚⬚⬚⬚来最大的威胁之一，威胁经济发展和人类福⬚⬚⬚⬚⬚⬚危临界点。

自那以后，人们构建了许多⬚⬚⬚⬚⬚⬚究经济发展和温室气体排放之间的关系。⬚⬚⬚⬚⬚⬚景，两个情景都基于 OECD 的一个经济预⬚⬚

一个情景代表着"一切照⬚⬚⬚⬚⬚⬚新的减缓气候变化的措施。在这种情景下⬚⬚⬚⬚⬚⬚会上升到525ppm，而整体温室气体浓度会⬚⬚⬚⬚⬚⬚⬚。浓度会不断上升，到 2052 年，使气温⬚⬚⬚⬚⬚⬚，升幅至少是 4 到 6 摄氏度，在未来几⬚⬚

另一个情景则假设，人们达成⬚⬚⬚⬚⬚⬚变化共识，同意通过共同努力，将气温升幅控制在 2 摄氏度之内。情景还假设，人们将通过高性价比的方法来达成这一目标，也就是通过在全球范围内为碳排放定价，以及其他政策措施来实现。根据 OECD 的计算，这种方法的经济成本不会很高。例如，要使二氧化碳浓度在 2052 年稳定在 450ppm，和第一个情景下没有出台任何新的应对气候变化政策的 GDP 情况相比，全球 GDP 需要减少 4%。

然而，我们应该正确地看待这一成本。OECD 预测，全球 GDP 在未来四十年里的增幅会超过 250%。但这毕竟是减少 4% 的经济总量。为了调整经济结构，碳排放的价格应该是现在的 10 倍——从 2008 年每吨二氧化碳不足 30 美元，上涨到 2050 年的 280 美元左右。

我设想的情景：气候持续变暖，经济绿色增长

我有根据的猜测是，上述两种情景在未来四十年内都不会发生。经济会继续增长，其中一部分会转向更绿色环保的（对气候资源要求更少的）经济，但这不足以削减碳排放量，将气温升幅控制在 2 摄氏度以内。

一些国家当然会同意并实施一系列政策措施。在发达——也可能包括一些新兴的——经济体中，这些措施会使 GDP 增长摆脱与温室气体排放量的联动增长。换言之，温室气体排放量的增长与 GDP 增长的比率会下降——方法就是技术变革，以及随着经济逐渐成熟（从"污染巨大的"工业转向服务业）进行的结构调整。一些发达国家正在经历这样的变化。结果就是，经济增长会变得更加"绿色调"，消耗的能源更少，每单位 GDP 增长所带来的温室气体排放量也更少。但从绝对值来看，全球能源消耗量和温室气体排放量仍然会继续增长，因此到 2052 年，气温升幅很可能已经超过 2 摄氏度了。

自 1992 年以来，在联合国的主持下，各国进行了多次协商，致力于就协调温室气体减排方案达成共识。但是，目前协商工作没有取得什么进展，我也不指望各国会很快达成重要的共识。《京都议定书》以法律形式规定，到 2012 年参与各国必须达到的减排目标。但对 2012 年之后的减排工作，人们还没有取得一致意见。在未来很长一段时间内，由于政治体系限制，美国似乎无法与其他国家就气候政策达成共识。而美国经济也备受增长低迷，债务重重，失业率高居不下的困扰。一些欧洲经济体在 2008 年金融危机的冲击下，情况更为糟糕。另一方面，中国、印度以及其他新兴经济体的 GDP，可能会在接下来的几十年里，继续保持两位数增长。这有利于减轻贫困，但同时会消耗更多的能源，排放更多的温室气体，尽管这些国家都出台了雄心勃勃的节能计划。

因此，尽管达成气候共识的成本相对更低，尽管理智的做法是推进合理的、高性价比的全球气候共识，我有根据的猜测是，世界政治体系在短期内不会这么做。我们必须继续蹒跚前行，沿着"稍微绿色调"的增长道路迈向 2052 年。这种发展模式的成本和收益，在不同国家的分配是不均衡的。

在许多国家，增长会变得"更为绿色调"，GDP 增长带来的能源消耗和温室气体排放，也会有相对（不是绝对）的下降。正如 OECD 的绿色增长报告中提到的，我们需要评判的是，这种发展道路在未来四十年里，是否能够使我们免于"遭遇至关重要的本地、地区以及全球环境临界点"。

一些运行良好的发达国家，会进一步将可持续发展和气候政策、长期经济战略结合在一起，并成功地发展低碳经济，同时保持较高的就业率。而一些发展中国家，则会在维持经济发展与减少贫困的过程中，面临气温上升以及其他环境问题，如水资源短缺、能源成本上升以及生态生产力受损等。

全球范围内，经济与政治力量的平衡，会继续向新兴大型经济体倾斜。最值得注意的，就是中国。只有在发生严重的、不容忽视的资源崩塌或者气候危机时，公众和核心政治家才会相信，采取强有力行动是极为必要的。这会使各国在 20 国集团的主持下，达成雄心勃勃，具有法律约束力的全球气候共识。但我仍然对各国是否会立即采取行动，或者说行动是否足够有力表示怀疑。正如能源专家大卫·维克多（David Victor）所说，"即便人们不断致力于应对温室气体，地球仍然会变暖，气候仍然会发生改变。"

托瓦尔德·莫（挪威人，1939- ）拥有斯坦福大学的经济学博士学位。他曾在挪威财政部工作近四十年，担任过部长、首席经济学家以及副常任秘书。他还曾担任挪威驻法大使（1986-1989）以及 OECD 驻巴黎办公室副主任（1998-2002）。

我同意《"稍微绿色调"增长》一文的观点。大多数国家不会主动选择花费GDP的4%以规避未来气候变化灾害。结果就是，我们只能看到经济变得略为绿色调一些。我们会看到，世界正在增加开支应对气候变化带来的负面影响，并在温室气体减排和低碳能源方面增加投资。但我们不会看到世界在问题早期就进行足够的投资，以及时消除气候问题。即便投资的增长很有限，这也会减少可供消费的部分。

消费会停滞——在一些地区还会下降

我的预测是，未来四十年，所有地区的投资都会增加。影响则根据地区而有所不同，但对消费的影响总是负面的。在增长缓慢的成熟经济体中，消费遭受的打击最大。特别是在美国等传统投资率较低的经济体中，更是如此。

如果美国想要有能力应对未来挑战，美国经济必须为（国内出资的）投资腾出空间，投资约占 GDP 的三分之一。但美国的投资率一直只占 GDP 的 15% 左右。即便美国经济人均年增长率为2%——但我不认为这会发生——而且所有增长部分都集中在投资部门，消费总量保持不变，也需要 8 年的时间才能将投资率从 19% 提高到 36%。我的预测是，美国会被迫经受长期的消费停滞，甚至是下降。对许多美国人而言，这意味着重复许多美国蓝领工人的噩梦。许多美国蓝领工人的实际工资，和上一代相比并没有增加。他们曾对自己的儿女满怀希望，而三十年后，儿女们的处境比他们更为糟糕。

让我们回到全球层面上来说吧。未来消费很容易计算，就是未来生产减去未来投资。结果显示在图表 4-5 中。到 21 世纪 50 年代，消费会停滞，而在 2050

年左右会开始下降。

但是，对普通人而言，最重要的是自己的消费水平，而不是消费总量。他关心的是，每年人均可供消费的商品与服务：从汽车到公共交通，到医疗保健和音乐会，所有这些商品和服务中，他可以消费的有多少？可供个人消费的商品和服务，无论它们来自私人还是公共生产者，无论它们来自正式经济还是不支付工资的家庭劳动，到底有多少？消费会增长还是下降呢？

换言之：未来四十年，全球人均消费水平会如何发展？这个简单的问题，直接将我们带到了关于经济的讨论中最常见的混淆之一。人们没有区分人均消费和国均消费。我关注的是前者，因为那是生活满意度的来源。当然，整体经济的增长也会对生活满意度带来间接影响：如果经济增长迅速，那么你就更容易获得工作。但我还是认为，你应该关注人均消费，而不是消费总量。

你需要理解的是，国家层面和个人层面上的发展是完全不同的，我们不应将二者混淆。但在过去几十年里，当人们思索日本的命运时，他们也混淆了这两个概念。大多数受良好教育的人"知道"，日本在 1990 年"巅峰"之后，一直表现不佳。他们知道日本 GDP 增长缓慢，并认为在过去 20 年里，日本人的生活水平下降了。他们在第一个问题上是正确的：从 1990 年到 2010 年，日本 GDP 仅仅增长了 14%（通货膨胀计算在内）。但与此同时，消费却增长了 30%，因为投资率不断下降，以适应增长缓慢的经济。由于人口数量大致保持平稳（只增长了 3%），从 1990 年到 2010 年，日本人均消费增长了整整 33%。这是很高的增长率，而且应当归功于增长缓慢的 GDP，以及增长更为缓慢的人口数量。结果就是，普通日本人比 1990 年更为富有，尽管过去 20 年里经济一直停滞不前。目前，日本人均收入很高。这也解释了为什么日本工业的劳动力成本激增（以及日元的暴涨）。然而一切都发生在停滞的日本经济中，这是许多分析家与评论人士意料之外的。

日本的案例显示，许多媒体辩论、政治分析以及金融圈的新闻所关注的，都只是国家层面的发展和 GDP 总量。这是可以理解的。想要估计未来几年的税收，最好的方法就是研究整体经济状况，因为税收会随着可征税收入而变化。想要经济免于承受通货膨胀的压力，最好的方法还是研究整体经济，因为补救措施就是根据国家生产力调整生产总量。即便是投资者也对整体经济更感兴趣，因为整体数据说明了投资的公司所处市场的变化。GDP 总量和未来股价的相关性也是最高的。

但是，既然我关注的是你们未来的生活满意度，那么研究人均数据就更有相关性，尤其是在预测未来人均消费这个问题上。数学道理很简单。如果人口增长速度超过消费总量增长的速度，那么人均消费就会减少。你会过得不如以前。相反，如果人口增长速度比消费总量增长的速度慢，那么人均消费就会增长。你就会过得比以前好。但需要注意的一点是，即便人口和消费总量同时下降，人均消费也可以增长——只要人口比消费减少得更快。

图表 4-5 展示的，是将未来消费除以未来人口得到的结果。从 2010 年到 2050 年，人均消费会继续增长，但增长速度会稳步下降。你可能还记得图表 4-1 的结果，全球人口会在 21 世纪 50 年代初达到顶峰，到 2052 年会开始逐渐减少。全球消费也会遵循相同的发展道路，但其顶峰来得会更晚一些。通过数学计算就可以知道，人均消费会继续保持增长，即便在 2050 年之后也是如此，只是增长速度会放缓——因为人口比消费减少得更快。

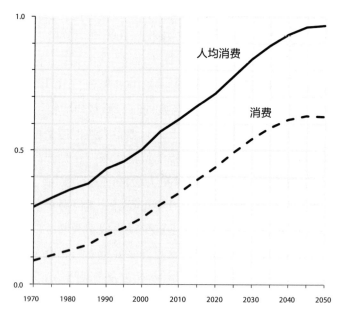

图表4-5　全球人均消费，1970-2050。
范围：人均消费（0-12000美元/人/年）；消费（0-150万亿美元/年）。

全球人均消费增长的放缓，对五个不同地区的意义是各不相同的。对经济增长缓慢的成熟经济体（如美国和欧洲）而言，这意味着人均消费的减少；而对经济增长迅速的地区（如中国，以及许多新兴大型经济体）而言，人均消费则会快速增长。许多贫穷国家仍将身处贫困，消费水平仍然很低。

但是，通过人口减少来增加可支配收入的趋势，可能在21世纪后半叶加速。正如下面这篇《增减——人口减少的收益》中所讨论的。

"增减"可能在长期过程中出现。它可能将我们带回到可持续发展的道路上，减少人类留下的生态足迹，直到人类活动回到地球承载力范围内。这种状态在政治上是可行的，因为当经济总量减少时，人均可支配收入则会增长。

但我担心，"增减"可能来得太晚。人类早已在能源生产和消耗过程中排放了过量的温室气体，因而在21世纪的最后三十几年里，地球走向了气候变化的不归路。

增减①——人口减少的收益

在我的预测期之后，也就是2052年之后的几十年里，人均消费会再次出现增长。这并不是因为消费总量增加了，而是因为届时全球人口有所减少。所以，即便届时人类只能维持消费总量不变，可供每个人消费的商品和服务仍然会增加。这种情况，早在20世纪90年代和21世纪头十年，就在日本发生了：经济停滞、人口减少、人均收入增加。让世界自己也颇为吃惊的是，消费总量的缓慢增长，不会再像过去数十年那样，使人们生活困难，社会关系紧张了。因为当人口减少时，每个人能得到的东西就变多了。

但我并不是说，GDP和人口的减少不会产生别的问题。在2060年之后，人均消费增长将发生在一个受到气候变化摧残、不得不建立保护区，保护生物多样性的地球上。地区间紧张态势加剧，原因就是各个地区发展不平衡：一些国家生活相对富裕，而另一些国家则深陷贫困。

① Grocline，作者将grow和decline两个词合并，意为"有增有减"。——译者注

接着——在 21 世纪的最后三十几年里——-我认为世界经济会进入这样一个时代，即个人财富和社会衰退会成为常态。人均消费会逐年增长，像过去那些金色时代一样。与此同时，经济总量——GDP，会持续下降。这种情况就可以被称作"增减"——增长与下降同时发生。个人经济状况改善，而整体经济总量减少。这既是好事，又是坏事——如果连续几个十年都是如此的话。

对那些习惯增长的人而言，这是令人困惑的。让我用一个简单的数字为例，来解释"增减"的意义吧。假设人口数量以每年 1.5% 的速度减少，劳动力也以相同的速度减少，而劳动生产力每年增长 1%，这可以通过长期持续地调整后工业化经济模式来实现，例如使用机器人，可以提高人力每小时提供的服务与护理的质量。

结果就是，生产总量每年会减少 0.5%。但人均生产仍然以每年 1% 的速度增长，因为这和生产力增长的速度相当。即便整体经济持续衰退，每个人的生活水平仍然会逐年提高。

05

到 2052 年的能源和二氧化碳

在我对全球的预测中，另外两个要素就是能源使用量和二氧化碳浓度。广义上看，如今全球 87% 的能源来自三种化石燃料：煤炭、石油和天然气。它们是最为廉价的能源，可以供应电力、热力和交通燃料。而余下的能源使用中，则包括了 5% 的核能和 8% 的可再生能源。可再生能源是生物能（在发展中国家中，生物能提供了大部分的热力）、水能（在有河流的地方，水能提供了大部分的电力）以及一小部分快速发展的风能和太阳能，它们都可以提供电力。

能源效率会继续提高

我们可以想见——这也带有一些警告的意味——能源使用量随着经济活动扩大而增加。二氧化碳排放量（大致）和化石燃料消耗保持同步增长，而大气中的二氧化碳浓度也会不断提高，致使全球气温上升。

提醒自己这一点很重要：现有煤炭储量，足够支撑人类以当前的消耗率使用数百年之久。大量天然气（尤其是页岩气），以及大约一半的石油仍然深埋地下。总而言之，有足够的能源使世界在 2052 年之后仍然继续运转。

但是，这些能源的使用成本会发生变化。现存的化石燃料储备，正在变得越来越难以获取——它们或是埋得很深，分布零散，或是分布在过于北部的地区及不友好的国家——这会使得能源生产成本提高。另一个重大的挑战是，现存的化石燃料如果全部加以利用，那么排放的二氧化碳量将是全球气温升幅控制在 2 摄氏度所允许的五倍。我认为，人们迟早会意识到这个事实，并加快采取行动，停止使用化石燃料——方法可能是提高化石燃料使用成本（如征收碳排放税，或排放额度费用）。但我对这些行动开展的速度并不乐观。正如你可以从预测中看到的，我认为世界行动的速度，和过去四十年几乎一样缓慢。

化石能源的成本会上升，但不会像许多人担心的——或者希望的——那样高。而且，高成本只会持续一段时间（大约十年）。其原因就在于有庞大的技术储备作为后盾。例如，我们可以从煤炭中提取成分，合成石油，成本为 70 美元／桶。因此，使传统石油的价格长期保持在 70 美元／桶的高位，这种想法是不太合理的。最近，我们看到美国突然开始大量生产廉价的页岩气。这种天然气的成本大约为 3 美元每百万 BTU（英制热量单位），相当于欧洲天然气价格的一半，或者 2005 年和 2008 年美国天然气价格高位的四分之一。的确，这些非传统能源在环保方面不如传统石油和天然气，而且迟早会产生定额成本。但我还是认为，大量使用非传统能源需要时日。化石燃料不会大规模地被可再生能源取代，直到人们通过技术进步和经验积累降低了环保能源的成本。正如你将从预测中看到的，即便到 2052 年，全球仍有一半的能源使用来自化石燃料。

让我还是先回到驱动未来全球经济需要多少能源的预测上来。能源使用量还会继续增加，对这一点任何人都不会感到奇怪。过去，劳动生产力和 GDP 的增长中，大部分是通过增加能源使用量实现的。在工业化社会中，人们使用更多的电力以运转机器或给向阳的房屋降温，使用更多的热力以烹制食物或给背阴的房屋保暖，使用更多的燃料以开动汽车卡车，以运输原材料或制成品。GDP 的增长就是能源使用量的增长。但二者增长的速度不同。过去四十年里，GDP 的增长速度比能源使用更快。实际上，从 1970 年到 2010 年，GDP 增长一美元所使用的能源下降了 40%。这在图表 5-1 中有所反映。

我认为，这种下降趋势会以现在的速度保持一段时间。而在未来四十年里，能源强度会再下降三分之一。原因就是出于经济考虑的节能，以及从物质生产向能源强度较低的服务与护理转变。在后者中，推动经济增长所需的能源会有所减少。这种下降趋势会一直保持，因为在技术上这是可行的，从气候角度而言也是可取的。地区数据会显示，随着物质生产从 OECD 国家移向中国和其他新兴国家，OECD 国家的能源强度会出现下降，但这不足以影响全球的能源强度。

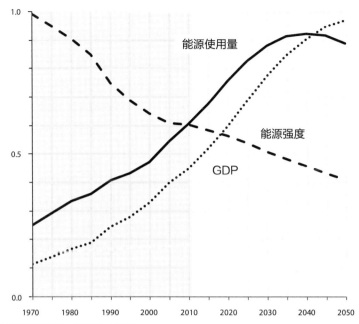

图表5-1　全球能源使用，1970-2050。
定义：能源强度＝能源使用量÷GDP总量。
范围：能源使用量（0-200亿吨石油当量/年）；GDP（0-150万亿美元/年）；单位GDP的能源
使用量（0-300吨石油当量/百万美元）

　　能源强度的计算方法是，将创造 100 万美元的 GDP 所需的能源，转化为相应吨数的石油。2010 年，这一数字是 180 吨石油创造 100 万美元 GDP。如果你将结果转化为生产 1 美元的商品和服务，所需要几千克石油，就能更好地理解这个数字的意义。答案就是 0.18——或者使用美式度量衡的话，就是 GDP 每增加 1 美元，就需要 6 盎司的石油。现在，我们需要整整一大杯的石油，才能生产价值 1 美元的商品或者服务！

　　如果实际能源价格上涨，那么减少使用能源的动力就会增加。政治行动也可以推高价格，减少使用。但这不太可能发生。更有可能出现的情况是，对能源征重税的行为遭到普遍抵制。这种抵制会一直持续，使政府无法提高能源价格，以减少使用。这也就是为什么我认为，除了提高能源效率，未来社会在能源使用方面不会有其他进步的原因之一。另一个原因是，如果能源效率的确大幅提高，那么能源需求总量会相应减少，进而促使能源价格下降；而如果其他因素保持不变，价格下降又会促进需求增长。

因此，根据我的预测，到2052年，能源强度将降低30%。在20世纪80年代石油输出国组织（OPEC）第一次上调油价之后，能源强度就一直在下降，因此这种历史演变应该不会让任何人吃惊。在未来几十年里，你可以轻易地做到这一点。只要你现在开始关注自己汽车的能效、家中房屋墙壁与窗户的隔热性、制造工厂的选址与布局以及飞机上每个座位的能耗——同时，坚持在资产达到使用年限之后，再对其进行改造。

在理想情况下，如果存在强大的刺激，能源强度下降的速度会更快。注意到这一点很有意思：欧盟在2009年正式决定——也就是在著名的20/20/20法规中决定——到2020年，将欧盟的能源效率提高20%；中国在哥本哈根气候会议召开前，承诺其经济能源强度到2020年降低40%[①]。我希望像这样的雄心壮志能够在未来四十年占据主流。但我不认为这会发生。我对民主国家是否能同意实施必要的额外激励（如碳排放税或碳排放许可价），仍然抱有怀疑。结果就是，我们会看到，能源效率提高的速度和过去几十年一样缓慢——让我们称它为"照旧的进步"。

地区间发展会有不平衡，因为各地区起点不同。就能源效率提高的速度而言，奋起直追的国家会超过领先国家。领先国家必须发展各种提高能效的方法，而追随者则可以自由地借鉴复制。一部分能效提高会由额外投资买单——被迫的和自发的投资在未来几年内就会出现这些投资。

能源使用会有所增长，但不会持续

我计算未来能源使用的方法，是通过将未来GDP乘以未来能源强度得到的。

我认为，全球经济在2052年会翻一番，而能源强度则会降低三分之一；因此，我预测2052年的能源使用量，会比现在更高。正如图表5-1所显示，从2012年到2052年，能源使用量会增长50%。但更有趣、更令人惊讶的是，全球能源使用量会在21世纪30年代就达到峰值，之后开始缓慢地下降。其直接原因就是，

---

① 这个目标中国已提前三年完成。——译者注

能源效率提高的速度，比 GDP 增长的速度更快。但这并不代表到 21 世纪 40 年代，每个人都可以获得足够的能源，过上体面的生活。但这的确意味着，能源需求会逐渐下降，即便全世界仍然有 20 到 30 亿人买不起足够的能源。

我的预测值低于 2010 年 IEA "一切照旧"情景下的结果。该情景预测，到 2050 年，能源使用量将会翻番。这大大低于 2000 年 IPCC 的 A1F1 情景的结果。A1F1 情景结果预测，到 2050 年，能源使用量是 2000 年的两倍还多。但我对 2052 年能源使用的预测值，仅比 IEA 的 "450ppm"的预测值略高一些。"450ppm"情景假设的，是将全球升温幅度保持在 2 摄氏度的情况。二者的区别在于，在我的预测中，世界能源使用发展并不是一条直线。相反，能源使用量会首先快速增长，接着到 2030 年左右达到峰值，其后到 2052 年，一直处于缓慢下降的过程。因此，能源使用总量大大高于 IEA 的 "450ppm"情景预测结果。可以说，我对到 2052 年的能源使用量的预测，低于能源产业的普遍看法，但高于解决气候问题所要求的标准。

先到顶后下降的趋势，是有其逻辑依据的。我对全球 GDP 的预测值较低（原因是世界人口增长放缓，以及由于能源、不公平和气候问题导致生产力增长放缓），同时认为提高能源效率的技术会不断进步。二者的影响就是，未来对能源的需求会小于人们的一般预期。似乎没有评论人士认为，在其有生之年，全球能源使用会达到峰值，然后下降。但对那些希望视而不见的人来说，这一趋势的信号的确已经出现了。例如，过去十年里，尽管人口和实际可支配收入都在迅速增加，挪威的家庭用电量一直在下降。这很大程度是源于住宅隔热性能的提高，以及电热泵的使用——换句话说，就是能源效率提高了。

在大部分地区都会出现能源使用量先到顶，后下降的态势。但在最贫困的地区，情况并非如此。我们会看到，能源使用从如今的富裕工业国，转向贫穷国家。中国将处于中间位置：其能源使用峰值将在 21 世纪 40 年代到来。

气候强度会由于可再生能源而减少

如果人类选择继续依赖化石燃料，如煤炭、石油和天然气，且能源来源维持不变，那么到 2052 年，能源消耗所排放的二氧化碳将增加 50%。这会导致地球在 2052 年时，升温幅度就已经超过 2 摄氏度，而且全球气温还会继续升高。幸运的是，我不认为这会发生。相反，我们会继续努力，降低能源使用对气候的破坏。

正如图表 5-2 所示，由于能源供应结构的不断变化，气候强度将会下降。自 1970 年以来，煤炭、石油和天然气的使用大幅增加。然而自 2000 年以来，石油的使用开始持平。我认为在 2025 年之前，石油使用就会达到峰值，然后开始下降。2050 年的石油使用量会回落到 1980 年的水平。注意，这里所指的石油不仅包括传统石油，还包括除生物石油（属于可再生能源）外的所有非传统石油。如图表 2-1 所示，传统石油的使用可能已经到顶了。我还认为，煤炭和天然气的使用会在 2040 年之前到顶。能源使用整体增长缓慢当然是一个原因，但主要原因是，未来四十年间，可再生能源的使用将取得迅速的增长。

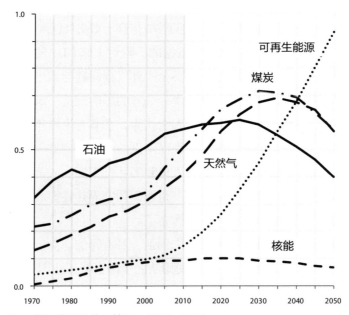

图表5-2　全球不同能源类型的使用情况，1970-2050。
范围：能源使用量（0-70亿吨石油当量）。

向低气候强度（每单位能源使用所排放的温室气体量）的转变，已经进行了很长一段时间。气候强度已经从 1970 年的 3 吨石油当量下降到 2010 年的 2.7 吨。但是，你可以在图表 5-3 中看到，过去四十年间气候强度只下降了 10%。

气候强度的下降是缓慢的。即便在 2008 年之前，也就是气候问题还是政治议题的中心的那几年里，情况也是如此。但我认为，社会将继续向低碳能源发展，2030 年之后更是如此。因为届时，气候变化带来的破坏将更为清晰可见，再次促使人们采取政治行动。全球社会将加快从煤炭、石油和天然气向低碳能源的转变。这些低碳能源包括太阳能、风能、水能、核能、生物能，以及利用碳捕集与封存技术得到的煤炭与石油。最初，这种转变的发生，是因为转变在技术上可行，成本也不是很高；之后，则是由于越来越多的人开始担忧，如果对气候变化无所作为，就可能出现严重的后果。

我认为，到 2052 年，全球化石燃料消费已经处于急剧下降的趋势下，核能的使用也会减少。真正的赢家将是新的可再生能源——太阳能、风能和生物能——这些能源和水能一起，在 2010 年只占全部能源使用的 8%，而到 2050 年则会占 37%。这是很大的提高，相当于每年增长 4%。这一增长速度，与我们现在看到的风能与太阳能的增长速度相比，却是很低的。

向可再生能源转变的速度，会因为现有的廉价能源解决方法而放缓，那就是以天然气替代煤炭。这种方法能够使生产每单位电产生的二氧化碳量减少三分之二，向低碳生活迈进了一大步。但是，天然气并非最终的解决之道：一个依靠天然气运转的世界，仍旧会排放过量的二氧化碳，也仍旧会面临天然气储备枯竭的后果。这么说来，从煤炭转向天然气，只是推迟了采用最终解决方法的时间。但化石能源工业中的倡导者，却会理直气壮地声称，从煤炭向天然气的"化石转变"的确能够加快减排。这在短期内是实用的、明智的廉价解决方法。他们的意见也会被决策者所采纳。另一个原因就是，使用天然气的公用设施更具灵活性，天然气还可以为未来风能发电站，以及太阳能装置提供后备能源，在风力或太阳光不足时，使机器保持运转。

在一个充满理性、考虑长远利益的世界里，人们会直接选择根本的解决方法，也就是利用太阳（可以直接利用热能，或间接使用风能、水能或生物能）。太阳照射在地球上的能量，相当于我们已经利用能量的几千倍。另外，太阳还是个分散的能量源，因此使用者可以利用本地资源，控制自己的能源供应。但我们的世界并非如此理性，考虑问题的眼光也没有那么长远。我们正生活在，也将生活在一个只考虑短期利益，以及怎样使利润最大化的世界中。结果就是，我认为全球社会将做出重大的转变，转向天然气时代。届时，化石天然气的使用会比在理性世界中更多。我的预测是有根据的。例证就是，美国最近开始大规模地使用页岩气，尤其是因为人们发现页岩气似乎在所有高耗能地区都有分布。

即便存在阻碍，人们也已经开始采取根本的解决方法了。从化石燃料向太阳能时代的转变，已经宣告开始。自 2005 年以来，风能和太阳能发电能力获得了迅速的增长，开始为全球可再生能源发电做出巨大的贡献。这一趋势会进一步加速发展：人们已经普遍了解其中的技术，并且全力减少风力发电站和太阳能的成本。过去四十年里，为降低光伏面板成本所做出的巨大努力，在图表 2-2 中已经有所展示。未来，大部分自发的额外投资，就将致力于降低可再生能源的成本。

减少太阳能使用成本的过程，在太阳能发电和发热方面都有体现。现在，人们还看不到任何技术上的阻碍。唯一的阻碍就是成本。太阳能成本需要降到与煤炭和石油相同。人们正在这么做，《洞见 5-1：通往光伏之路》就解释了这个过程。

洞见 5-1　通往光伏之路
泰耶·欧斯芒森 Terje Osmundsen

随着我们进入 2012 年，可再生能源的前景似乎比前一年更为黯淡。尤其是在欧洲，金融危机导致对可再生能源的激励与投资大幅减少。

在美国和其他市场，电价与过去持平，甚至还出现了下跌，原因之一就是，新开发的页岩气带来了供过于求的局面。全球气候合约倒是可以带来绿色能源所需的投资。但令人沮丧的是，这个合约离真正签订似乎还有很长的路要走。因此，在过去 18 个月里，清洁技术公司的股价下跌幅度，超过了其他任何产业的公司，这也不足为奇了。

但是，仍然可以看到一些变化的迹象。尽管受到经济危机的影响，全球新的太阳能发电量还是大幅增长了 54%，装机容量达到 28 兆瓦（GW）。2012 年，对太阳能的投资达到 1400 亿美元，比去年增长了 36%。许多设备供应商的不景气，并没有使国际石油公司道达尔（Total）进入光伏产业的脚步放缓。道达尔收购了 SunPower 和其他两家公司。北京也传来了好消息：中国会仿照德国，对太阳能光伏征收保护性关税，以支持其完成到 2020 年总装机容量达到 50 兆瓦的目标。

从核能转向天然气？

塑造电力时代的最重要的长期趋势，就是对消除二氧化碳的迫切需求。这件事正在缓慢发生，但不可逆转，尽管从中期看来，煤炭才是赢家：到 2016 年为止的新建或新规划的发电厂中，仍然有将近 40% 是以煤炭为燃料的。

在福岛核电站事故之前，传统思维一直认为，核电是唯一的低碳能源，只有核电才能真正地取代煤炭。如今，核电的前景一片黯淡。我认为，关于在未来几年增加核电供应的现有计划中，大部分都不会真正实现——尤其是因为，使用页岩气给公用事业供能更为廉价。新建核电站的预期成本一直在上升。而为了符合福岛核电站事故后新出台的安全规章制度，建设成本可能再次上升。现在，在美国南部，开发者已经可以提供太阳光伏能，其成本低于新建核电站的成本。

我们有许多原因欢迎核能逐渐退出历史舞台；但核能的退出，使对抗气候变化的努力更为艰难。究竟有多艰难，取决于煤炭与天然气之间的战争结果。这种战争已经隐隐浮现。一年前，似乎只有煤炭的储量足够丰富，价格也够低，可以取代核能。但最近，人们发现了页岩气。未来几十年里，世界许多地区都会拥有大量的天然气。而煤炭向天然气的转变越快，对气候就越有帮助。

各地区的情况有所不同。在欧洲、北美和日本，更为严格的制度和不断提高的碳排放成本，以及具有竞争力的天然气供应，会使大多数公用事业转而使用天然气。在新兴市场，如中国、印度和南非，到 2020 年，煤炭发电很可能仍然是公用事业的第一选择。但即便是在那些地区，人们也会逐渐转向使用天然气。

这对可再生能源而言意味着什么？在未来 5 到 10 年，我担心天然气革命，以及"旧世界"严重的金融危机，会导致人们对可再生能源的支持减少，在那些天然气储备丰富的国家尤其如此。

但从中长期来看，天然气的崛起对可再生能源是个好消息。主要原因是，天然气比煤炭更能充当太阳能与风能的补充能源。天然气发电站的新建和拆除都很容易，可以弥补太阳能和风能发电出现的短缺。我们会看到，许多混合的太阳能、天然气或风能、天然气发电站，为电网源源不断地输送电力。即便如今关于页岩气的争论会在某种程度上限制非传统天然气的供应，上述情况也还是不可避免。

这一变革的驱动力，就是成本下降和投资风险下降。

成本下降

光伏发电的成本以每年 10% 的速度不断下降。在图表 2–2 中，就显示了这一惊人的现象。光伏发电能力每提高一倍，光伏板的成本就下降 20%。这一规律有两个驱动因素：首先，制造光伏板的成本在下降；其次，每块光伏板的效率在提高。许多研发资金被投入到研究如何提高发电效率，以及捕捉太阳能的技术学习曲线上。而技术进步会将太阳能发电成本下降到现在的十分之一。尽管这需要时间，我还是认为，每瓦电所需的平均投资会以每年 5% 到 10% 的速度下降，而太阳能板的平均效率则会以每十年 3% 到 4% 的速度提高。

即便按现在的价格计算，公用事业在使用高峰期，以太阳能光伏取代柴油和石油发电，就可以减少成本。在太阳能丰富的地区（每平方米年均太阳辐射量超过 1700 千瓦的地区），太阳能发电的成本到 2015 年将为 10 美分 / 千瓦，而 2020 年则是 7 到 8 美分 / 千瓦。这会使光伏在 2020 年取得价格上的竞争力，与核能、煤炭和天然气的成本相等。到 2030 年，在世界大部分地区，光伏电能的成本会下降到 5 美分 / 千瓦。届时，光伏能将成为大多数公用事业的首选。

投资风险下降

我们需要进行大规模的投资，才能降低光伏成本，将光伏能占世界发电总量的比例从 0.1% 提高到 20% 到 25%：根据 IEA 的计算，仅仅建造光伏发电站就需要超过 10 万亿美元。而所需的电网扩建扩容工程，则需要数十万亿美元。这相当于在未来四十年，每年投资 GDP 的 1%。

在 21 世纪 20 年代，只有当政府继续以固定关税、配额、税务积分以及对化石燃料真正实施碳排放税时，我们才能做出必要的投资。由于成本提高，以及对投资光伏的政治风险的担忧，光伏产业每天都在苦苦挣扎，希望能够吸引到投资者和贷款人。但当我们向 2020 年迈进时，情况将发生变化。光伏电站不再依赖政府的激励措施，一下子成为低风险的解决方法，对长期投资者而言成了"安全的避风港"：没有技术风险，没有燃料成本，没有碳排放风险，而且——这点也很重要——光伏发电站在还清债务后，还可以继续工作，运转年限远远超出核定的 25 年，而且运转成本几乎为零。在 5 到 10 年之内，当上述条件都变成现实，许多现金充足的投资者就会涌入光伏投资市场：公用事业、能源公司、养老金基金、发展银行、私人投资者、基础设施投资者、高耗能产业等，都会参与其中。当想法和技术与资本相遇，世界就会经历巨大的创新变革。

泰耶·欧斯芒森（挪威人，1957–）。他曾经从事国际商务（天然气、机械、电信行业）、出版业以及基于情景的咨询服务。自 2009 年以来，他一直担任 Scatec Solar AS 公司的副总裁。该公司是全球领先的太阳能发电站的开发商与供应商。

我同意《通往光伏之路》一文所传达的主要信息。到 2052 年，全球能源中有 37% 将是可再生能源，其中很大一部分来自太阳能提供的热力和电力。但风能也会有很大的贡献。风能也在经历同样的成本下降过程，而且目前成本低于太阳能。欧洲正在大规模建造这些风力设施，其陆上与浅海的风力发电站的成本都在下降。但从生产量而言，真正有潜力为人类提供大量电力的，还是建造在浮动平台上的深海风力发电站。由于风力强劲、面积广阔，深海风力发电的潜力巨大。在北海建造的发电站，每年可以提供约 1 万兆瓦的电力——如果将这些能源有效分配，就足够维持整个欧洲的运转。但是目前，深海风力发电的成本比陆上风力发电成本高出好几倍。

2052年，可再生能源将成为最大的能源来源。届时，能源构成将是：可再生能源（37%）、煤炭（23%）、天然气（22%）、石油（15%）以及核能（2%）。《洞见5-2：核能之死》就描述了核能重要性相对降低的情况。

洞见 5-2　核能之死

乔纳森·波利特（Jonathan Porritt）

到2052年，只有法国和中国两个国家会从核能中获取电力——而且两国都将决定，在2065年之前摆脱核能。

我想，目前没有什么人会反对使用核能。尽管2011年发生了福岛核电站事故，当年秋天，许多国家仍然支持核能的某种复兴。

但是，即便在福岛事故之前，这种复兴就已经偏离了当初的设想。正如能源专家埃默里·洛文斯所指出的，"目前全世界有61个正式在建的核电站。但是，在这61个之中，有12个'在建'时间超过20年；有43个没有官方公布的动工日期；一半项目延迟动工；45个核电站分属4个中央规划的、不透明的政治集团，没有一个核电站是真正的自由市场的行为。"

事实上，自1986年切尔诺贝利核电站事故以来，复兴核能尽管在各种场合被提及，却从未真正实现。对核能的期待从未彻底消失，而对气候变化加速的担忧，使核能复兴的讨论达到了高潮——在美国和欧洲，一些环保领导者曾对核能创造低碳世界的观点嗤之以鼻，现在倒也开始支持这一做法。

21世纪对核能的推崇，采取的是"必要的邪恶"（necessary evil）的论调；人们并没有热衷于核技术，遑论核工业。英国环保主义者乔治·蒙比奥特就认为，"爱上核能"和将那些致力于核工业的人称为"一群生拉硬拽、偷工减料的卑鄙小人"之间并无矛盾。

2006 年，可持续发展委员会向英国政府介绍了核能的优缺点。优点很明显，而且至关重要：运行成本低、燃料供应安全有保障、核能发电比化石燃料发电排放的二氧化碳更少。

但对委员会而言，核能的缺点大大超过了优点：资金成本巨大、无法真正处理核废料与核反应堆关闭问题、对核扩散与核安全的担忧、关于代际公平的伦理问题（将核能问题抛给下一代人解决）以及"道德危害"：当核事故发生时，核工业会"无耻地"要求政府为其买单。

然而委员会的建议并未得到采纳。在拥有核技术的国家中，核工业有着极大的话语权。

有鉴于此，我们为什么还要相信，到 2052 年，核工业就已经穷途末路了呢？有三个主要原因可以解释核电的命运：

首先是经济问题。尽管核工业极力隐瞒核能的真正成本，投资者还是明白个中原委。当英国政府宣称，不使用纳税人的钱来打造第二代核能时，投资者就对此嗤之以鼻。不需要接受资金补贴的核反应堆绝不存在——全世界一台也没有——除非政府补贴足够多，可以大大减少个人投资风险，否则投资者是绝不会投资核反应堆的。

福岛事故之后，去风险（de-risk）的问题几乎不可能得到解决。但是，核工业仍然无需为核电站安全买单——原因很显然，没有任何一张资产负债表可以承担这样的负债。

核能鼓吹者声称福岛反应堆设施过于陈旧，而目前的新式反应堆设施效率更高、安全性能更好。平心而论，这种说法也是可以理解的。而且老实说，新式反应堆可能的确有很大的进步。但是，在未来的很多年里，我们无从知晓他们的论述是否正确。出于理性，我们只会对这一论述抱有深深的怀疑，因为在过去几十年里，类似的预测漏洞百出。

其次，核能为安全、低碳世界做出的贡献越来越小。目前，核能占全球发电量的 13%，在商业能源中只占 5.5%。核能的作用早在福岛事故之前就已经在下降了，而事故发生之后，其作用下降的速度只会更快。2011 年 3 月，全球有 437 台核反应堆处于运行状态。自 2008 年以来，只有 9 台新的核反应堆被投入运行，其中大部分来自中国；还有 11 台遭到关闭。目前核电站的平均寿命为 26 年。行业人士正在期待——在福岛事故之前——将核电站寿命延长到 40 年甚至更长。而事故发生后，延长核电站寿命变得更为困难。

这里有一些事实供你参考：从现在起到 2025 年，我们需要新增 260 台核反应堆，以确保按时关闭的旧反应堆留下的能源空白，能够得到及时地填补。因此，除非你是个近乎疯狂的乐观主义者，才会认为到 2030 年，核能对全体能源的贡献比例会超过 5.5%（也就是现在的比例），并且这要花费全球纳税人的大笔金钱。与此同时，其他可再生能源的发电量会大大超过核能。

将核能作为替代传统能源的首选，使得对可再生能源的投资面临风险。讽刺的是，通过确保化石燃料会被用于填补核能发电的短缺（这一过程比需要的时间更长），将会导致低碳世界的前景更为黯淡。简单地将“核能梦”概括起来就是：对低碳能源未来的贡献很小，而成本很高，风险巨大，使我们对化石燃料的依赖性增加，而不是减少。

最后一个原因是，核设施很容易被恐怖分子所利用。在我看来，在未来 10 年，不可避免地会发生恐怖分子袭击核设施的事件。许多安全专家惊讶的是，这类恐怖事件到目前为止竟然还没有发生过。

以色列和美国将“震网”（Stuxnet）病毒“成功”植入伊朗核能项目运行程序中，极大地增强了网络攻击发生的可能性。实体打击的可能性当然存在，但并不一定是对核反应堆的打击，而是对许多核反应堆旁边放置的“临时”核燃料储藏设施的打击。对这类设施的保护程度大大低于对核反应堆的保护。为什么人们不想谈及此事。因为随之而来的恐惧是难以想象的。但事实就是——整个核工业都很容易遭受这样的打击。

所以，我的看法是：在福岛事故后，核工业会努力重振旗鼓。投资者已经被福岛事故，以及核工业不断大幅超出预算的行为吓跑了。当纳税人意识到，核能存在巨大的威胁，而且自己必须为此支付大笔账单时，反核运动就会再掀浪潮。无核国家德国的成功会使许多国家相信，核能甚至不是"危害最小的选择"。因此，在未来 10 到 15 年间，新增核反应堆的数量很少。

另外，想象一下，如果人们证明，针对美国或欧洲的一个年代较为久远的核反应堆，实施恐怖袭击的可能性存在（不必真的攻击，清楚地证明这样的袭击是可能发生的就足够了），那么全球都将陷入恐慌。提供核能的能源公司股价会大幅跳水——在投资者能够抽身之前。

各国政府只有两个选择，要么立即关闭所有正在运转的反应堆，要么宣布不容回旋的关闭计划，不再建造任何新的反应堆。到那时，支持非核能源的呼声会势不可当。对提高能源效率、开发可再生能源、热电联产（combined heat and power），以及在所有天然气和生物能发电厂中，配备碳捕集和封存设备的大规模投资，都在驱使着这种呼声。故事结束了。核能的时代结束了。

乔纳森·波利特（英国人，1950–）是"未来论坛"（Forum for the Future）的创办人与负责人，查尔斯王子赞助的商业与可持续性项目的合伙负责人，曾经担任"地球之友"（Friends of Earth）负责人以及英国绿党（Green Party）主席。

尽管我对世界是否会迎来核能复兴表示怀疑，但我并不认为到 2052 年核能就会成为历史。我认为届时核反应堆的数量会减少三分之一——也就是减少到 300 台左右——其中大部分位于新兴经济体。届时能源供应总量将会增加，因此核能占能源供应的比例会低于 3%，只有目前的一半。

胜利是属于可再生能源的。到 2050 年，可再生能源的贡献量是核能的 15 倍。尽管这个比例已经很高了，但仍然低于世界自然基金会认为可行的 95%。另一方面，IEA 的预测更为谨慎。该组织预测，2050 年，在基本技术情景（baseline technology scenario）下，可再生能源占全球能源供应的 14%；在进展颇丰的"蓝色地图"情景（BLUE Map）下则是 38%。换言之，我预测的数值，也就是 37%，意味着人类会选择一条中间道路。人类会做出许多行动，但就完成解决气候变化所需的所有行动而言，只是半心半意罢了。我预计，可再生能源会有较大的增长，而核能的比重则会逐渐减少。化石燃料会从石油和煤炭转向天然气。在2052年，所有化石燃料的比重都会下降。

我同意，37%这一比例小于我们在理性世界中致力于低碳生活所能取得的成就。但民主体制和资本主义目光短浅，限制了必要的额外投资，而从化石燃料转向可持续能源，恰恰需要这些投资。对大多数"基础设施投资"（如新建风力发电场，新建大坝，开发新的森林以获得生物能、建造新的输电线路等）的反对将旷日持久，而反对新建核电站的呼声则更为强烈。因此，大部分可再生能源增长将来自近海的风力发电站，以及屋顶或沙漠中不为人所见的太阳能板，还有环境恶劣的专用种植园中的生物能。由于这些障碍，到2052年，可再生能源比例不会超过37%。我们还需要几十年的时间，才能使可再生能源的比例达到100%。要想达成这一最终目标，就要广泛地使用多种形式的太阳能。

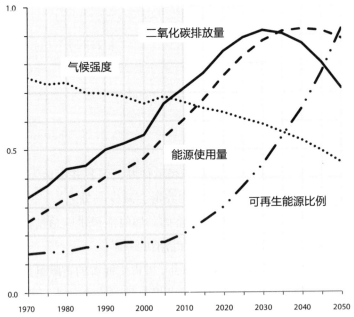

图表5-3　全球能源使用排放的二氧化碳总量，1970-2050。
定义：气候强度：二氧化碳排放量除以能源使用量；可再生能源比例：可再生能源使用量除以能源使用总量。
范围：二氧化碳排放量（0-450亿吨/年）；能源使用量（0-200亿吨石油当量/年）；气候强度（0-4吨二氧化碳/吨石油当量）；可再生能源比例（0-40%）。

能源使用排放的二氧化碳总量会在 2030 年到顶

在图表 5-3 中，你可以看到，我对未来能源使用排放的二氧化碳总量的预测。该图表显示，碳排放量会在 2030 年到顶，随后下降。这一预测是通过将未来每种能源类型的使用量（折合为每年使用的石油当量，以吨计）及其相应的碳排放量（折合为每吨石油当量排放的二氧化碳量）相乘而得到的。我对气候强度的预测，则是通过将碳排放量预测值除以全球 GDP 预测值而得到的。结果显示，未来四十年里，气候强度下降的速度（–32%）比过去四十年（–12%）更快。

在第十章中，你会看到，到 2015 年左右，二氧化碳排放会首先在富裕国家出现下降；最后，其他地区也会在 21 世纪中叶的某个时间，出现二氧化碳排放的下降。当 OECD 之外的国家试图赶上工业化国家的物质水平时，前者的碳排放量会增加。气候密集产业向成本较低的国家转移时，也会导致非 OECD 国家的碳排放量增加。

2052 年，如我所预计的那样，能源使用排放的二氧化碳总量，仍然比 1990 年高出整整 40%。不过，排放量将逐年减少，到 2052 年会下降到现在的水平。但是毫无疑问，对于国际社会将升温幅度控制在 2 摄氏度以下的目标，世界已经失去了实现的机会。尽管存在可以大大加快减排速度的技术，这一事实也无可避免。减排技术之一就是碳捕集以及地理存储。在《碳捕集与封存的潜力》一文中有相关描述。

碳捕集与封存的潜力

值得注意的是，碳捕集与封存（CCS）技术有能力大量减少二氧化碳排放量。通过将煤炭、天然气及其他来源排放的二氧化碳捕集起来，并永久地封存于地下，就可以减少超过 80% 的发电与制造所产生的二氧化碳。

问题仍然是成本——以及心态。人们似乎认为，CCS 的成本是天文数字——同时担心地下存储的二氧化碳可能会发生泄漏——尽管专家已经否认了这两点担忧。因此，CCS 似乎不可能得到大规模应用，至少在未来的十几二十年中是如此。但值得注意的是，IEA 在其新政策情景（New Policies scenario）中预测，到 2050 年，CCS 每年将捕集整整 80 亿吨二氧化碳。这需要 4000 到 8000 座大型 CCS 基站。

但是，尽管我希望 CCS 能够得到更多的应用，我还是认为，2052年 CCS 基站的数量只有 1000 座，每年捕集的二氧化碳可能只有 10 亿吨。而长期来看，我认为 CCS 在应对气候变化上会有更大的作为。人们会使用 CCS 从大气中移除二氧化碳，将其封存于地下，以结束二氧化碳排放的恶性循环。

还有另外一些方法，也能够有效地将二氧化碳从大气中去除。在燃木发电站，工作原理如下：木材（或者任何其他生物能）生长时，从大气中吸收二氧化碳，并将其转化为生长原料。当木材被焚烧时，二氧化碳被重新释放出来，送入 CCS 基站被收集起来。接着，二氧化碳被压缩成液体，并注入深埋地下的储藏库。这么做，以生物能为燃料的电站，在 CCS 的帮助下，可以将二氧化碳从大气中去除，封存于地下，同时还能发电。

在我的预测中，2052 年，化石能源仍然会每年排放 90 亿吨二氧化碳，和现在的水平差不多。如果这些化石燃料发电站中，有四分之一能够配备 CCS 技术，那么就可以减少 80% 的碳排放量，而全球碳排放量也会减少大约 20 亿吨，也就是下降 20%。这需要 2000 座大型 CCS 基站，每改进一座发电站的成本约为 10 亿美元（预测值）。因此，总投入就是 2 万亿美元，或者说 2052 年全球 GDP 的 1%。这个数字并不算大，因此我认为 CCS 在未来将发挥重要作用。

但是，在未来四十年里，CCS 在减排中的作用有限，原因是能源效率提高，可再生能源也在增长。

气温升幅会超过 2 摄氏度

图表 5-3 中所显示的，是能源使用排放的二氧化碳总量变化曲线，反映了我对气候问题的预测核心。这也是我对人类在未来四十年中所作所为的总结，即人类会如何不断促使全球 GDP 增长，GDP 能源强度下降，并减少相应能源使用对气候的影响。这一曲线并没有完全符合常见的看法。常见的看法是，到 2050 年，温室气体排放量必须减少 50%，而碳排放量的峰值将在 2020 年之前到来。在我的预测中，峰值到来的时间晚了 15 年，而且 2050 年的碳排放量和 2010 年的水平一样，并没有任何减少。那么，和国际公认的将大气二氧化碳浓度保持在较低水平，使全球气温与工业革命之前相比，升幅低于 2 摄氏度的目标相比，我的预测有何不同？

在我给出确切答案之前，做一些有趣的"粗略"计算，能够帮助你更好地了解世界正在面临的挑战。科学家通过计算得出，要使气温升幅低于 2 摄氏度，人类必须将能源使用排放的二氧化碳总量，控制在"剩余碳指标"范围内，也就是不超过 6000 亿吨二氧化碳。这就是在气温升幅不超过 2 摄氏度的要求下，我们能通过燃烧化石燃料向大气排放的二氧化碳总量。而 6000 亿吨这个数字，与 18 世纪人类开始使用化石燃料以来排放的二氧化碳总量相比，还不足后者的三分之一。

2010 年，人类能源使用排放的二氧化碳为 320 亿吨。这一趋势可以再持续 20 年，也就是到 2030 年为止。届时"剩余碳指标"将耗尽，因此碳排放必须全面停止。到 21 世纪后半叶，在逐渐将碳排放量减少至零的漫长过程中，我们在采取行动时就没有任何资源可以利用了。更好的策略可能是，从现在开始就减少碳排放，以便在 2030 年以后仍有一部分"剩余碳指标"可供使用。但是，如果我们希望"剩余碳指标"能够维持四十年的话，那么年均排放量必须减半，也就是下降到每年 160 亿吨的水平。从目前气候谈判进展缓慢的情况来看，人们显然没有计划这么做。

我的预测是，剩余碳指标将在 2030 年之前耗尽。因此，全球气温升幅一定会超过 2 摄氏度。

为了证明这一结论，我请"气候积极"组织使用 C-ROADS 计算机模型，计算了图表 5-3 中二氧化碳排放趋势将会造成的影响。结果就显示在图表 5-4 中，证明了我们之前的计算。到 2052 年，人类早就已经超过了警戒线：气温升幅已经超过 2 摄氏度。计算机模型还显示，到 2052 年，大气中的二氧化碳浓度为 495ppm。如果将其他温室气体的影响一并计算在内，那么浓度将达到 536ppm。与 2000 年相比，海平面平均上升 36 厘米；与工业革命前相比，则增长了 56 厘米。海水 pH 值也会从 8.05 上升到 7.97，酸性上升。

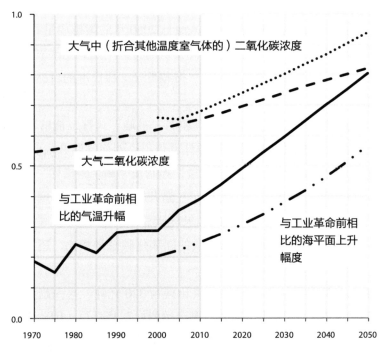

图表5-4　全球气候变化，1970-2050。
范围：与工业革命前相比的气温升幅（0-2.5摄氏度）；与工业革命前相比的海平面上升幅度（0-1米）；大气二氧化碳浓度（0-600ppm）；大气中（折合其他温室气体的）二氧化碳浓度（0-600ppm）。

　　总到来说，我的预测就是：到 2052 年，世界会比现在更温暖，而且会继续变暖。气候变化将更为清晰可见，人们也越发担忧未来的情况。2052 年的世界已经陷入严重的气候问题中——记住，海平面会比现在上升大约一英尺——而这些问题是人类活动招致的报应。到那时，媒体谈论的可能就是气候"危机"，而不是气候"问题"了。

如果引发自我加强的气候变化，那么这一危机将是灾难性的。21 世纪后半叶很可能遭遇这样的危机：当全球变暖开始消融永久冻土时，冻土层中封存的大量甲烷气体会被释放出来。甲烷是非常强大的温室气体，一旦释放，就会加剧全球变暖。而全球变暖反过来又会加速冻土层融化，直到冻土全部融化，所有甲烷气体被释放殆尽为止。另一方面，如果人类主动选择将二氧化碳从大气中去除——及时地去除——则可以避免自我加强的气候变化。人们可以通过使用配备 CCS 技术的生物能发电站，来达到去除二氧化碳的目的（详见上文《碳捕集与封存的潜力》）。

但是，想要使图表 5–4 中的趋势得到扭转，就需要长时间的努力。原因就在于气候系统的巨大惯性。需要进行长时间、多种类型的转变，才能使全球平均气温下降。原因很容易理解：使海洋升温或是降温，需要大量的能量。仅仅用家里的热水壶是不够的。

超过 2 摄氏度会带来真正的难题

到 2052 年，全球平均气温升幅将超过 2 摄氏度。由此带来的结果是，人类会在未来几十年里，经历越来越多的气候变化影响，令人备受困扰。这些影响包括极端天气，如非典型洪水，反复出现的旱灾，新出现的滑坡现象，以及不正常的飓风、飓风与气旋运行轨迹。另外，珊瑚礁褪色、森林死亡以及新的虫害也会发生。这些都会使公众愤怒不已，并对未来感到恐惧。但在大多事件中，行动的短期成本会被认为过高，因此人们会在"认真考虑"之后决定推迟必要的行动。面对不断出现的极端天气，人们需要很长一段时间才能使大部分政治家同意采取真正的行动加以解决。只有在几十年后，社会才会投票同意增加自发的投资，而这些投资对大量减少碳排放是必须的。

全球变暖幅度超过 2 摄氏度的临界点，这足以深刻地改变我们正常的生存环境。最明显的影响包括北冰洋夏季冰雪融化、北极圈外大部分冰川融化、海平面升高一英尺（主要是由于热膨胀，而不是融冰），气候带向两极推进100公里，热带的某些地区被沙漠吞噬，北半球冻土加速融化。全球变暖甚至会摧毁美丽的自然景观：一些生态系统逐渐死亡（例如，褪色的珊瑚礁以及被小蠹虫侵食的常绿林），以及群落环境受到更靠近赤道的入侵者（如温带的西洋菜）的破坏。

《洞见5-3：备受困扰的北冰洋》描绘了全球变暖对本地情况令人惊讶的影响。

洞见 5-3　备受困扰的北冰洋
达格·O. 黑森（Dag O. Hessen）

这个故事里的关键人物长得很小，一般只有几毫米长。事实上，哲水蚤（Calanus）（螃蟹与龙虾的近亲）提醒我们，重要人物并不总是长得高高大大的。在北冰洋中，哲水蚤数量庞大，发挥着重要的作用。了解北冰洋水域温度上升对哲水蚤带来的影响，可以告诉我们高纬度海域生物的未来前景。

生态系统和经济系统有一些相同之处。例如预测这两个系统的前景很难，因为系统内部的因素受到其他所有因素的影响。这两个系统的特点，都被归结为多样性互动反馈循环（multiple interacting feedback loops）——因果循环有时会产生和直觉相反的结果。有时候，变化是渐进的。有时候，看上去微不足道的影响，会激发巨大的反应，可能会导致不可逆转的大规模变化。

到2052年，北冰洋可通航的水域就会处于这样一种转型期，而没有人知道其变化程度。其第一个原因，正是生物系统的非线性，这意味着生态系统对某个变化（如气温）的反应可能不是渐进的、容易预测的。由于物种或关键生态进程中的改变超过了某个值或者警戒线，就可能出现突然的、剧烈的而且显然是偶发的变化，使整个生态系统发生改变。原因之一就是食物网的确是———一张网。举例来说，物种B可能对气温升高的适应性很强，但如果它的猎物，也就是物种A不能很好地适应气候变暖，那么B可能会由于A的数量减少，而遭受气温升高带来的毁灭影响——这种影响可能蔓延至物种 C、D、E，甚至更多。或者，考虑一下海水温度升高可能带来的其他反馈效应：由于冰雪覆盖减少，地表吸收的热量增多，冻土融化，释放二氧化碳和甲烷；海水酸化导致生物能固定的二氧化碳被释放等等。我实在不知道这会导致什么样的结果，但从 2052 年之后，一切都是未知（terra incognita）——或者说就是未知的（mare incognitum）。

但我的确知道，到 2052 年，北海的温度很有可能比现在高 1.5 摄氏度。夏季海面温度可能会升高超过 2 摄氏度。从北海一直到北冰洋都是这种趋势。到 2052 年，由于气温升高，夏季的北冰洋将成为汪洋一片。那么，为什么哲水蚤——以浮游植物为食的桡足动物——及其同类们，会由于北部海水升温而遭受厄运呢？它们本应该更适应温暖的海水。温度升高一定伴随着生产力提高吗？

并不一定。首先，一些物种通过进化，能够在低温环境下更好地生存。但是，这也是第二点原因—气温升高会对浮游植物有着令人惊讶的副作用。我们认为，当海水变暖，浮游植物的繁殖数量和平均大小都会大幅下降。

至少部分是因为，海面营养不足，升温更快，更难和富含营养物质(包括浮游植物)的深层海水混合。因此，海面温度越高，哲水蚤的食物就越少——因为被混入海水表层的浮游植物变少，而哲水蚤就在海面觅食。这也意味着食物变得更小，部分原因是，小型物种比大型物种更能在营养不足的情况下存活，同时也因为高温使细胞变小。当然，哲水蚤可能会变小，但蓝藻会变得更小，而小蓝藻还不够哲水蚤吃上一口的。

更糟糕的是，到 2052 年，北冰洋水域的 pH 值，可能从长期稳定的 8.2 下降到 7.9。这可不是件小事。我们会看到，哲水蚤等甲壳动物以及其他钙化生物体，包括植物和动物，都开始遭受厄运，因为它们的外壳将难以正常生长。

但我们也不要只关注哲水蚤。到 2052 年，北冰洋变暖会通过串联效应，影响整个系统。新物种将会出现。不仅会出现新的桡足动物和蓝藻种类，还有新的鱼类。鳕鱼、鲭鱼以及鲱鱼会处于向北迁徙的过程中。许多生活在海底的植物和动物会从南面大批涌入，取代北冰洋原来的部分生物。有一些变化是好的，但也有一些变化并没那么好。各种水母会生生不息，而代价则是鱼类的消失。我差点忘了提鸟类。在挪威西海岸，你可能不会再见到通常在那里下蛋的海雀和海鹦了。到2052年，它们已经向北迁移了。

有人可能会认为，极地海洋的冰雪消融，将为石油和天然气勘探以及鱼类的繁殖开辟新的天地。好吧，我想，这种乐观的看法难免过于幼稚了。首先，深海并不总是像浅海或是滩涂那样富有生产力。其二，冰下独特的生态系统是高纬度海洋生态系统的重要组成部分，而由于冰雪消融，前者会消失。在极地的春天，你现在可以看到冰层下是绿油油的一片。那就是冰藻。它富含多不饱和脂肪酸，营养价值很高。我们的哲水蚤的亲属们则精确地计算自己的繁殖时机，以享用这片冰下草原。然而，如果冰层消融时间提前，冰藻茂盛的时节与哲水蚤繁殖时间就会越来越不协调。而哲水蚤数量稀少，意味着鱼类的重要食物短缺——这会影响海鸟、海豹、北极熊及其他极地生物。又是串联效应作祟。到2052年，这张重要的食物网已经所剩无几。

但是，还有更多新鲜事等待着21世纪后半叶的世界。届时，格陵兰冰盖的不断消融会带来其他噩梦。湾流很大程度上是由于盐度梯度的作用，通过淡水与咸水间的浓度差进行水流交换。如果2052年之后，淡水注入增多，扰乱了这一循环，那么我只能说，"你只是现在看不到什么状况罢了。"

如果未来真如我所料，那么我将看见，2052年的世界已经老态龙钟。但是，在我弥留之际，知道自己和其他无数科学家一起，早在2000年谈论这些担忧之前，就预测到了世界的结局，绝不是件令人高兴的事情。我是一名生物学家。过去25年里人类不顾科学家明确的警告，一意孤行采取的发展道路，使我怀疑人类是否真的是理性的动物。更确切地说，我怀疑，我们自私、越来越短浅的论证，强调当前的个人利益胜过智力或道德理性的做法，是否能够帮助人类避免危机。

幸好，我可以用更为积极的例子来作为文章的结尾。至少到2052年，我们不会看到生态系统的崩溃（其实我不喜欢"崩溃"这个词，因为生态系统可能发生剧烈的、糟糕的改变，但不会崩溃）。这个星球曾经经历过巨大的发展瓶颈，而生命找到了延续的方法，当然代价是其他大多数生命的牺牲。显然，我们周围总会有细菌、蓝藻甚至蟑螂。我认为，哲水蚤会在某些栖息地继续存活下去，而人类也会欣欣向荣。我真正的担忧是自我加强的反馈效应——它们可能已经发生了。到2052年，我确信，即便是最乐观的人也会意识到，人类正在面临严峻的挑战。但我也相信，在社会、技术和心理上，我们仍然会坚持"一切照旧"的做法——也就是坚持旧的范式。

因此，到2052年，我可能会庆幸自己在地球上时日无多——但看到我的曾孙们在草坪上嬉戏，这多少会给我一些安慰。

达格·O.黑森（挪威人，1956-）生物学教授。他曾经发表多篇有关进化和生态学的论文，其中也讨论了气候变化问题。他还出版过若干备受欢迎的科学书籍和文章，并积极参与气候变化的公共辩论。

我没有理由，也无力否认《备受困扰的北冰洋》一文中的观点。在阅读中，全球变暖对北极生态系统的影响令人惊讶，而真正使我担忧的却是，这些影响也可能出现在其他我不甚明了的地球生态系统中。

气候变化的影响，在每个地区都有不同的体现。一边是"新北部"——加拿大北部、阿拉斯加、西伯利亚、俄罗斯北部以及斯堪的纳维亚半岛——这些地区会受益于气候变暖、新的贸易航线以及农业与森林的快速增长。而另一边将是地势较低的海岛。这些岛屿其实已经位于海平面以下，而且无从转移人口。而处于中间的就是那些粮食生产国，他们失去了之前稳定的降水与日照——一些地区过于干旱，而另一些地区过于潮湿。

同时，城乡差异也依然存在。希望在人口更为密集的地区，寻找更多机会和更好的服务的人们，几十年来一直推动着城市化进程。这一进程会继续下去；但是人口向城市转移的原因，是因为极端天气对乡村生活的威胁越来越大。正如《洞见 5-4：逃往城市》中提到的，在他人的陪伴下，人们会更有安全感。

洞见 5-4　逃往城市
马斯·N. 格拉德温（Thomas N. Gladwin）

从现在起到 2040 年，全球城市人口数量会从 35 亿增加到大约 50 亿。这一增长的幅度和速度，都是人类历史上前所未有的。新增的 15 亿城市人口，几乎就是同期世界新增人口数量。大部分新增城市人口出现在发展中国家，主要是亚洲和非洲国家。中国和印度的新增城市人口数就占了三分之一。

大多数增长来自自然增长——也就是生育率超过死亡率——在现有的城市中情况如此。但是仍然有相当一部分会来自农村向城市的转移，以及乡村城市化。移民会得到更好的就业机会和社会服务，同时受到农村环境与经济恶化的驱动。自然增长中有 70% 来自非正式居所（也就是拥挤的贫民窟），而 95% 的移民的城市生活将从贫民窟开始。这些贫民窟通常建造在危险的冲积平原、河谷、陡坡或是填海得到的土地上，而且管理糟糕、基础设施不完善、生活环境也非常不健康。发展中国家的城市贫民窟的居民数量，将从 2010 年的 10 亿增长到 2030 年的 15 亿，因为这些国家的城市政府在经济上没有能力，或者在政治上不愿意将贫民窟脱贫作为优先工作目标。

因此，21 世纪初的城市化进程，会使大量贫民进入城市。大约一半的城市化来自世界低海拔的沿海地区。这些地区拥有的淡水量只占全球的 10%，而且正在经历严重的生态系统恶化过程。如果城市人口密度持续下调，那么 2010 到 2030 年间，我们会看到，城市高楼鳞次栉比，城市的空间在不断扩大，而农田、森林、开放空间以及生物多样性不断消失。

然而，与此同时，大城市也是最佳的避风港。据估计，未来 20 年间，大约 5 亿人会从贫民窟转向更为安全的生活环境。快速的城市化会带来巨大的经济增长。城市化会促进经济大规模集成性发展，面对面的创造力和合作网络、专门化分工、交易成本降低以及企业家精神，这些都会使生产力大大提高。2010 年到 2030 年间，随着每年 8000 万人成为城市人口，35 万亿美元（也就是 35 兆美元！）会被用于基础设施建设，包括住房、交通、卫生、水、电力以及通讯。还有数万亿美元会被用于扩大教育、医疗等服务。这些会创造超过 10 亿个工作岗位，人均收入提高会使 20 亿人成为中产阶级，这在亚洲表现得最为显著。

　　从 2030 年到 2052 年的这段时间里，我们会看到全球变暖不断加深。到 2052 年，全球平均气温比工业革命前高了 2 摄氏度，而内陆地区（加拿大、美国、西伯利亚、中国和亚马孙河流域）的升温幅度会更高。全球变暖会极大地改变城市化模式。由于气候变化而导致的冰川消融、淡水稀缺、旱灾、雨水过多导致的农作物歉收、海平面上升、热带气旋、森林火灾、季节性洪涝，以及极端气温会导致集体性恐慌，使本来就十分频繁的乡村向城市的流动，变得更为密集。气候变化还会使人们从容易受气候影响的城市中迁走，前往更安全的地带，甚至是全新的城市。那里降水更稳定、海拔更高、气候也更凉爽。大部分人会首先在国家内部或者地区内部迁移，这样的迁移是被允许的。接着，越来越多的人可能要求进行长距离的移民，向那些本来不适宜居住的地方迁移——如加拿大北部、苏格兰、斯堪的纳维亚半岛以及俄罗斯北部——这些地区已经被称为"新北部"了。

　　2030 年到 2052 年之间，在最为富裕的地区（中国、巴西、美国以及北欧）中，那些治理良好的城市会更多地投资于气候变化减缓与适应工作。通过使用节能技术、低碳能源、公共交通、推广非机动车交通、绿色建筑翻新、混合用途开发、交通拥堵费及其他措施，温室气体排放量会得到削减，在城市中尤为如此。这些生态城市通过应用无处不在的计算机、传感器网络、智能电网以及大规模光纤与无线通讯技术，将变得极为节能。资源稀缺问题，会通过高层水耕农业、海水去盐化、生态建筑材料、大规模垃圾回收、以及用水/灌溉效率提高等方法解决。对气候变化的适应措施，包括分散的基础设施系统、海堤和防风堤坝、灾害响应能力、太阳能/风能降温和空调系统等。不断增加的能源、水、材料和房屋成本，会使数亿人从郊区和其他国家迁往更安全、生活成本更低的城市。

2030年到2052年之间的气候与城市化进程，在适应能力较弱的、易受灾害的城市中则大为不同。这些城市大多位于非洲和东南亚，长期饱受政府软弱、官员腐败、国际援助不足、投资能力受限、政治不稳定、基础设施破旧、年轻人犯罪、贫民过多等问题的影响，无法有力地减少或适应气候变化带来的破坏。由于河流流量减少、地下水透支、盐水入侵等，水资源供应会减少。强降水会导致大规模洪涝灾害和地质滑坡，使公共用水、用电以及卫生设施与交通设施受到影响。海平面上升则会增加海岸流失与海岸塌陷，导致商业与住宅建筑受损。气温、降水以及湿度的变化，会使传染病周期更长、传播范围更广、传染率也更高。气温上升、热浪频袭，使更多人死于相关疾病。

在乡村，气候变化的影响更为糟糕，数亿人则会涌入同样备受困扰的城市。同时，雇主、就业机会和更富有的居民也会涌入这些城市，希望找到更安全的居住与商业环境——通常就是在新开发的城市或偏远地带。气候变化的恶劣影响，就会更多地降临在那些没有能力迁移的人身上。易受气候变化侵害的城市，会陷入恶性循环：灾害增加、适应能力减弱、使城市更易受气候影响。

到2052年，人类真的会成为"居住在城市中的人"，城市人口的比例大约为80%（2010年仅为50%）。而目前的工业化国家的城市化比例为90%，发展中国家则为75%。这些数字超过了之前的预测，因为预测没有计算由于不正常天气、资源稀缺、通勤成本高昂而向城市移民的人口数量，以及从易受气候影响的城市向更坚挺的城市移民的数量。

世界也将会成为一个非常危险的地方。北半球会在安保方面花费数万亿美元，以防止不受欢迎的人移民，并防范犯罪集团与恐怖分子的威胁。后者控制着越来越受到气候混乱影响的南半球。

托马斯·N. 格拉德温（美国人，1948-）在密歇根大学任马克斯·麦克洛（Max McGraw）教授，研究可持续发展企业问题；以及密歇根大学鄂博全球可持续企业研究所（Erb Institute for Global Sustainable Enterprise）副主任。他的教学、研究与咨询服务关注系统动态学，全球变化以及可持续商业。

《逃往城市》一文中描绘的图景，难免令人悲哀，却很可能是未来的情况。越来越多的人会在现代城市建构的高墙之内寻求庇护，而一小部分农村人口必须自生自灭，抵挡越来越多的极端天气与生态系统变化。

这些全球变暖导致的负面影响，在未来四十年里会越来越明显。但这些影响将逐渐发生，因此它们不会促使人们采取任何快速应对行动，向这些影响开战，而减排是必需的。我认为，如果政府有闲置资金，那么资金就会主要被用于适应那些已经发生的灾害。长期的结果是，富裕国家对气候变化的准备更充分。伦敦将在泰晤士河修筑堤坝。德国的建筑标准更严格，房屋也严格按照标准建造。而贫穷国家很可能根本没有闲置资金，因而更有可能承受气候变化十足的破坏影响。

在长期看来，到 21 世纪 30 年代，人们对世界正在发生的变化已经有了足够的认识，因而将广泛支持采取更有力的行动。如果我的预测正确，到 2052 年，在治理良好的地区，选民看到了足够多的气候变化的破坏，因此开始真正关心 21 世纪后半叶是否会出现自我加强的气候变化。大量工作以及不断增长的额外投资会最终得以落实，以减少碳排放量。这是有益于所有人的——无论他们贫穷或者富有，来自城市或者乡村。同时，人们还会积极努力，适应新的气候，为支付账单的人，也就是为城市富人的福祉服务。

06

到 2052 年的粮食与生态足迹

所有关于全球预测的讨论，最终都会涉及粮食安全。自人口开始大幅增长开始，我们就一直在思考这些问题。我们希望知道的是：随着时间推移，我们能得到足够的食物吗？

粮食生产会满足减少的需求

我认为答案是肯定的——至少到 2052 年为止，情况如此。部分原因是粮食生产会在未来几十年继续增长，另外一部分原因是，需求增长的速度并不如许多人所设想的那样快。到 2052 年，全球变暖对粮食生产的负面影响才刚刚开始显现。届时，人口将比现在多三分之一。尽管许多穷人会吃得比现在更好，许多富人却会减少红肉的食用量。富人——生活富足的人——会离开食物链的顶端，改吃更为粗制的食物，因而粮食需求会有所下降。平均粮食消费水平会是生存所需——"生存标准"——的 4 倍——而且超过健康营养饮食的标准。但是，和现在一样，粮食分配是不平均的。令人遗憾的是，仍然有许多人食不果腹。

在过去的四十年里，粮食生产一直保持着快速增长的势头。从 1970 年到 2010 年，年均粮食生产总量（以百万吨计）增长超过一倍。这很大程度上是通过使用资本和技术，而不是增加耕地面积而实现的。新型种子、更多的肥料、杀虫剂以及灌溉技术，使每公顷产量从 1970 年的 2.4 吨提高到 2010 年的 4.6 吨，也就是提高了 90%。而同期耕地面积仅扩大了 15%。通过毁林造田或是灌溉草原得到的新土地面积，大大超过了用于建造房屋或是退化的土地面积。

粮食产量将继续不断提高。在前苏联地区、巴西以及撒哈拉以南非洲，仍然有大量的土地可供使用。如果使用并有能力支付海水去盐化的成本，那么就可以得到几乎源源不断的灌溉用水。只要能源存在，就可以生产肥料。更重要的是，转基因作物会不断发展——至少在欧洲以外地区情况如此。尽管我担心，转基因作物在长期看来可能被证明是不可持续的，但我仍然觉得，在理想状态下，这种情况可以避免。我认为，未来几十年，人们会更多地采用转基因作物。转基因作物也可以在过于干旱或潮湿，以及其他不适宜种植作物的地区提高单位产量。人类会接受转基因的风险，因为短期内就能获得效益，而长期才可能出现生态成本——人类可能出现抗体，或者基因逃逸情况（gene flight）。

但是，随着 2052 年的临近，农业会越来越多地受到气候变化的影响，其中有两个作用相反的影响。大气中二氧化碳浓度增加，会使农作物生长得更快；但是，气温升高会使农作物生长放缓（北方国家例外，在那里寒冷才是限制植物生长的因素）。鉴于未来四十年间，大气中二氧化碳浓度会稳步提高，因此世界各地农作物的产量都会提高。然而同时，过高的气温的作用则会截然相反。我们尚不清楚，这最终会对农业产量造成什么样的结果。但到 2052 年，情况可能并不是非常严重，粮食产量变化幅度大约为 ±5%。

我的预测有一个前提，那就是气候变化对农业产量的净效应很小。到 2052 年，农业产量相比没有全球变暖的情况会下降 5%。如果粮食作物组成结构保持不变，那么农业遭受的影响会更大。但我认为情况相反：农民会逐渐转向种植那些能够较好适应气候变化的作物。

但是我的确认为，耕地面积会减少。这不仅是因为城市的扩张，还因为沙漠化和海平面上升，导致越来越多的土地变得无法使用。在 2052 年之后，也就是我的预测范围之外，这一影响会越来越大。但是，在 2052 年，耕地面积就已经比 21 世纪 30 年代的高峰时期少了 6%。

总而言之，我们将面临的情况是，未来四十年里耕地面积不会有较大的增长，而土地使用率会提高。因此，人们会关注如何提高单位产量，使 2052 年的全球平均单位产量（4.6 吨 / 公顷）相当于 1982 年 OECD 国家的每公顷产量。这意味着两件事：单位产量会提高，而且仍然有提高的空间。但是产量提高的背后，则潜伏着不断增强的气候变化影响。

图表6-1以量化细节展示了我的预测。到2052年，年均食品总产量相当于100亿吨粮食，比现在提高了50%。因此，每天人均粮食消费量也会比现在高27%。人均每年可供支配的粮食达到1300千克（现在是1000千克）。这是生存标准的4倍。

我的预测显示，只要我们有能力支付，全世界就有充足的食物。我们出的价钱越高，食品质量就越高。贸易的发展，使地区间人均食品消费水平的差异缩小，在购买力相同的人群中就是如此。基本食品价格会相对便宜，而人均每年能得到的食品在增多。但是，这并不意味着没有人挨饿。那些无法种植足够多的食物、或是无力支付的人群中，就会存在普遍长期的饥饿。但愿全球饥饿人口的比例会下降。但如果没有下降，那么这更多的是因为经济发展不够，而不是农业产量不足。

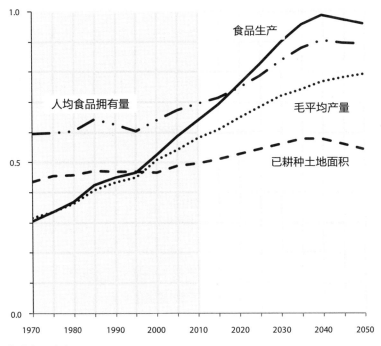

图表6-1　全球食品生产，1970–2050。
范围：食品生产（0–105亿吨/年）；已耕种土地面积（0–30亿公顷）；毛平均产量（0–8吨/公顷/年）；人均食品拥有量（0–1.4吨/年）。

生物燃料和白肉数量会增加

一些土地将被用于生产生物燃料。我认为这类土地的面积不会很大，约占全球粮食生产力的1%，但是生物燃料生产会推高食品价格，使穷人经受不必要的痛苦——但是食品价格升高也会促进食品生产。《洞见6-1：高价石油＝高价食品》就讨论了这一问题。

洞见6-1　高价石油＝高价食品

厄尔林·莫科斯尼斯（Erling Moxnes）

在2052年，我们有能力填饱所有人的肚子吗？联合国粮食与农业组织（FAO）当然希望如此。但是我认为，答案既"是"也"否"。我们能够生产足够的食品，但是我认为其价格过高，使穷人无力负担一顿像样的饭菜。如果世界决定大规模提高生物燃料的使用，并将其卖给富有的司机，其价格取决于化石燃料的价格，那么上述情况就更有可能发生。而生物燃料价格转化为单位食品价格，超过了穷人的支付能力。随着全球农业部门的任务从填饱肚子，转向为汽车提供燃料，其结果很可能就是穷人会挨饿。

如果没有生物燃料，粮食市场将会如何

即便没有大规模的生物燃料生产，如今的世界，也无力喂养所有的人口。联合国粮食与农业组织估算，将近10亿人无力支付所有必需的食品；他们长期处于饥饿的状态。但这主要是分配的问题。世界有足够的食物使每个人都吃饱，但穷人却没钱买属于自己的那一份。

人口增长使得粮食需求增加。同样地，经济增长使人们能够提高粮食消费量，将低价的主食，如谷物、块茎、豆类以及各种果实替换为肉类。需求增长刺激了生产扩大。在这样的情况下，粮农组织预测，到2052年为止，食品供应会一直保持增加的态势。但是想要知道和现在相比，

食品价格是涨是跌，并不是件易事。

现在用于种植作物的土地面积可能再增加30%。但是，随着人们使用生产力较低的土地，以及生物多样性不断减少，食品生产的边际成本会提高。这些提高的成本意味着，人们不能简单地预测，食品价格会像以往那样下降。一般来说，随着农业劳动生产力的提高，生产成本就会下降。这解释了为什么在最近很长一段时间里，相对于工资水平，食品价格一直在下降。新的农业技术、新的作物种类、水产养殖以及相关种植培训会延长绿色革命发挥作用的时间。但是，更高的能源价格会提高肥料、杀虫剂、耕作、灌溉和运输的成本，产生相反的作用。

我们很难预测，上述这些因素中，哪一个会起到决定性的作用。由于天气状况影响产量，潜在的气候变化增加了不稳定性；而减灾政策可能使能源价格攀升，以及对农业生产排放的甲烷及其他氮氧化合物的限制增加。

燃料和生物燃料市场

我们每天能够摄取的卡路里数量是有限的，但对燃料的需求——例如对汽油、酒精、生物柴油以及其他交通能源的需求——会随着收入的增加而不断增加。在过去的很长一段时间里，能源价格相对于工资水平一直在下降，因为人们发现了巨大的油田、提高了生产规模、取得了技术进步。但是，人们不能根据历史情况来预测未来的能源价格，因为我们很快就会耗尽最廉价的石油资源。传统石油的生产可能已经到顶了。通过新的开发活动，以及将煤炭与天然气转化为石油的可能性，在一段时间里，化石燃料的供应可能继续增加。但是转化过程提高了成本，最终煤炭和天然气的成本也会增加，因为这两种能源也只能从不易获取的地方获得。世界或许会目睹一个巨大的变革，那就是从石油转向甲醇。这些甲醇来自偏远地区开发的页岩气以及传统天然气。

因此，在未来几十年里，油价将长期处于高位。人们需要高油价，以获得产能扩张的巨额成本，实行结构转型，迫使消费者减少对化石燃料的依赖。

生物燃料对食品价格与饥饿的影响

第一代生物燃料是通过将正常的作物，如玉米、甜菜以及甘蔗转化为乙醇而得到的。在过去 20 年里，研发以及实际经验提高了转化的效率，降低了成本。据估算，如果在巴西使用最廉价的甘蔗进行生产，那么生物燃料的成本约为 45 美元 / 桶；而在美国使用玉米和甜菜的生产成本则为 100 美元 / 桶；在欧洲使用小麦（价格最高）的生产成本为 120 美元 / 桶。经验增加、运营规模扩大，生产成本就会更低。与石油类似，由于在生产中大量使用燃料，生物燃料的成本会随着燃料价格的升高而升高。

许多化石燃料的使用者可以不经任何调整，直接使用生物燃料。因此，生物燃料的价格和石油价格紧密相关。但是要注意，对燃料的需求远远超过对食品的需求。根据能量计算，目前全球石油生产量是食品生产量的 5 倍。假设将粮食转化为生物燃料会损耗 40% 的能量，那么全球食品生产量不超过石油生产量的 12%。新的作物品种可以提高转化率，但如果食品代替了超过 12% 的全球石油生产量，那么可供人类消费的食品就所剩无几了。

未来生物燃料的扩张，取决于燃料价格与生物燃料生产成本的差异。燃料价格长期上涨，超过生物燃料的生产成本，就会使人们长期提高生物燃料的生产能力。当燃料价格低于生产成本时，对新厂房的投资就会停止，而旧厂房中的生产会继续，只要生物燃料价格足够支付运营成本。生物燃料生产扩大，使原料与食品价格上涨，最终将使生物燃料的增长停止。即便现在以及未来，生物燃料的生产只会占全球能源生产的很小一部分，这也确实会使食品价格上涨。农业生产的增长，相比人类的食品需求而言是很大的，但相比生物燃料潜在的需求而言却很小。随着农业生产的极限到来，边际成本会提高，长远来看也会导致食品价格上涨。许多穷人将无力支付高昂的食品价格，赖以生存的主食价格也过高。因此，生物燃料的生产很容易扩大，而代价则是食品消费水平的下降。

政府介入

什么才能阻止这些预言在未来几十年里成为现实呢？发展足够的、新的能源可以限制燃料价格上涨，防止生物燃料侵吞食品。但是，开发新技术、降低成本、扩大生产需要几十年的时间。提高能效、培养能源重要性较低的文化也需要这么长的时间。高能耗机器、建筑以及基础设施的经济寿命很长。2052年所使用的人为资本，现在就已经存在了。

国际社会同意，将农业生产用于人类消费，禁止使用农产品生产生物燃料。这需要改变人们的态度，不再将土地视为私有财产，并改变对自由市场机制的偏爱。在那些粮食自足有余，石油依赖进口，而石油价格不断上升的国家，这种态度很难改变。

农业生产有限的国家更有可能禁止本国生产生物燃料。中国就实行了严格的禁令，禁止使用玉米生产乙醇。印度尼西亚也提高了棕榈油的出口税，以保证本地食用油的供应。但是，这些政策并不总是能及时地得到实行，因此不能取得预期的效果。在过去的粮食危机中，治理混乱的国家就曾经不顾饥民，将可变现的作物出口。

通过收入的再分配，使穷人能够购买足够的食品，这在全球来说是不可能实现的。但是在国家内部则可能发生，目的就是防止饥民发起革命。

或许，这种悲观看法主要来自记者、政治家和选民普遍持有的错误观点。人们倾向于目光短浅，只关注当下的问题。大多数人不能理解，能源市场和粮食市场是如何运作的，同时低估了做出改变所需的时间，也低估了采取预防措施的必要性。他们没有充分意识到，我们现在拥有比未来更多的预防饥荒的资源。

厄尔林·莫科斯尼斯（挪威人，1952−）在美国达特茅斯学院获得了博士学位，目前是挪威卑尔根大学系统动态学教授。他曾经发表过关于资源管理和经济学的文章，重点关注人们对动态学的错误观点以及政策方面的问题。

我同意《高价石油＝高价粮食》一文中的主要观点，即生物燃料会使粮食价格上涨。但我认为这一影响是有限的，因为我们不会选择将大量的粮食转化为生物燃料。原因就在于，大多数由粮食生产的生物燃料并不是特别的环保，而将煤炭转化为石油的成本又很低（70美元／桶），使得成本更高的生物燃料的产量受限。人们还探明地球上有大量页岩气，其生产成本只相当于13美元／桶，这也使生物燃料的受欢迎程度下降。

另外，生物燃料对食品价格的影响将被牲畜饲料需求的大幅减少所抵消。因为在富裕国家中，人们最终会选择减少红肉的消费。更确切地说：就是当经济和文化精英意识到，模仿美国每餐都食用大量红肉的做法，对自己并没有好处的时候。我认为人们终将拒绝美国模式——出于健康考虑，保护动物，可持续发展，或者仅仅是花费太高等等原因。吃得更少会被认为是更精致的生活方式。

当富人从红肉转向食用鸡肉、猪肉和粮食喂养的水产品时，相同的粮食产量可以喂饱更多的人。生产1千克红肉需要7千克粮食，而生产1千克鸡肉只需要2千克粮食。在这一转变后，同样多的粮食可以养活的人口数量是现在的3.5倍。转向低质蛋白的做法，也是源于高质蛋白的供应有限。《洞见6-2：蛋白质的限制》提供了更多的细节。

洞见 6-2　蛋白质的极限
大卫·布切尔（David Butcher）

高质量的动物蛋白的稀缺——这些蛋白质一部分来自占用大量土地的动物，还有一部分源于海水与淡水鱼类及其他产品——是我们在未来四十年里将会面临的问题。

未来，全球的蛋白质生产总量和现在基本持平。海水鱼捕获量已经停止增长，而且到2052年期间将不断减少。但是只要饲料充足，捕获量的减少就可以通过水产养殖得到补偿。而饲料是否充足，也会决定牛肉、鸡肉和猪肉这些占用大量土地的动物所提供的蛋白质总量大小。

用于饲料的作物产量非常容易受到天气变化的影响。土地使用变化、管理不善造成的土地退化、沙漠化以及海平面升高淹没土地等问题，都会对世界耕地造成压力。灌溉技术提高可以改善这一状况，但水资源的供应问题仍然突出，尤其是在国际性河流汇聚的河谷地带，将爆发争夺水资源的冲突。从积极的方面来看，科学可以通过提高作物质量、灌溉技术效率、肥料效用以及有效的植物热解作用，提高土壤含碳量，帮助减缓耕地的压力。基因技术和动物饲养技术的改进，可以培育繁殖能力更高的牲畜。

然而，将人类消费的蛋白质用于喂养牲畜，会导致畜牧业和人类直接竞争粮食和动物蛋白。反刍动物会继续利用不可耕作的土地，将低质的草本植物转化为高质量的蛋白质。但是，猪肉的产量会下降，因为猪是直接和人类竞争碳水化合物和蛋白质的。禽产品会成为主流，因为禽类将饲料转化为蛋白质的效率很高。另外，禽类数量可以迅速扩大或缩小，以适应饲料供应量的变化。

人们普遍认为，在野生鱼类捕获量停止增长之后，水产养殖业成了最自然的补充手段。但是水产需要高质量的——通常是鱼类——蛋白质，用以喂食圈养的鱼群。由于对蛋白质要求较低，一些淡水鱼类的养殖更有前途，但这些鱼类在市场上的受欢迎程度也较低。因此，到2052年，水产养殖业仍然是蛋白质饲料的竞争者之一。

有限的蛋白质供应造成的分配效应会是极为恶劣的。生活殷实的人群会推高价格，消费那些高质量蛋白质。而穷人，尤其是城市穷人，得到的蛋白质就会减少。而蛋白质缺乏的症状又会重新出现，带来疾病，导致生命质量下降。

大卫·布切尔（澳大利亚人，1941-）是素食主义者，特别关注流行病学、野生动物疾病以及生物多样性保护。他曾经担任世界自然基金会（WWF）澳大利亚区以及Greening Australia新南威尔士区的首席执行官。现在，他居住在伊拉瓦拉（Ilawarra），这一地区有30%为亚热带雨林。

我同意《蛋白质的极限》一文中的观点。廉价、高质量蛋白质的持续供应面临着许多威胁。因此，蛋白质价格会出现上涨。即便在富人不再遵循美国的做法，降低红肉消费之后，情况也是如此。

只有受监管的渔场才能拥有商业鱼群

在 20 世纪 90 年代早期，全球野生鱼类的捕获量就已经停止增加了，其数量大约为每年 9000 万吨。但是这并没有阻止人类的鱼类消费增长。水产养殖业迅速填补了供应不足，占当前全球鱼类消费的比例三分之一海多。一些渔业养殖使用蔬菜作为饲料，已经达到了可持续的标准；但更多的水产养殖还是基于非常不可持续的方式，那就是以野生鱼类为饲料。

最近，全球社会取得了一些进展，开始限制不加监管地过量捕捞鱼类，尽管那是人们自然而然会做的事。海洋管理委员会为管理良好的渔场贴上标签，得到认证的渔场数量正在不断增加。在这样的体系之外的渔业则没有那么有希望。渔民仍然顽固地捕捞所有能够捕捞的鱼，常常还能（通过所谓不合理的补贴）得到政府在资金上的支持。群体行为综合症会带来极严重的悲剧性后果。而希望得到额外一餐的穷人，和实施高纬度海域拖网捕捞，希望得到更多鱼的渔民，不可避免地进行这种过度捕捞的群体行为。

因此，长远来看，鱼类很可能有两个来源：得到认证的渔场以及使用蔬菜饲料的养鱼场。高质量的鱼类会变得昂贵，仅供有钱人享用。文章《鱼类的未来》提供了更多的细节，更重要的是描述了为什么我们几乎不可能建立理性的管理条例，对个体渔场进行监管的原因，即便我们非常想这么做。

鱼类的未来

预测未来四十年里世界渔业的变化，几乎是不可能的。野生鱼类的

年捕获量在过去 20 年里都没有任何增长。这种趋势会继续下去吗？海洋之所以成为一个巨大的挑战，使人难以管理和预测，有三个原因：

- **易变性**。我们无法预知海洋的未来长远发展，因为海洋鱼类数量本质上是极易发生变动的，而且大多数预测方法都无法预测非线性的大规模变化。
- **信号弱**。经济和生物问题出现的信号一般都较为微弱、延迟而且扭曲，因而"根据变化行动"的适应方法并不是可行的管理手段。
- **知识空白**。关于大多数危险趋势的科学研究仍然处于初级阶段；我们知道的还不够多。

易变性

我首先来谈谈易变性的问题。鱼群最为人所知的特点，就是多变。在海洋中，影响繁殖与捕食的因素不断来回作用，其变化幅度在陆地上是不可想象的。随着洋流、营养物质以及温度的变化，鱼类数量可以大幅度地上下波动。这使得渔场非常难以管理鱼群。工具原始的古代人，可以一不小心就能将近海鱼类捕获殆尽，却没有能力管理这样的鱼类资源。因为这种资源今天或许能带来可靠的丰收，明天就可能致命地让人颗粒无收。

现在，想象一下，试着展望所有鱼类，预测这些种群之间的相互作用吧。你需要在一个非常复杂的食物链系统中进行预测。这个系统完全违背了我们对鱼群的现有理解，还可能违背了计算本身的限制。到目前为止，我们还无法回答一些非常基本的问题：过度捕捞会导致海洋中较为低级的生物大量减少吗？鱼类会从种群崩溃中恢复吗？海洋系统能够承载多大的干扰？

信号弱

接着让我们来看看信号弱的问题。鱼类产量曲线非常典型，几乎是平的。换言之，人们可以连续几年，以较大的幅度增加给渔业压力，然后捕获量下降幅度才会达到可以在正常年均波动中识别。

在一些情况中，这可能已经为时已晚——鱼群已经遭到破坏，正向种群崩溃发展。当渔业成本并没有随着鱼群数量减少而上升时，也会出现类似的问题。对成群的鱼类来说，这种情况尤为如此。使用现代鱼群搜寻技术，很容易监测到鱼群数量的变化。这些鱼在本地大量聚集，使人误以为鱼类数量过多。在乔治海岸捕获最后一群鳕鱼的渔民回到家中，告诉自己的妻子一切都很好：他的渔船里堆满了鱼。微弱、混乱的信号广泛存在于海洋中，同时缺少系统性的反馈，使预测和适应工作非常困难。

知识空白

我们仍然无法对一些最令人不安的威胁进行可靠的量化。例如海水酸化就让人难以预料——我们既不了解它可能发生的强度，也不知道其潜在的影响有多大。相关的研究才刚刚起步。尽管我们已经做了一些初步工作，而且研究结果显示，浮游生物在过去 50 年里大量减少。然而最重要的趋势和因果关系，却因为浮游生物数量波动过于频繁而无从得知。在最坏的情况下，这可能演化为一场危机，威胁地球生命赖以生存的基础。在最好的情况下，可能只会出现海洋食物链的重新平衡。现在，我们只是不知道究竟会发生什么。

缺乏预警

那么，我们正在处理一个对其所知甚少的复杂体系，同时反馈循环微弱，人们适应变化的机会也很有限。对于多层次预防工作的实施而言，这是个非常典型的案例。但是，这当然不是正在发生的事情。我们只能说，到 2052 年，水生动物可能出现的较好情况是：

大多数没有对捕鱼量进行有效控制的渔场会最终倒闭，且恢复的可能性尚未可知。但是，大海不会空无一物。美国、大洋洲、日本和欧盟会及时介入，这些国家的渔场到 2052 年已经得到恢复。大规模工业化养殖的鱼类，如凤尾鱼和金枪鱼的情况也是如此。但大西洋蓝鳍金枪鱼是一个例外。到 2020 年，蓝鳍金枪鱼就会濒临灭绝。总而言之，这些占全球大部分受牵连鱼类的大型鱼群，数量仍然会较为稳定。

但是，热带地区的小型鱼群情况截然相反。在亚洲、非洲和南美洲地区，控制沿海商业鱼类的捕鱼量被证明是不可能的——这些地区渔船数量多、渔网种类多、捕获的鱼类种类也多，因而管理能力受到了限制。许多鱼群会在未来 20 年间崩溃。至于是否能在生物上恢复，目前完全是未知的。即便能够恢复，全面改革渔场管理体系是否能够得到允许，也完全是未知的事情。

海洋栖息地的情况则好坏参半。在一些地方（尽管不是所有地方），工业化拖网捕鱼的影响是巨大的，而且常常反过来害了自己。由于燃料价格上涨，补贴减少，新的拖网捕鱼技术出现以及强大的国际社会压力，我们可以想见，大型工业化渔船对环境造成破坏的情况将有所好转。但是，由于红树林消失、堤坝建设、沼泽被抽干，热带沿海和河口地区的生态系统则会遭受巨大的破坏。作为许多热带海洋鱼类最重要的繁殖栖息地，这些地区会遭到破坏，进一步导致沿海鱼群的枯竭。

海洋变化和全球变暖之间的相似性也令人震惊。二者都带来了可能威胁生命的长期问题，尽管这些问题现在还不可见；二者的信号都是微弱、延迟而且混乱的；二者都需要跨国协作。这副光景让人担忧。

地球生态系统将会蒙难

简单地说，我对地球到 2052 年的预测是，能源、粮食、禽类以及一些鱼类都会供应充足——但是对穷人来说，食品仍然会有些捉襟见肘。而二氧化碳浓度也会过高。那么，这些问题相加在一起，对地球有什么影响呢？对自然，也就是地球上人类没有使用的部分，又有什么影响？

全球社会都在使地球的负担日益加重。过去几十年里，我们一直在讨论，地球是否能够承载人类带来的环境负担，或者说地球是否正在逐步走向某种环境崩溃。在 20 世纪 70 年代和 80 年代间，这两种观点相持不下。而在过去 15 年里，这一辩论有了巨大的进展。通过设计衡量负担的方法——"生态足迹"——就可以将人为负担和地球承载力进行比较。

衡量人类生态足迹的方法有许多种，但目的都是衡量人类经济对资源的影响，以及带来的污染；也就是衡量在目前技术下，每年使用的资源和产生的污染量。要想将生态足迹加以量化，一个切入点就是衡量生产食品所需的土地面积。接着，可以通过增加用以作为饲料的土地面积来改进计算。还可以继续增加用于木材生产、城市建设、道路以及其他基础设施建设的土地面积进一步完善计算。为了将渔业的影响包括在内，可以增加鱼礁的面积。最后，为了量化人类能源使用带来的影响，还可以加上为了（通过植物生长）吸收能源生产排放的二氧化碳，每年所需要的森林面积。以上这些土地面积都以"全球公顷"为同一单位。"全球公顷"就是每年生产人类所需的商品与服务，所需要平均生物生产力。"全球足迹网络"组织（Global Footprint Network）一直在生态足迹量化计算方面享有领先地位，发布该机构对各国生态足迹随时间变化的计算数据。

通过这种方法计算，人类生态足迹自 1970 年以来已经增加了一倍。如果足迹相对地球承载力而言很小，那么这种增长也不足为道。然而事实并非如此。2010 年的生态足迹已经超出地球承载力 40%。换言之，人类正在使用 1.4 个地球的资源，来提供现在所需的粮食、肉类、木材、鱼类、城市空间以及能源。你还要注意，即便我们非常保守地计算了人类对地球的影响，事实仍然如此。我们的计算中并没有包括所有生产淡水、吸收除二氧化碳之外的污染，以及地球其他生物生存、消费与污染吸收所需的土地面积。

因此，人类的生态足迹已经超过了地球的承载力。这怎么可能发生？这会持续多久？目前，承载力超支的原因是，生态足迹计算中包括了吸收能源生产排放的二氧化碳所需的森林面积。这片土地并不存在，而二氧化碳也不完全是通过树木生长而得到吸收的。其余没有被森林吸收的二氧化碳正在大气中不断累积。另外，所需的森林面积是地球现有面积的大约两倍。结果就是，我们会感受到逐渐而不可持续的全球变暖。因此，超支会持续下去，直到气候变化迫使我们减少排放，将排放量保持在现有森林能够吸收的范围之内。

正如我之前提到的，想要摆脱超支行为只有两个方法：通过控制手段，逐渐减少超支部分；或者放任自流，地球崩溃。目前，人类正在寻找第一种方法，也就是一个有计划的、有序的温室气体减排工程，以便及时地将全球升温幅度维持在 2 摄氏度之内。但是，我们并不认为人们会行动得足够迅速，成功地达成这个目标。因此，在整个 21 世纪，气候变化带来的破坏会继续扩大。

直到民众和政治家最终醒悟，承认地球承载力已经超支，地球正在面临巨大的危机时，他们才会开始争相行动，以确保自己未来的利益。最近，最明显的就是中国向非洲购买农田，以及太平洋岛国居民向澳大利亚和新西兰购买高地的举动。二者都反映了一种在今后几十年会逐渐普及的观点。《洞见 6-3：争相成为最后一名失利者》就讨论了未来的这个方面。

洞见 6-3　争相成为最后一名失利者
马希斯·威克纳格（Mathis Wackernagel）

在最近的一次私人午餐上，我向一名国际最高级别的外交官询问：在巴基斯坦可能面临的各种情况中，她最支持哪一种看法。餐桌上的所有人都紧张地笑了。

令人惊讶的是，这名外交官非常坦诚。她承认，自己对巴基斯坦的未来，并不感到乐观。对于一种领导人普遍持有，却很少承认的观点，她倒是很直言不讳：人类正在逐渐走向资源枯竭，领导人对此也无能为力。因此，他们的工作就是确保自己的人民成为最后一个失利者。这就意味着，从不断减少的全球资源储备中，保证本国人民能够获得足够的资源。即便其他人都淹死了，他们还可以继续活着。

从这种占据有利位置的想法看来，金钱可以使一国人民免于首先遭殃。因此，持有这种观点的领导人就更加推崇 GDP 发展，将其作为首要目标：在通往2052年的道路上，经济优势可以使他们继续比别人领先，尽管只领先了一丁点。

从资源的角度来看，巴基斯坦前景惨淡。巴基斯坦的生物承载力很小，人均不到0.6全球公顷（也就是全球平均水平的三分之一），但需求却在快速增长。该国需求比生物承载力高出80%。即便数学不好的人也知道，如果目前人口增长和物质需求增长的趋势继续下去——而生物承载力有限，化石燃料价格不断上涨——那么巴基斯坦早在2052年之前就会面临资源枯竭。生物承载力的缺乏最有可能显示在不断升级的内部冲突之中。当然，资源不断减少所影响的不仅仅是巴基斯坦的核工厂，还有全世界。到2052年，巴基斯坦很可能已经成为权力涣散、混乱不堪的国家，分裂成数百个小的封地（fiefdom），儿童死亡率倒退回中世纪的水平，文盲率也非常高。

巴基斯坦当然会试图进口那些必需的资源。但是在地球承载力普遍超支的情况下——全球对生物承载力的需求超过了地球提供的生态空间——一个经济疲弱的巴基斯坦，在对同一资源的争夺中，不太可能击败其他国家。

但是巴基斯坦可以采取另一种策略。它可以公开承认大量缺乏必需的资源，无法满足本国居民当前和未来生活的需求。在巴基斯坦民众内部，可以就如何解决物质限制带来的社会影响达成共识。这会是非常艰难的过程——尤其是因为这需要一个全新的发展模式，包括让女性承担核心角色。但如果转变得当，这将使巴基斯坦人在现有的生态与经济限制条件下，拥有更好、更繁荣的生活。

遗憾的是，正如大多数国家一样，巴基斯坦也不可能进行这样的转变，因为它受到两个错误概念的蒙蔽：其一，对缓慢、不断积累的生态趋势，人们无能为力，既不能改变需求也不能改变供给；其二，如果可以有所作为，那么其成本也过于高昂，而且必须在全球达成共识的前提下才能进行。

二者都是错误的，而且会使人们放弃任何有效的行动。的确，资源变化趋势有着巨大的惯性。但是，它们是基于过去和当前社会的选择的。资源消费很大程度上受到两个因素的影响：人口数量以及现有基础设施——如城市、发电站、道路以及机场。通过扭转人口增长趋势，调整基础设施结构，就可以摆脱对资源进口的依赖。但是，具体怎么做呢？巴基斯坦，或者任何一个国家，可以从管理本国的生态资产着手，就像管理一个运营良好的家庭农场一样。

一个良好的家庭农场生产的东西，在净值上超过家庭消费的数量。优秀的农民还会保证，有足够的土地来种植作物，喂养牲畜。满足家庭消费之外的生产，可以进行出售或交易，以换取其他商品和服务——如电视机、衣服和书籍等。一些国家就像是运行良好的家庭农场，以不超过自身拥有的生物承载力（净值）为居民提供商品和服务。

让我们将这样的农场与周末休闲农庄进行比较。在休闲农庄中，有蜜蜂、一只兔子和一棵苹果树，而大多数资源都必须从别处购买。目前，80%的人生活在类似休闲农庄的国家中。他们的消费在净值上超过了本国生态系统的生产力。而超过的部分则从外国进口，或是通过不可持续的做法，即过度使用本地土地或森林而得到。

事实上，全世界已经成了一个庞大的休闲农庄，消费量是生态环境生产能力的1.4倍。自然供应量和人类消费量之间的差别，来源于自然资本的流动。人们掠夺未来的自然资源，而且代价极小。

如果我们像一个称职的农民一样来看待世界，我们就会发现好好照料农场对自己是有利的。我们将会看到，将世界变成休闲农庄是危险的，因为运行良好的农庄会越来越少，无法为我们提供足够的产品。各国会明白，需要照料好自己的农场，减少资源需求，使农场强大、独立——而这也会使世界变得稳定。

在这样的世界中，我们不仅会将产量（反映在GDP增长中）最大化，还会使人均财富最大化。我们会利用财富不断带来的收益，一直保持高质量的生活水平。

或许，当资源价格上涨的速度超过经济增长速度时，人们就会意识到这一点。而采取行动就像是在下行电梯中逆行而上。但是，这种感觉会使决策者更有洞察力，采取更迅速、更果决的行动吗？

我想恐怕不会。随着收入收紧，政府宁愿停止投资，甚至是停止对教育和基础设施维护的投资，使国民自己面对不断上涨的食品与能源价格，自生自灭。国家破产可能变得更为频繁。

换言之，资源限制在生态崩溃之前，首先引发的是社会不安——如货币贬值、债务失控、无力偿还债务、社会动荡以及内战。所有这些问题都模糊了隐含的资源问题，就像在 2011 年"阿拉伯之春"中反映的一样。人们对强权领导人的反抗大多被视作通往民主的积极变化。然而，其隐含的问题却是相关地区快速增长的人口正在面临食品与能源价格的上涨。

马希斯·威克纳格（瑞士人，1962–）与人共同建立了"生态足迹"概念，并担任"全球足迹网络"的主席。"全球足迹网络"是一家国际可持续发展智库，在加利福尼亚奥克兰、瑞士日内瓦以及比利时布鲁塞尔设有办公室。

我认为《争相成为最后一名失利者》一文对国家政策提出了非常正确的观点。但是在现实世界中，要想根据作者建议行动，并不容易。对受到影响的国家的未来而言，这是很糟糕的。但对我而言，预测未来到底会发生什么，则相对简单：那就是，和现在的情况没有什么不同。

尚未使用的生物承载力会大幅减少

为了研究地球承载力超支的结果，将生态足迹分为两类可以让研究更清晰：一类是能源足迹，另一类是非能源足迹。能源足迹包括在第五章中详细讨论的二氧化碳排放。大量排放二氧化碳使大气中二氧化碳浓度升高，导致全球变暖问题。而非能源足迹则表现为人类使用土地的情况：也就是人类用以生产食品、放牧、植树以及养鱼的土地面积（以公顷计）。那么，自 1970 年以来，非能源足迹发生了怎样的变化呢？非能源足迹使用的土地面积，占可供使用的土地面积的——或者说占地球能够提供的生物承载力的——比例是多少呢？

1970 年到 2010 年间，非能源足迹增长缓慢，从 1970 年占地球承载力的 60% 上升到 2010 年的 70%。所以，如果我们不考虑能源足迹，那么人类活动仍然是可持续的，维持在现有土地面积之内。当然，不考虑能源足迹完全是不可持续的假设：即便我们不考虑这个问题，温室气体仍然会在大气中不断聚集。但我想说明的是，我们现在用以生产食品、肉类、木材、鱼类以及建造城市的土地面积，小于地球土地供应量。尽管这么说目光未免过于短浅，但这的确是一个好消息。

坏消息是，非能源足迹的增长，使尚未使用的生物承载力（也就是生物承载力总量减去非能源足迹）大大减少。在图表 6-2 中有所显示。尚未使用的生物承载力是我们尚未占用，以生产食品、肉类、木材、鱼类以及建造城市的土地面积。这部分土地已经大量减少，在过去四十年间，从土地供应总量的 40% 减少到 30%。如果我们将这部分土地除以人口数量，就会发现人均面积减少得更快，从人均 1.2 全球公顷减少到 0.3 全球公顷。现在，我们只有很少一部分具有生物生产力且尚未使用的土地了。

在过去四十年里，非能源足迹的增长速度，大大低于世界人口的增长速度。这意味着，如今我们支持一个普通人的生活所需的土地面积，要小于 1970 年所需的面积。原因就是技术进步：通过使用化肥、基因改良以及鱼类养殖等方法，我们极大地提高了每公顷土地的年产量。正如图表 6-2 中所显示的，我认为这种趋势会继续下去，尽管增速会有所减缓。将我对人均非能源足迹的预测值，乘以人口预测值，可以得到未来非能源足迹的总量（在表中没有显示）。将其从世界生物承载力总量中减去，就得到了到 2052 年为止尚未使用的生物承载力。后者的减少，一部分原因是其本身数量的减少。

世界生物承载力总量存在于具有生物生产力的土地。在过去四十年里，前者的总量维持得很好，而且我认为它在未来几十年里仍然会保持平稳，直到 2040 年才开始减少。下降的原因就是全球变暖，以及其他所有人类对自然生产力的破坏性影响。2005 年，《千年生态系统评估》（The Millennium Ecosystem Assessment）发表了最终报告，通过描述地球大多数生态系统加速恶化的现象，给出了生物承载力减少的所有理由。如果在未来几年，人类没有做出足够规模的行动，消除过去对生态系统造成的负面影响，那么生物承载力开始减少的时间就会大大提前。

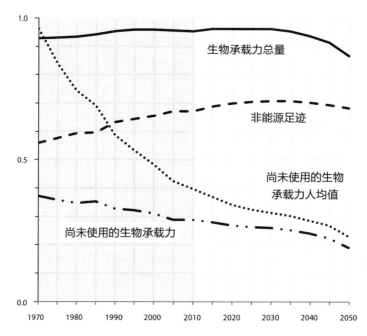

图表6-2 全球生物承载力，1970－2050。

定义：尚未使用的生物承载力＝生物承载力总量－非能源足迹。

范围：生物承载力总量、非能源足迹、尚未使用的生物承载力（0－125亿全球公顷，具有平均生物生产力）；尚未使用的生物承载力人均值（0－1.3全球公顷，具有平均生物生产力）。

　　我使用的生态足迹数据，并没有包括生产金属与矿石所需的土地面积；不包括获取水资源所需的土地面积；也不包括吸收与中和其他污染物质所需的、本来具有生产力的土地面积。这就意味着，人类实际的生态足迹比书中提到的更大，而剩余的尚未使用的生物承载力——可以说是缓冲物——比图表 6-2 中提到的更小。很难说实际的数值会比图表中小多少，但我们没有理由怀疑大致的结论，那就是人类正在过度使用地球资源。目前的行为在长期是不可持续的。

　　任何能够用以减少人类足迹的行动，都会帮助增加这种缓冲。其中一件有益的行动，就是停止从矿山中挖掘金属，同时开始在城市废弃物中搜寻金属。超级城市会逐渐减少过度消费，以免被不断堆积的垃圾所淹没。金属废弃物的回收会有所增加。无论在贫穷还是富裕国家中，我们都已经可以看到这一趋势。使用过的产品和垃圾填埋场会逐渐成为金属的来源，就像是通过污水管道收集污水一样。

这会减少对新矿山的需求，而《洞见6-4：城市金属挖掘》还提出了另外一点，那就是回收会使大部分资源都避免枯竭的厄运。

洞见6-4　城市金属挖掘

克里斯·都彭（Chris Tuppen）

到2052年，对许多原材料，尤其是金属而言，城市挖掘会超过传统的矿山挖掘。也就是说，从经济成本考虑，恢复和回收比起挖掘和提炼更有吸引力。这一转变会受到三个核心因素的共同驱动。

第一个因素，一些存在于自然中的金属矿石变得日益稀少。第二，社会储备中存在许多更为普遍的金属，如铁和铝。第三，提炼金属的成本越来越高。

稀缺性

在预测某种金属矿石即将供不应求的时候，需要考虑一些互相关联的因素。

首先是自然丰度（natural abundance）。如果某种金属矿石从经济角度考虑值得收集，那么它必须是分布密集的。无论是地壳或是海洋中的自然丰度，都反映了这一资源的整体丰富程度。当然，这种看法仍然是片面的。例如，尽管海洋中拥有15000吨溶解的金子，价值大约为7500亿美元。然而其分布过于分散，根本不值得进行收集。（至少现在如此！）

其次要考虑储量大小。在任何时候，金属产业都非常了解那些尚未开采、但是在经济上可行又已经被探明的储备，并且对未发现的资源有着合理的估计。随着新的矿藏被开发，旧的矿井枯竭，探明和未探明的储量也一直在不断变化。一些金属非常常见，在未来几十年里不太可能枯竭。其储量充足，一旦旧矿井枯竭，很有可能发现新的矿山。

最后，一些更为稀少的金属常常在开采其他金属时，作为副产品被析出。例如，只有 30% 的新出产的银是通过直接开采得到的；其余 70% 都是在开采铅、锌、铜或金的时候作为副产品而得到的。而 LCD 屏幕和触摸屏使用的铟，则都是在冶炼铅与锌的过程中得到的。

社会储备

过去几个世纪里，大量金属从地底被开采出来，并制成了商品。如今，大量金属存在于制成品中——举例来说，有 140 亿吨钢铁以及超过 2 亿吨铜。尤其是在新兴经济体中，重大基础设施建设会使社会储备不断增加。当人口增长趋于平缓时，这就意味着通过回收，可以更多地满足对金属的需求。

许多被广泛使用的金属的回收率已经非常高：钢铁中就有 80% 得到了回收。如果我们假设，全社会每年有大约 4% 的钢铁达到寿命年限，而回收率又很高，那么可以预测，城市将取代矿山开采，在 2020 年前成为新出产的钢铁的主要来源。

矿石处理成本

大多数金属都需要从相应的矿石中通过化学方法加以提取，这一过程不仅会消耗大量能量，还会排放出大量二氧化碳和其他污染物质。能源和碳排放成本的剧增，将反映在金属产业的经济情况中。

矿石处理通常还需要其他较为稀缺的自然资源，尤其是水资源。例如，尽管智利对水资源的需求已经是水资源可再生能力的 6 倍，到 2020 年，智利采矿工业耗水量仍将增加 45%。

其他影响因素

但是，这些关键因素并不是这个故事的全部。城市开采的出现，还将受到地缘政治的影响。一些金属元素只集中在很少一部分地区，而获取这些金属可能受到冲突和 / 或者贸易壁垒的限制。例如，刚果（金）共和国拥有丰富的矿藏，但该国的人权问题使人们发起了抵制刚果（金）

矿产品的运动。再换个角度看看欧洲。欧洲有许多重要的金属都高度依赖进口，而欧盟委员会出于对未来供给的担忧，最近特别强调，中国出产了全世界95%的稀土矿，巴西出产了90%的铌，而南非则生产了79%的铑。

金属使用的分布，也随着需求的变化而变化。例如，数码相机的发明，使得用于传统相机胶卷的银的需求量大幅下降。但由于光伏板中的接触点、袜子中用于除臭的银线等一系列新应用，银的实际使用量不降反增。

效率也是影响因素。如果能够大幅减少每个产品所需的金属用量，那么现有的储备就可以用得更久一些。这已经出现了一些行业之中：装酒的易拉罐变薄了，电子设备也变小了。

合适的替代品会延长金属储备的使用年限。但是，是否能够提供合适的替代品，其变数仍然很大；而且取决于任何特定的应用所需的化学或物理特性。

值得关注的金属

综合考虑所有这些因素，我们可以很直接地预测出，哪些金属在未来将供应充足。幸运的是，它们包括在工业上至关重要的金属，如铝、铁、硅以及钛。而常常被列入"濒危"名单的金属则包括铟、银以及一部分稀土元素。

铟本来就是稀缺金属。根据预测，从经济角度考虑，值得开发的铟只有大约11000吨；按目前的消费水平，在15年内就会耗尽。即便最乐观的预测也显示，铟的储量也只有50000吨。在过去15年里，铟产量增加超过9倍。这是由于人们越来越多地使用旋光化合物半导体以及铟锡氧化物。铟锡化合物作为透明电导体，用于电脑、智能手机和电视的屏幕，以及薄膜太阳能组件中。幸运的是，在这些应用中，铟的单位使用量都非常小：一个正常大小的屏幕只需要50毫克的铟。而这也有坏处：铟的社会储备极为分散，使得重新利用变得非常困难。随着屏幕和光伏板价格不断跌落，需求增加，我们越来越难提供——以及回收——

足够的铟。纳米碳管可能成为透明导电膜的替代品，但离真正实现还有很长的路要走。

银大约有 50 万吨经济上值得开采的储备，可供消费 17 年。银被广泛用于工业、珠宝、镀银以及铸币。其中一些应用增长得非常快：太阳能产业已经成为银的大宗消费产业，对银的需求在 2009 年增长了 30%，而且在未来几年间，这一需求可能会是现在的 10 倍。

稀土中的钕、镝和铽都是用于生产磁性强、自重轻的磁铁的。这些磁铁在风力涡轮机和电动汽车中特别有效。稀土元素（也叫镧族元素）很难分离。从自然丰度来看，稀土元素并不稀缺，但可供开采的却很少。中国不仅拥有全球最大的可开采稀土矿储备，还完全控制了稀土的加工。

基于已经得到预测并证实的储备、预测的消费水平以及目前的回收率，到 2052 年，铟、银、镝和其他少数金属可能已经"耗尽"。毫无疑问，通过技术进步和替代品，一些金属会得到"挽回"，而其他金属的短缺会促使人们更多地恢复和回收。

这一分析最终使我得出这样一个结论：未来四十年里，城市开采会有显著增长——有的是因为金属储备耗尽，还有是因为庞大的社会储备，使恢复和回收比起挖掘和提炼，在经济上更为可取。因此，至少对金属来说，人们梦想的物质循环会最终发生——但这是通过传统的经济驱动，而非哲学思辨进行的。

克里斯·都彭（英国人，1954-）20 多年来一直从事可持续发展相关工作。他管理着推动可持续发展有限责任合伙公司（Advancing Sustainability LLP），而且是基尔大学的荣誉教授。此前，他还担任过英国电信的首席可持续发展官员。

我认为《城市金属挖掘》一文中传达的主要信息是正确的：人类会逐渐减少对"野外"挖掘的依赖性。这不仅涉及金属，而且在长期也包括化石燃料——主要是煤炭。这会在一定程度上减少生态足迹。

但是，人类尚未使用的土地面积仍然会大幅减少，到2052年所占比例小于20%。人均尚未使用的土地面积会从1970年的1.2全球公顷，下降到2052年的0.3全球公顷。在一个人的一生中，这一数值减少了75%——这是个巨大的变化。实际上，人类会将所有具有生物生产力的土地加以利用，以满足人类需求。只有在保护区里，自然才能免受人类利用；在那里，自然会按照自身的方式发展。但是，即便在国家公园的栅栏之内，动植物也必须抵抗气候变化的威胁。气候变化会无情地将生态系统分别向两极推进。一旦时机成熟，生态系统就会超出公园的范围，或者移向海拔更高的地方。

在未来四十年里，气温带会以大约每年5公里的速度向两极或山顶移动。在四十年里，这意味着气温带会向北移动80公里，或者向山顶移动200米。生态系统也会随之移动——目的就是躲避反常的高温。想象一下，这对你遛宠物的小森林、公园或者草地有什么影响。读一读《洞见6-5：限于公园的自然》吧，这篇文章会使你心潮澎湃。

洞见6-5　限于公园的自然

斯蒂芬·哈丁（Stephan Harding）

生物多样性就是不同组织层次的生命的多样性。这些组织包括基因、物种、生态系统、生物群落和整体景观。就我们所知道的，在现代人类出现前，地球正处于诞生35亿年来生物多样性最丰富的时刻；而在我们开始破坏地球环境之前，地球拥有1000万到1亿种物种。化石记录显示，在过去约4亿年里，曾经出现过5次大规模物种灭绝，其原因都是自然灾难，例如陨石撞击、火山喷发，或者是生物群落内部剧烈重组的结果。但是，如今正在发生的物种灭绝，其数量和速度都是前所未有的。而这一切的原因都是现代工业社会进行的经济活动。

如今，人为造成的物种灭绝速度，是自然灭绝速度的1000倍。更直白地说，每年我们都在失去100种动植物，这些动植物大多数都生活在庞大的热带雨林中。而由于我们对木材、大豆、棕榈油和牛肉等产品无止境的欲望，造成了这些物种的消失。珊瑚礁以及整个海洋王国也没能逃过人类的魔爪——海洋动植物也在遭受严重的物种灭绝。人类文明对其他生命的暴行，令人触目惊心。到 2052 年，我们可能已经使地球上 25% 的生物灭绝了。即便在 2000 年，也有约 11% 的鸟类、18% 的哺乳动物、7% 的鱼类以及 8% 的植物濒临灭绝。根据地球生命指数的数据，从 1970 年到 2000 年，生活在森林中的物种数量减少了 15%，淡水鱼类减少 54%，而海洋生物减少 35%。到 2052 年，物种灭绝率很可能已经是自然状态下的 1 万倍。

我最近感受到现代世界中生物多样性遭受的浩劫，是在我带 9 岁的儿子去参观本地动物园的时候。在动物园里，我们看到了 2052 年人类与其他生物之间的关系的缩影。一群拿着手机、照相机、还有通过破坏地球而生产出来商品的人，激动不已，大喊大叫，围在一起参观精心维持的小型人工栖息地。每个栖息地中都生活着稀有物种，它们不是即将灭绝，就是在野外栖息地面临巨大的压力。

2052 年的世界，看上去就像是个动物园，而且实际情况大概只会更糟。届时，由于人类的破坏，曾经广袤完整的地表生态系统将被分割成一些小的栖息地，被商业化农田包围。而农田又被道路、高压铁塔、不断扩张的城市所割裂。同时，气候变化带来的极端天气与海平面上升，将使地球许多地区不再适宜大多数物种居住，包括我们人类在内。

到 2052 年，大规模物种灭绝的主要因素将更为显而易见。其中最明显的要数生物栖息地的破坏与分裂。我认为，到 2052 年，所有野外地区都会遭受破坏，尤其在热带雨林中。只有在国家公园和保护区中，才有一小部分雨林能够存活，即便这些雨林也已经被破坏的千疮百孔了。

另一个因素就是外来物种的引入。到 2052 年，外来物种消灭的本地物种数量，可能超过污染、人口压力和过度采伐等其他主要因素。到 2006 年，就有大约 4000 种外来植物及 2300 种外来动物被带到美国，并威胁到了 43% 的濒危动物，造成林业、农业以及渔业损失约 1380 亿美元。

但是，到 2052 年，最恶劣的因素或许会变得根深蒂固。我说的当然是气候变化。到 2052 年，全球气温升幅将达到 2 摄氏度，而且可能更高，对人类和地球生物多样性带来灾难性的后果。影响之一是，亚马孙丛林将发生森林火灾，造成不可扭转的森林死亡。森林在燃烧过程中，排放二氧化碳，在本世纪末会使全球气温升幅达到 10 摄氏度，比之前自然变暖的速度要快得多。

气候上的变化，会迫使生物离开原有的栖息地，寻找新家。每种生物都有自己适宜的温度与湿度。随着气候变化，生物不断迁移，但仍然试图在气候适宜的地区生存。2003 年，人们对 1700 种生物进行了研究。总体来看，这些生物正以每十年 6 公里的速度向两极迁移，或者以每十年 6 米的速度向山顶迁移。可以说，整个生态体系都以前所未有的方式被连根拔起。相关的例子数不胜数。北方针叶林不断向北推进，代价就是裸露在地表的冻土苔原植物被取代。加拿大北极圈内的红狐向北迁移，同时北极狐的数量减少。欧洲阿尔卑斯山的植被向山顶移动，速度为每十年 1 到 4 米。暖水物种的数量急剧增长，包括大西洋北部和加利福尼亚沿岸的浮游植物、鱼类和生活在潮间带的无脊椎动物。哥斯达黎加低地鸟类从低矮的山坡向更高海拔的地区迁移，原因就是旱季小雨频率的变化。到 2006 年，英国和北美的 39 种蝴蝶已经在 27 年里向北迁移了最多 200 公里。

到 2052 年，许多陆地生物已经灭绝，因为不断变化的气候迫使它们寻找新家，但由于栖息地被严重割裂，这种被迫迁徙变得越来越不可能实现。在海洋中，大量高纬度冷水生物会灭绝，为那些从热带与亚热带向北迁徙而来的大量生物提供了少量空间。海水酸化——直接原因就是大气中二氧化碳过量——会使许多由氧化钙构成的生物死亡。这些生物就包括珊瑚和球石藻，其中许多生物通过隔绝碳元素、产生为地球降温的云层等方式，在气候调节中扮演着重要角色。因此，这些生物的灭绝会使全球变暖更为严重。

到 2052 年，可以说，全球生态系统已经被气候变化破坏得支离破碎，因为系统内部精妙的同步过程被扰乱了。过去，树枝发芽、毛毛虫出现、小鸡孵化等等一系列事件，都是紧密相关的，但如今它们不再天衣无缝地互相联系在一起，因此这些"物候关系消失"会导致某些生态系统的生物多样性进一步减少。由于生物多样性与是否能有效执行营养循环、水流调节以及气候形成等重要的生态系统功能有着密切的联系，因此生物多样性的损失会使生态系统越发脆弱——生态系统根本无法承受气候变化和栖息地支离破碎带来的改变。因此，到 2052 年，一些中低纬度的土地会渐渐成为无法居住的沙漠或者半沙漠。

到 2052 年，生物多样性的丧失会使数十亿人生活困难。这些人的生活直接依赖于周围的生态环境。而那些"发达"国家富有的人们——就像我和儿子那天在动物园看到的人——他们会怎么样呢？他们也会遭受气候变化和生物多样性丧失带来的危害，但到 2052 年，技术或许可以抵御这些影响，至少是让人们免受最恶劣的影响。或许对这些生活富足的人而言，大规模物种灭绝带来的第一个后果，将是巨大的心理落差——因为自人类出现以来，大大小小的野生动物以其卓绝的存在，塑造了人类的精神。而它们灭绝后，就只能存在于那些闪烁屏幕上的平面图像中，这让我们命中注定要和自然世界相隔绝。

斯蒂芬·哈丁（英国人，1953-）在牛津大学获得了行为生态学（behavioral ecology）博士学位。他目前在英国德文郡达廷顿的舒马克学院负责整体科学硕士项目。他曾经著有《使地球动起来：科学直觉和盖亚女神》（*Animate Earth: Science intuition and Gaia*），并担任同名纪录片的出品人。

《限于公园的自然》一文中提出的观点，不仅非常正确、令人极为忧伤，也是一个理想的转折。我们将从第四、五和六章的实体未来（physical future）转向第七章和第八章的主题，也就是非物质的未来。

07

到 2052 年的 "非物质未来"

正如你所看到的那样，我花费了大量的时间，总结了到 2052 年关于 "物质未来"（material future）的预测。我从多方面入手，采取了多种论证的方法。虽然看起来不太可能，但是与最近的历史趋势和传统人类行为相比，大多数预测结果都是相反甚至背道而驰的。

让我颇为惊讶的是，我所得到的预测结果，与我在开始预测工作时所期待的结果，竟然完全不同。我曾经期待的是，发现一个脆弱的、甚至是灾难性的未来；地球在 21 世纪中叶之前就毁于某种环境灾难。这样的未来，恐怕才符合我这辈子忧心忡忡的心情。

但是，我发现，未来世界的情况会更为多样：一些地区情况不错，而另一些地区非常糟糕，陷入了无政府状态。而所有地区都不得不应对越来越诡异的天气变化，并且警觉地意识到，21 世纪后半叶的气候将更为可怕。我还发现，未来将由城市化所主导：寻求机会、安全和力量的人们，会聚集在大城市中。我发现，就人均而言，世界会比我预想的更为贫穷。我也不喜欢未来的文化——但我想，很多人说不定会喜欢。未来的文化特点，将是人工的城市生活，人类与不断消失的奇妙自然世界完全隔绝，而且，"虚拟教育娱乐"① 设备，将得到广泛使用。我没有发现世界会出现大规模的资源短缺，因为和我最初的预测相比，未来世界使用的物质数量和质量方面都更逊一筹。最后，我的总结是，尽管到 2052 年为止，一切都相当顺利，但是 2052 年世界所处的道路正是我所恐惧的——这条道路上，气候变化不断自我加强，本世纪后半叶还将出现气候灾难。我的确没有发现，世

---

① edutainment，这是 education 和 entertainment 的缩合词。——译者注

界将会沿着可持续发展这条良好道路而前进。

我并不知道，该如何去评价这个未来。相对于爆发全球性的灾难，人口和生产都由于自然灾害和战争而急剧减少而言，这个未来的确好多了。但是，比起现在对 GDP 以及可支配收入持续增长的愿景，这个未来却不尽如人意。作为一名挪威老人，对我而言，住在新北方（New North）相当不错。未来四十年间，那里会发展得很好。但是，令人惊讶的是，对我的美国朋友而言，未来四十年却不是好日子。他们必须承受的是，这个曾经在 20 世纪辉煌的国家，正在逐渐走向停滞，而且这一停滞似乎没有尽头。而对 20 亿仍然挣扎在贫困中的人而言，未来会变得更为糟糕。

因此，对于世界到 2052 年的情况，我们恐怕无法一概而论。我认为，最好的方法还是去向大家继续介绍未来的情况，让你们来做出最终的评价。所以，我会开始谈谈非物质的未来，也就是那些无法轻易从表格数据中得到的情况。

GDP 总量减少：对全球承载力极限的压力减小

尽管我的确希望能够找到世界人口更早到顶的证据，但是在我怀着满腔热情和开放心态，研究人口问题整整四十年之后，我惊讶地发现，全球经济增长会比我预想得更慢。事实上，到 2052 年，全球 GDP 只有现在的两倍，这的确是令人惊讶的事。和许多人一样，我曾经认为全球 GDP 总量在未来四十年里仍然会快速增长，使数十亿穷人过上中产阶级的生活，同时使富人更富有。而且——就像所有关心环境问题的人一样——我对 GDP 快速增长，使人类活动超过地球承载力，引发环境崩溃的问题抱有担忧。如果全球 GDP 总量在未来四十年里以每年 3% 的速度增长，那么地球上就会是三个现有规模的经济体量。仅凭直觉也可以知道，过去这么做——现在也是这样——似乎并不是可持续的做法。

正如我们在之前几章中所看到的那样，2052 年的全球生产距离见顶已经很近了；而且，在 21 世纪后半叶就会开始下降——原因就是劳动力减少以及随着经济成熟，生产力增长速度逐渐放缓。其结果之一，就是人均可支配收入的停止增长，甚至是下降。能源使用也会呈现减少态势。温室气体排放量仍然很高，但是正在下降，而非能源足迹则相对平稳。总而言之，人类的生态足迹比我预想的少得多，很大程度上是因为更多的人会处于贫穷状态。但是生态足迹仍然透支着地球承载力，对全球生物多样性仍然会造成严重的破坏。

这一到 2052 年全球 GDP 增长速度"放慢一半"的预测，所导致的主要结果就是，全球经济对地球承载力的压力会相对较小；对环境的影响速度会减慢，"超支额"也会更小。例如，2052 年的全球能源使用量正在下降，只比现在高了50%——尽管在此期间，全球社会提高能效的努力，只能勉强说是"半心半意"而已。温室气体排放量也会低于经济增长更快的情况。这并不意味着一帆风顺：全球气温升幅仍然会超过 2 摄氏度，而且不断升高。生物多样性会受到严重破坏。一些地区会成为沙漠，或者反复受到洪涝灾害影响。但是，总体的情况仍然好于全球经济增长两倍甚至三倍时的情况。

生产力增速放缓

2052 年的 GDP 增长不如预期——对于地球健康而言，这是件好事——但这并不是因为人类和国家希望停止增长。而是因为劳动力数量会减少（由于人口老龄化导致的人口减少），更重要的是，生产力增长速度放缓（因为经济日趋成熟，而不公平的情况与社会摩擦会变得更加严重）。

随着越来越多的经济体走向成熟，这些经济体会将产品生产转向服务与护理。劳动参与率日渐饱和，新兴经济体也无法再从领先国家那里不劳而获，"抄袭"相关的解决方法和技术。

另外，我们也将看到，在富裕的社会中，对物质财富的追求不再成为一个有力的驱动力。这会减少对未来经济增长的推力，尽管我认为这种影响仍然是较弱的。人们永远都抱有的梦想，就是有能力在日趋老龄化的社会中生存下去。这个梦想可能会变得越来越难以实现，因为世界正变得越来越拥挤。但是，仍然有一部分人非常清醒，抛弃了"更多就是更好"的想法。

结果就是，生产力增长速度会持续放缓，这反过来会使全球 GDP 停滞，继而开始下降。记住，这只是对全球情况的概括：在不同的地区，不同的时间，

GDP 与生产力是有增有减的，但都在一定程度上塑造了这个整体趋势。

消费减少引发的紧张态势

全球经济的停滞以及随后的下降，对地球承载力而言是个好消息。如果我们足够幸运，那么在超支承载力的过程中造成的破坏（如气候破坏、生物多样性破坏以及对全球环境的污染等）可以在 21 世纪后半叶，通过大幅增加额外投资而得到弥补。但前提是，气候变化不会呈现自我加强的态势。

经济总量的"先见顶，后减少"的趋势，还会带来另外一个结果：揭示了全球不同地区分配方式的截然不同。到 2052 年，人均消费会更高，但这只是平均值；预测中的细节显示，这一平均值是由于在未来四十年里，一些富人变穷，而许多穷人变富而造成的。一个普通消费者在 2052 年的可支配收入比现在高 70%。但是，由于中国人的收入会增长很快，这就意味着其他人能拥有的就少了——相对于现在而言。主要的输家将是 OECD 国家，而美国则是输得最惨的那一个。

人均消费停滞的原因之一，是被迫和自发投资的增加。面对越来越严重的污染和资源枯竭威胁，各国会将社会生产中越来越多的一部分投入到应对威胁的工作中。而当危机来临时（2030 年之后会更为频繁），各国必须进一步增加投资，从损害中恢复过来。因此，当人们努力恢复环境破坏、获取有限资源时，社会消费品与服务的生产会被削减。这类似于 20 世纪 50 年代和 60 年代的苏联。当时，苏联重点发展"重工业"，而代价就是"消费品"的减少。

消费还会遭受生产力增长放缓带来的打击。遗憾的是，这里存在着反馈效应：停滞导致生产力增长放缓。但这一影响不是立刻发生的，因为解雇工人通常会在短期内提高剩余工人所创造的人均利润。如果经济总量增长速度连续几年放缓，那么收入和财富的分配就变得更为不平均。穷人一无所有，贫富差距扩大。这通常会反过来导致社会紧张态势，在更糟糕的情况下还会导致社会冲突——不可避免地降低生产力增长速度。这又会导致 GDP 增长的放缓。GDP 总量减少，冲突增加，经济增长速度更为缓慢。在明智的政治行动或重新分配——至少是机会的重新分配——停止这种恶性循环之前——社会将把自己困在这个低增长综合症中。

我担心，在未来的四十年里，这个综合症就是富裕国家的写照。在实行自由市场、税率低、缺乏重新分配的传统的国家中，这一影响尤其恶劣。在那些国家中，失业率和不公平会使总生产力增长放缓。而在保护措施较好的经济体中，情况则稍好一些。通过失业救济等公共支出，这些经济体就能够较为容易地避免社会动荡，进而保持生产力增长速度。斯堪的纳维亚半岛就是这样一个例子。那些社会（很多人会将其称为社会主义）民主国家拥有较高的经济增长率——以及高税率，因此能够提供充分的社会保障服务，包括医疗保健、失业、产假、教育以及老年关怀等方方面面的帮助，并救济那些无法再从事劳动的人们。

因此，到 2052 年，在富裕国家中，长期停滞或缓慢下降的人均消费不是件好事。我再次建议你问问一个底特律汽车工人。他的实际工资在过去三十年内没有增长。问问他，如果这种情况再持续四十年，他会是什么心情。而间接影响则更为糟糕：增长缓慢会导致更多的不公平现象，进而导致社会摩擦，使调节劳动生产力和 GDP 增长变得更为艰难。

短浅目光的普遍存在

生产力增长的停滞，并不一定会带来负面影响。至少在理论上，负面影响是可以避免的。在问题出现之前，就进行收入和机会的再分配，可以使得社会动荡出现的可能性大幅降低。但是，在过去以及未来，和平的再分配过程是很少见的，因为大多数社会决策都会受到短期利益的影响。社会——民主或是集权政权——都看不到长远的利益。人类本身就是追逐短期利益的，因此在迫切需要出现前，就进行有组织的再分配，这是很少见的现象。

因此，尽管在理论上，社会可以决定进行大刀阔斧的改革，改变收入与财富的分配方式、经济结构、使用能源的数量和类型以及温室气体排放等，但是（很遗憾）我认为社会不会那么做。至少不会进行大规模的行动。原因就是，大多数决策和直接成本相关，而在当下很难看到未来的收益。人们会逃避缺乏短期利益的解决方法。他们希望先得到好处，然后再牢骚满腹地为好处买单。

我的假设是，对短期利益的关注会在未来胜出。这个假设非常重要。当我还年轻，没有在社会中摸爬滚打之前，我还不敢这么确定地说。但是，在我为可持续发展奋斗整整四十年之后，整整四十年的实践经验使我相信，社会——尤其是民主社会——的确会倾向于选择成本最低的解决方法。这种解决方法的性价比最高——如果我们不考虑五年或之后的性价比的话。这就是经济学家所说的高性价比解决方法。在普通人看来，这是最省钱的方法，但普通人能看到的"未来"，其跨度不会超过五年。如果社会现在需要投资，以避免未来发生的问题，那么短浅的目光就是最大的挑战，因为它总是和明智的政策作对。选民大多持有这样短浅的目光，这也会使政治家失去长远的考虑。

短浅目光在市场中也占据了统治地位。在对比当下成本与未来收益时，市场将未来收益以每年10%（甚至更多）的比例进行削减。这意味着，二十年后的利益，目前的价值只有十分之一。换言之，二十年后的问题，只有当解决成本低于其未来价值的十分之一的时候，才值得解决。对那些了解经济学的人而言，出于"性价比"的考虑，任由世界因气候破坏而崩溃的想法，一点也不让人惊讶，只要崩溃是发生在四十年或者更久远的未来，这么做就是合理的。当前，减排以及挽救地球的净价值，低于"一切照旧"的净价值。比起试图拯救地球来说，把它推向悬崖边缘的成本更低。

政治领域的情况也好不到哪里去，原因就是政治任命的短期性。政治家很少能够处理那些非常重要，但正面效果只能在下一届任期中得到反映的事情——而下一届任期距今不到4年而已。

因此，现代民主政体以及资本市场，都堪称"鼠目寸光"。对于面临着长期气候威胁的世界而言，这是个棘手的问题。但是，对预测商业而言，好处也是无可争议的。由于短浅目光的存在，我们很难放弃高性价比（也就是最廉价的）解决方法，这在之前就可以被计算到了。人类的鼠目寸光，使社会继续行走在相对狭窄的发展道路上，而且没有什么重大转折。我预测，世界会选择最廉价的解决方法。这一预测通常会被证明是正确的。

幸运的是（对全世界而言），仍然有一些例外。其中一部分，是出于明智领导人的高瞻远瞩与行动。还有一部分则是社会被迫采取行动的结果。因为敌人已经来到了家门口，危机已经来袭，而其他的逃生通道都被堵上了。但这些例外很少：

通常情况下，最廉价的解决方法会占多数。而"廉价"的优势只是短期的，也就是五年之内罢了。

普遍的短浅目光是我做出这个预测的基本原因。我确信，尽管人类可以轻易地解决所有气候问题，他们会选择只解决一部分。这就是为什么，我相信人类会推迟重要的行动，直到家家户户，包括政治家都清楚地看到气候变化的破坏力。而目光长远的集权国家，则会成为例外，它们向民众咨询的情况更少。

更强大的政府

许多人声称，对抗气候变化、减少世界贫困，是我们这个时代面临的真正挑战。应对气候变化应该得到更多的关注，因为其重要性超过了减少通货膨胀和债务、创造足够的就业机会、提供教育和医疗保健、避免核战争、清理本地空气污染等等传统任务。我较为同意这个观点，但同时也怀疑，人们会不会真的更关注气候变化问题。

气候和贫困问题的一个共同点就是，二者都不能轻易地通过市场机制得到解决。理由很显然：气候稳定和减贫带来的好处，对商业界而言太过遥远。商业界希望投资的，是现在就能得到利润的行业。除非有人——通常是国家——采取行动，改变这些问题在市场调节下的现状，情况才能得到改善。最明显的国家干预，就是颁布新法案，或者对必要的外部因素进行定价。许多进步的公司会欢迎政府的做法，因为这会在新领域中创造公平、有利可图的竞争环境。政府可以对所有碳排放征税，或者收取必须缴纳的水资源费用。但是，新法案需要在立法机构得到多数支持，至少在民主社会中如此。由于立法机构牵扯的利益集团众多，短期利益受到损害的集团自然会反对新法案。因而，即便在长期看来，新法案对大多数人都有好处，仍然无法得到通过。结果就是，商业界无法从新法案或新定价中得到足够的帮助。气候和贫困问题对私人机构而言，仍然是无利可图的，因而在短期内也得不到解决。

但是，当问题足够严重，而且持续相当长的一段时间后，国家通常会采取行动。因为，选民迟早会接受这个现实，那就是人类需要行动起来；而且为了给这些行动提供资金，人们必须承受必要的税负。过去几十年里，减贫行动的情况就是如此：全世界的任务成了一些新成立的机构的任务，这些机构负责处理政府发展援助工作，而援助国将一部分税收用作机构运转经费。类似地，国家最终会成为对抗气候变化的主要参与者。但是，只有在人们放弃全球碳排放交易这个华而不实的系统，代之以直接向化石燃料征税后，国家才可能发挥主要作用。而税收将被用来开发并使用对气候无害的技术，如可再生能源、节能建筑、节能交通以及碳捕集与存储。我们已经看到，全球各地都开始对国际航班收取费用，作为对气候与能源的投资。这在发达国家与发展中国家都是如此。

在我的预测中，社会将逐渐接受"自发投资"，将其作为减少未来碳排放的方法；并且发现，必须接受"被迫投资"。这对修复气候变化带来的破坏，以及抵御新威胁是必要的。

所有这些都意味着，在未来几十年里，政府的作用会更大：政府在国家中扮演的角色更为重要，税收更多，在GDP投资部分占的比例越高。相对的是，可供消费的部分减少，市场的作用更小。对于那些相信政府的人而言，这是好事；而对于相信市场的人，则是坏事。

被迫的再分配

如果我们回顾2012年的全球情况，很难逃脱这样的结论，那就是人们之间的差距扩大了。精英集团的财富不断增长，其速度之快，令人难以置信。许多人则发现，自己的情况没有什么变化。而一些人则正在失去工作，跌落到社会底层。这种现象导致的结果，就是不公平现象更为严重，社会紧张态势加剧。

尽管紧张态势不断发展，但其中一些会得到缓解。因为事实上每一个人都在进步——即便不是大幅进步的话，至少也是在向前发展，与同事和邻居的步伐一致。但是，在未来四十年里，当人均消费增长速度下降、消费停滞甚至下降时，就再也不能将经济增长的部分进行分配，以缓解紧张态势了。唯一的方法就是重新分配现有的财富。从富人手中拿走一部分，分给穷人。

很难确切地预测，这种缓解积累的社会紧张的方法，也就是通过被迫的再分配模式，会在何时何地出现。就像我们很难预测"阿拉伯之春"或者苏联解体的确切日期。但是，难以预测细节并不意味着这件事不会发生。目前只是时机未到而已。

在未来的四十年间，有许多不平衡问题将得到解决。其中一些非常不公平，以至于人们难以相信，这些问题竟然存在了几十年。但是如果我们快速回顾一下历史，就会发现，不公平现象通常会持续数百年甚至是数千年。所以，即便不公平问题非常严重，而且一直没有得到解决，它们也未必会招致反抗。当精英愿意使用暴力维护自己的特权时，情况更是如此。

在富裕国家的公司中，高级管理人员和普通工人的工资差距，是一件很有意思的事情。除了传统，没有什么能让董事会和公司所有者相信，他们必须向 CEO 和高级经理人支付现在的高薪水，否则公司就会一团糟。如果接到命令，许多普通人也可以完成 CEO 和高级经理人的工作，而且所需要的报酬更低。因为根据传统，普通员工的薪水并不高。一些人声称，薪水是由市场决定的。如果情况果真如此，那么这是市场的彻底失败。毫无疑问，如果 CEO 和高级经理人所获得的薪水减少，那么社会公用事业的水平就会提高。

对市场机制的失败进行补救，也就是降低高级管理人员的收入，是一件很难的事情。这需要一群并不习惯组织活动的人，也就是公司所有者，共同采取行动。但是狼已经来了。机构持有人以及主权基金经理对高级管理层并没有多么深厚的感情。另一方面，如果我们关注的是金融机构的巨额收入，那么这匹狼可能就不那么管用了。在金融机构中，不公平现象同样严重，但是"狼"也可以得到一部分好处。

在世界各地，一小部分失业者以及大部分有工作的人之间，也有巨大的差异。过去四十年里，在工业化国家中，通过完善失业救济——在我看来，这是有工作的大多数人做出的明智决定——这一差异在一定程度上被缩小了。但是，失业对失业者而言仍然是沉重的负担。而且在未来四十年里，如果经济增长速度减缓，那么更多的人会面临失业。届时，失业率飙升，人们需要更高、时间更长的失业救济，意味着有工作的人需要承担更高的税负。民主议会或许没有责任为任何少数派解决问题——在这个问题上，失业者就是少数派——但是我预测，失业者会制造足够大的混乱（如果非得用这个词的话），得到更多的收入，即便他们没有参与到经济发展中。2011 年，希腊人对削减支出的抗议就是个很好的例子。

还有一个新出现的问题将在未来几年会不断强化：那就是，这一代年轻人不仅被要求偿还父母积累的国家债务，还必须支付父母的养老金。同时，年轻人还不得不面对无力承担的高房价，居住环境也不如父母。这使得情况更为严重。如果某种"被迫的再分配"没能缓解这一紧张态势，我一点都不惊讶。因为这种再分配意味着，那些借款人再也拿不回借款，而那些希望得到合理的退休金的人，也不能如愿以偿。因此，很难说反抗将在何时何地发生——但我认为，那些债台高筑、养老金充裕而年轻人负担不断加重的地区会首先爆发反抗。

这些反抗并不仅限于发达国家。人们可以看到，大众与俄罗斯寡头、沙特王室，以及哥伦比亚与墨西哥的毒品巨头之间的关系日益紧张。一些精英为了自己并不公平的所得，情愿打击普通人，而另一些人则愿意出让一点蝇头小利。但是，大多数的不平衡都将在 2052 年前受到削弱。因为随着大众消费水平降低，民众的不满将日益积累。其影响将是暂时的动荡，以及劳动生产力增长的进一步放缓。

超级大城市环境

让我们再来谈谈未来四十年里一些日常生活的问题吧。

基本上，物质生活仍然会遵循传统的道路：大多数人会住进更好的房子——房子更大，室内装饰很好。人们会吃得更好——吃得更多，吃得更健康。人们移动的能力更强——可以买车，或者乘坐公交、飞机和火车。人们会得到更好的医疗服务——私人或者公共的。人们使用的各种物品都会比现在能效更高，而且效果更明显：冰箱、汽车、电子通讯设备（例如，未来的电视、个人电脑和智能手机）都是如此。这里提到的大多数人，包括中国以及其他大型新兴经济体的居民。在 2052 年过得更好，并不代表人们会达到当前西方国家的生活标准，而只是说，他们会比 2012 年过得更好。

但是我并不认为，如今的全球精英们的生活也会得到普遍提高。我将所谓"全球精英"粗略地定义为那些居住在 OECD 国家、人均年消费水平达到 28000 美元（全球平均水平的 4 倍）的人们。这一群体将面临物质消费水平的停滞甚至是下降，在 2030 年以后尤为如此。他们不会生活在更大、更好的房子里，也不会吃得更多、走得更远，而且他们更容易得病——并不是因为卫生条件差而感染上的传染病，而是由于生活方式不健康才患上的疾病，如肥胖、糖尿病和癌症。其基本原因，还是因为未来将出现劳动生产力的稳步下降，并需要更多的额外投资，以解决如污染、资源枯竭、气候变化以及不公平等社会问题。

但是，所有人都有一个共同点，那就是生活在城市中。乡村生活不再是常态，人们不再和土地、动物和植物打交道，而是在大城市的高楼公寓中组建家庭，在办公室、商店或者护理中心工作。而娱乐则会越发虚拟化（通过未来装有参与类游戏的电视），尽管我并不认为，在本地酒吧喝上一杯的习惯也会过时。每隔几年，人们就会去著名的旅游景点度假。那里全是熙熙攘攘的旅游团，游客们排队参观景点、购买纪念品、（用未来技术）拍照留念。

80% 的世界人口将居住在城市中，这对政治将造成一定程度的影响。政治家会更关注城市居民面临的问题：交通、空气质量、噪音、污水处理以及水电供应。城市化会促进未来四十年里最为重要的发展之一，那就是生育率的下降——每个妇女生育的儿童数量的减少。

气候变化会在两方面加强城市化的趋势。首先，大城市居民的人均温室气体排放量小于郊区居民，因为前者更多地利用公共交通。就气候成本而言，将大量食物和水运往城市，比在乡村与城市之间往返通勤的成本更低。第二，就人均而言，保护一座超级大城市免受极端天气侵害，比保护乡村零星分布的居住地的成本更低。一座城市堤坝就可以保护数百万人免受海平面上升的危害。

人类会逐渐退守城市，部分是因为大城市生活比起宁静的乡村生活更有吸引力，部分是因为城市更容易受到保护，更有能力抵御自然与人类敌人的侵害；还有部分原因是，大多数偏僻的地区都会受到气候变化的危害，至少是受到干扰。一些地区会遭遇干旱，而另一些地区则时常被洪水淹没。一些地区会因为火灾而变得面目全非。还有一些地区会失去吸引力，因为原有的和谐的生态系统正在被新的所取代，原因就是气候变暖使温度带向两极移动——到 2052 年，北半球温度带已经向北极移动了 200 公里。

未来的世界将更为城市化，价值观和看法也更趋于城市化，它更像纽约而不是加利福尼亚，更像重庆而不是西藏，更像巴黎而不是蔚蓝海岸（Cote d'Azur），更像约翰内斯堡而不是花园大道（Garden Route）。《洞见 7-1：超级大城市生活以及思想的外化》从物质与精神方面向我们展现了未来的情况。

洞见 7-1　超级大城市生活以及思想的外化

波·阿里尔德·加纳约德（Per Arild Garnasjordet）
拉斯·汉姆（Lars Hem）

未来城市

到 2052 年，大多数人都会生活在大城市中。许多城市都会变得非常庞大（拥有 1000 万至 4000 万人口）。另外，许多更小的城市（100 万到 500 万人口）会被大面积的城市化区域所包围，这些地区和城市之间紧密相连。在工业化国家中，城市基础设施会非常发达，人们可以很容易地移动和见面。在工业化程度较低的国家中，大城市会被分为两类社区，情况和现在一样：市中心（或者多中心）地区和工业化国家一样，基础设施完备。而城郊地区则是大型贫民窟，基本没有基础设施。那些国家中，"贫民窟世界"上矗立着"闪闪发亮的城市"。

但是，和现在相比，这些贫民窟融入整体经济的程度更高。在超级大城市里将出现新的劳动分工。正如我们在印度的大城市中看到的，一部分贫民窟居民未来可能专门从事回收工作，而另一些人则可能从事劳动密集型工业。如今，坎帕拉消费的食物中有 30% 是在大城市中生产的。

2052 年，超级大城市中的庞大人口将同处地球村。但是，大多数人仍然会生活在本地社区中。本地社区将为日常生活提供稳定的框架。对大多数人而言，本地社区会变得重要，因为这是人们集体身份的主要来源。而超级大城市没有提供这种集体身份的认知。多中心的城市结构会促进一些特定的文化传统的培养，为儿童创建一个共同体。儿童需要一个可以辨认的小社会，使他们成功地从儿童转向公民。

超级大城市和现在的城市有两点不同。首先，超级大城市的面积广大、文化多样性程度很高。而且，没有什么乡村的政治或文化残留可以抵消这些特点。超级大城市将为绝大多数人建立一个社会，为人类建立自己的社会存在感。对人类而言，自己生活的超级大城市，比其所属的民族国家而言更为重要。我们已经看到了这一特点：你并不是把家移到美国去，而是搬到纽约或者洛杉矶。

思想的外化

另一个主要的不同点是，所有超级大城市的居民都可以非常便捷地使用互联网，以及其他传统基础设施，如卫生系统、道路和电力等。城市居民的社会需求与渴望，会通过人类智慧的外化所表现出来。接入互联网的机会就显示了这一点。

在超级大城市中，使用互联网比例的稳步提高，因而总体文盲率减少。结果就是，优秀的人才数量会不断增加。他们通过互联网，成为全世界的一部分。这对促进经济增长、加速本地社会变革是有益的。但是最剧烈的、最难以预料的变化将发生在大多数人身上。他们的生活一直和互联网相连，他们的思维会因此发生变化。我们中的大多数已经这么做了，但我们接入互联网是成年之后的事情。对于通过持续地接触互联网，以外化认知能力的那一代人而言，互联网的意义非同凡响。互联网会改变人们对自我的认识、情绪的组成、基本认知取向以及解决问题的策略。

我们相信，在未来四十年间，超级大城市和人类思维通过互联网而不断连接在一起，二者都会发生改变。超级大城市会成为更实用的人类居住环境，而持续的网络接触，则会塑造人们从心理上在大城市中生存、发展的方法。让我们来看看一些结果吧。

儿童教育

从历史上看，西方国家一直都在发生改变，而且变化的速度正在加快。但是，直到20世纪后半叶，变化才会足够迅速，使父母们了解到，孩子将来的生活会和自己的完全不同。父母知道，他们对孩子将要生活的世界所知甚少。但是，我们能教给孩子的，只有自己知道的那部分。如今，教学话语（pedagogic discourse）的一个主要议题，就是教会孩子对自己负责，学习自己需要学习和了解的知识。

一直被追踪

传统心理学与认知理论中，提到了写作与口语之间的界限，但这种界限已经变得相当模糊——而新的信任、隐私以及情感分享的准则仍然在发展之中。非正式的电子通讯手段，如短信、邮件以及社交媒体之所以不同，是因为它们都被记录了下来——而且永远有据可循。在非正式交流中，出于礼貌和善意的谎言如果被数据化，就一直面临着被揭发的危险。但还存在着一个矛盾：那些被电子数据"记录"的东西，其可靠性却不如纸笔记录。后者可以被保存数百年，而前者每隔十年就不得不更新一次。

全球性的现实

互联网是没有国界的媒介。通过互联网进行的交流可以来自任何一个地点，或者任何一个不确切的地点。这就意味着自我认知的深刻变化。人们曾经属于一个物理地点，现在这种归属感逐渐模糊，人们开始属于各种虚拟网络了。

结论

到 2052 年，超级大城市将成为大多数人所处的社会与物理环境。这是个多元、流动的环境，没有地域的界限，也没有稳定的社会结构与意识形态来告诉你，生活应该怎样进行。这个环境中，很少有稳定的要素，但是有许多开放的、没有确切定义的机会。超级大城市居民会受到互联网的塑造，而互联网中也很少有稳定的要素，同时提供了完全开放的机会。这些人的思想和我们的将有巨大的不同。

波·阿里尔德·加纳约德（挪威人，1945-）是一名地理学家，在挪威数据（Norway Statistics）担任资深研究员。从1995年到2006年，他一直是大型城市与地区规划咨询公司 Asplan Viak 的管理总监。

拉斯·汉姆（挪威人，1945-）博士是奥尔胡斯（Aarhus）大学心理学系临床心理学助理教授，是心理治疗方面的专家和督导。他曾经著有科学理论、社会心理学、快速眼动睡眠（REM sleep）和梦境以及心理治疗等方面的著作。

无处不在的互联网

《超级大城市生活以及思想的外化》强调，到2052年的另一个重要趋势将继续存在：那就是互联网无所不在。每个人都只需要轻点手指（或者只是有这么个想法，然后通过某些装置传递这些信号），就可以获取人类创造的所有知识。在理想状态下，这应该能提高劳动生产总量：因为我们总能不费吹灰之力就得到正确的答案。实际上，只有当我们遭遇知识瓶颈时，这么做才有效果。例如，如果你想知道，当气候变化如此迅速时，应该使用哪一类种子，又不想通过年复一年的实验得到答案，那么互联网就是个好帮手。

但是，现在人类的努力所遭遇到的瓶颈无关知识。困难在于缺乏共识。这个问题在民主社会中尤为突出。获得更多信息的能力，并不能够促进人们达成共识，还可能招致同样多的异议。而经验似乎说明，人们受到自己不喜欢的信息的影响并不深刻：当科学证明吸烟有害健康之后，仍然有许多人继续抽烟。一些人——我也是——仍然继续食用有机肉类，尽管人们无法证明，这比工业化生产的肉类更好。

形成共识会变得越来越困难。过去，只有一份（最多几份）国家性的报纸确定讨论的议题；而现在我们有数不胜数的博客。过去，只有几家国家电台（可能只有一台）；现在，我们有数百家本地电台，为不同的需求服务。之前，我们只有几部百科全书；现在，我们有不断更新的维基百科和许多类似的百科全书。要形成一个大多数人都认同的观点，会花上更长的时间。

即便网络已经能够以简便的方式聚集一群持有相同意见的人，情况仍是如此。因此，我们可以预测，未来社会将有许多顽固的集团，每个集团都有自己的特殊利益诉求。每一件事都会有人支持或者反对。如果领导人试图前进，就会有人反对；如果领导人想要后退，也会有人反对。一些管理完善的压力集团（pressure group）会努力把政府往右推，而另一些同样强大的、能言善辩的集团则会把政府往左推。如果筋疲力尽的政府想要保持中立，就会有一些集团跳出来，呼吁采取行动。这对生产力增长的影响显而易见：增长的脚步会因此放缓，因为需要更多的时间来达成共识。世界人口越多，这种影响就越大。在一个拥挤的世界中，任何行动都会影响另一个人的利益——至少影响他向窗外眺望的视野。

所以，我并不认为无处不在的网络会加快生产力增长。对生产力而言，NIMBY[①]这种想法产生的阻力，比知识增长形成的推力更大。

我还认为，随时在线的文化会带来另一个影响——公众会更直接地参与政治决策。（通过不断进行的民意调查）决策者可以一直非常了解公众的看法，而且必须在政治决策中考虑这些意见。这就意味着，大多数人所持有的短浅目光，对决策的控制力将超过现在的水平。未来社会将更多地选择那些短期内最为廉价的解决方法。这使我们这些做预测的人更省心，但对那些必须承受其长期恶果的人而言，却是坏事。

最后，无处不在的互联网会带来美妙的，或者说是令人恐惧的透明感。偷偷摸摸地做事变得越来越难，因为你的一切行动都以数据的形式被记录下来。你或许只是匆匆走过马路，但是摄像头会保存这一过程。我不知道这会对犯罪提供什么帮助，但白领犯罪（white-collar crime）者似乎很难再逍遥法外了。有意思的是，一些人已经开始讨论，是否要停止使用实体货币，使用借记卡完成一切支付——这样，所有交易都会有据可查，从而简化警察的工作。在这个日益拥挤与透明的城市中，互联网永不掉线。传统意义上的隐私是否还能存在，我对此深表怀疑。

---

① Not in My Neighborhood 的缩写，意为"别发生在我这儿"。——译者注

不断减退的魅力

因此，尽管人们长久以来都希望保护隐私，互联网却很可能终结这种愿景。很快，所有事物都将以电子化数据形式被存放在某处。一旦转移条件成熟，就会被转移至别处。维基泄密只是个开始。但是，隐私的丧失可能发生得非常缓慢，以至于人们并不将其视为一个严重的损失。大多数挪威人都会同意，税务机关在人们将纳税申报单寄出去之前，就已经填好了这些表格——靠的就是之前文件的信息。物理隐私可能还会存在，但是整个世界正在逐渐地、不可避免地变得越来越透明，所以最终一切都会被别人知晓。

但是，未来四十年间，布尔乔亚式的隐私之魅（bourgeois charm of privary）并不是唯一受到威胁的价值。在一个更富有，人口更多，自然破坏更严重的世界中，许多过去和现有的精英奢华生活会消失，至少是变得越来越难得。这一过程可能非常缓慢，以至于人们不会对它的消失感到悲伤。例子有很多——有滑稽好笑的，也有令人悲伤的。我们都已经开始接受这一事实，那就是世界已经没有什么地方是人类尚未涉足的了。对那些仍然在合法捕猎五种大型动物（狮子、豹、大象、犀牛和水牛）的少数人而言，没有什么免费狩猎的地方了。如果你希望登上珠穆朗玛峰，那你得预留足够的时间，以免在下山的时候碰上交通堵塞。要想在无人涉足的地方滑雪，你得早早起来，爬上高山，或是提早几个月就预约直升机。而且只有少数几个地区仍然允许直升机升降，因为噪音会影响其他游客。出于对鲑鱼的保护，鱼子酱将实行限量供应。上好的法国葡萄酒将异乎寻常的昂贵，因为东亚突然出现了几千万新买家。法国香槟会逐渐消失，取而代之的，是英格兰南部沙地山丘出产的新型香槟。冰川攀登或观光活动将被取消，因为陆上冰川逐渐融化了。你需要提前几年预约，才能有机会参观埃米塔日（Hermitage）或者佛罗伦萨（Florence）博物馆。

总而言之，曾经属于精英的旅游项目——过去上流社会的魅力之一——将受到来自气候变化和游客人数暴增带来的双重打击。

未来，城市居民与自然的距离相当遥远，因而不会放过亲近自然的机会。人们可能并没有感受到自然野性的呼唤，但也不需要排队参观欧洲最著名的画作。人们会在互联网时代中成长起来，对新的现代城市文化和虚拟现实更感兴趣。到

2052 年，毫无疑问，将出现顶尖的虚拟自然与虚拟博物馆，聊以慰藉那些成天坐在沙发上看电视的人们。宅男宅女们在客厅里就能看到、体验到所有东西——历史的、现在的以及未来的都有。如果谁想去个特别的地方游玩，可以选择充满人工雕饰的五星级奢华酒店以及游轮旅行。而这些酒店就是最终的旅游目的地——酒店外并没有景点，而内部却有各种购物和娱乐设施。他还可以选择漂流在海上：大型游轮并不靠岸，而是每晚在甲板上举行各种娱乐表演。

所以，隐私和特权的消失，并不是未来四十年最重大的损失。但是我——作为老式精英的代表——会非常想念那些探访古老丛林、探寻各种热带生物的机会。在收入增加、气候变化的影响下，这些现存的自然魅力可能在几十年间就会消失。

具有洞察力的读者会发现，未来大多数的乐趣对普通民众而言并没有多大的吸引力，因为这些活动一直都是超出他们负担能力的。这点不假。这也是为什么，我认为大多数人不会支持尽快采取行动，保护这些措施的主要原因之一。

更好的健康状况

到目前为止，我们还没有真正讨论过未来的健康问题，人口预测中的间接提及除外——人口预测取决于婴儿死亡率降低、人均寿命增加以及避孕手段的普及。简而言之，全球人口会更早地到顶，原因就是现代医学的发展。到 2052 年，医学会更为发达。随着越来越多的国家采取西方的生活方式，放弃了传统饮食；以及 OECD 国家人民的收入降低，不得不减少高质量食品的消费，上述二者使得肥胖问题将更为严重。但是，这个问题最后将通过医疗创新，或者希望自己体型更好、身体更健康的想法而得到解决。而且我认为，到 2052 年，肥胖问题的严重性已经开始下降。

在未来四十年里，医药将面临巨大的技术革新。到 2052 年，医疗技术的能力，将超过人们支付的能力。而且，这和我们如何解决支付方法无关：你可以直接支付，或者通过缴税的形式支付。但究竟采用哪种方法，则是一场旷日持久的讨论，因为这将涉及重要的分配问题。人们只有两个选择：要么是个人根据自己的需求支付，要么是个人根据人均需求支付。根据第一种方法，当病人生病时，需要自掏腰包。而第二种方法，则是每个人都以缴税的形式，预先向某个公共体系交钱；或者购买保险，而保险公司必须承担所有公民的医疗保险。理论上，雇主是否承担中间人的角色并不重要。

《洞见 7-2：公共医疗下的个人健康》提供了更多的细节。

洞见 7-2　公共医疗下的个人健康

哈拉尔德·塞尔曼（Harald Siem）

试图预测未来四十年的医疗发展，这看上去或许有些鲁莽。如果我们回顾一下历史，就会知道为什么了：难以预料的种种发现曾经改变了整个医学。

仅仅 100 年前，医疗实践还缺乏任何有效的治疗手段，尽管当时护工和手术医生已经出现，而且氯仿（chloroform）和乙醚也已经存在了 50 年。然而，现代麻醉手段直到上世纪 40 年代才出现。X 光射线图像也是在 1901 年才出现的。随后，接连出现了传统血管造影术、计算机成像技术以及更为先进的方法，以得到人体内部的图像。过去四十年里，医疗技术的的确确取得了极大的进步。

医疗手段从曾经的放血、灌肠以及各种抽血器，发展到了抗生素、有效药物以及其他方法，并且有能力治疗精神疾病、心脏病、某些癌症、帕金森综合症以及意外怀孕。我从医学院毕业时，心脏移植手术被认为是不可能完成的；但是现在，这种手术已经司空见惯。

不断涌现的有效治疗手段，使医生的地位大大提高。他们曾经只能从厨房穿行，如今已经从正门登堂入室了。然而随后，患者的权利开始制约医生的能力。而医学伦理也开始从家长式的不容置疑，转向消费者至上的观点。

医学中新出现的趋势

技术手段会继续发展，而且在两个领域中会发展得尤为迅速。一个是干细胞使用的增长。这些毫无差别、具备多种功能的细胞，有能力变化或者说发展成为200多种人体细胞的一种——这意味着干细胞可以形成不同的组织，还可以修复人体损伤。另一个领域就是基因定制药品——那些药品可以改变或弥补有缺陷的基因。这两个领域都会在未来四十年里得到巨大的发展。

许多传染病会得到根除，其中包括小儿麻痹症、麻疹、脑膜炎以及一些蠕虫病。或许艾滋病也会得到根治。但同时，很可能新出现一些来自动物的传染性病毒和传染病。交通事故数量会减少，而精神疾病与相关的暴力行为则会增多。

因此，未来人类所受的疾病困扰会发生改变。工业化国家会首先面临这些情况，但这一趋势是全球性的。未来，人类健康面临的挑战主要是慢性疾病，病因就是生活方式不健康。医院和护理所中，大部分人将是肥胖、糖尿病以及阿尔兹海默综合症患者。这会首先出现在经济发达国家，之后蔓延到经济较为落后的国家。在这一过程中，一些发展较快的国家有可能需要承受来自传染病、慢性疾病的双重压力。

疾病负担的转变将促进医疗实践的发展。传统的医疗实践应对的是急性病——如肺炎或者盲肠炎——患者发现症状、医生确诊并进行治疗，这就是全部过程。而慢性疾病则需要另一种方法，就是长期治疗。医生需要长期跟踪患者的情况——在患者发病前后都是如此。医疗服务提供者会鼓励人们监测并处理自己的健康问题。

随着人们变得越来越富有，他们会少生孩子、少抽烟、多吃清淡食物、多参与休闲活动。这也会使疾病负担发生改变。气候变化也是个重要因素，通过极端天气情况、增加（或改变）疾病传播媒介以及沿海洪灾与被迫移民等，影响疾病负担。

医疗技术手段会变得愈发有效，人类寿命也会迅速延长。在大多数国家里，国民寿命每5年就增加1年。到2052年，几乎所有国家的人均寿命都是60岁或以上，还有许多国家可以达到90岁。艾滋病肆虐、转型中的国家以及政府失灵的国家除外。如果出现大规模流感或类似的传染病，那么人均寿命可能不会增长得如此迅速。营养更充足、受教育程度更高、生活条件更好、生活环境安全等因素，是人均寿命延长的主要原因。母婴健康与疫苗研制也将发挥重要作用。

因此，总体而言，未来仍将有较大的发展。慢性疾病造成的巨大负担和需要长期护理，将推动计算机护理程序与相关监测手段的开发。自动传感器以及计算机程序控制的生活方式会改变人类行为，并解决糖尿病等疾病。到2052年，这些程序会成为医疗实践的主角，同时也面临许多抵制。医生的临床自主性会受到抨击；官僚气的医疗实践的增多也会面临不满。另一方面，对护理质量以及责任归属的担忧，则会确保这些程序化的护理可以采用最先进的技术，其更新速度超过任何一个医生。

医疗费用的增加

因此，所有国家的医疗保健开支都会增加。有些人可能会问，医疗开支的增长是否会受到社会其他开支的限制，因而不会无限制增长。即便情况如此，现在也很难说清楚：在美国，GDP的18%被用于医疗。更容易预测的是，国家税收承担的医疗开支是有限度的。个人医疗很可能作为公费医疗的补充，由个人承担公费覆盖范围之外的医疗开支。

因此，即便如今经济较为落后的国家，也会向全民医保方向发展。公费医保可以采取两种形式：国家（基于税收的）医疗体系，或者强制医疗保险。鉴于个人医疗需求的发展尚不明朗，为了分担风险，政府有理由在支付治疗和护理费用时引进第三方。

但是在所有情况下，公费医疗都是有限度的，以防止整个医疗体系崩塌。这一体系无力承担所有医疗开支。在关于孰轻孰重的激烈争论后，花费高昂的治疗将被排除在公费覆盖范围之外。没有人能回避"谁应该活下来"这个问题。换言之，人们必须就公费医疗的覆盖范围，以及个人承担的医疗项目达成一致。

在医疗方面，有三个互相竞争的因素：患者以及患者组织的需求、医护人员的利益、政府或保险公司控制成本的需要。第三个因素代表了公共财政。医疗政治会继续围绕患者、医护人员以及谁承担费用而展开。

因此，到 2052 年，我们会看到，大部分国家（如果不是所有国家）的人均寿命都有所延长。我们还会看到，传染病减少，慢性疾病增加。我们对自动化护理的依赖也会增加。关于谁必须自掏腰包，保住性命这个问题，可能已经有了一些答案。

哈拉尔德·塞尔曼（挪威人，1941－）是一名医生，拥有公共健康硕士学位，曾在巴塞尔、牛津以及哈佛接受训练。他曾经在奥斯陆大学担任地区医疗官员，并先后在奥斯陆卫生局、国际移民组织以及世界卫生组织（WHO）日内瓦办事处工作。目前，哈拉尔德为挪威卫生部工作。

我赞同《公共医疗下的个人健康》一文中所阐述中的观点。未来几十年间，总体来看，医疗领域将取得一些进步——尽管由于再分配问题的存在，医疗进步比原本可以达到的速度要慢得多。技术进步将提高大众接受的医疗服务水平，同时进步的程度足以使人均寿命保持增长。我认为，国家在医疗方面的参与会越来越多，并最终建立大规模、公共医疗体系。比起个人解决医疗问题的方法，公共体系显然更为高效、也更为公平。

军队抗击新威胁

另一个值得注意的方面，就是未来四十年间军队角色的变化。军队不会消失，但是会开始承担抗击新敌人的工作。对一个国家而言，极端天气及其破坏作用——以及一些地区可能出现的气候难民——正在日益成为真正的威胁。军人以及军用设施会更多地被用于处理飓风的善后工作，以及在旱灾后运送紧急救援物资。军队还可以维护边境安全。实际战斗任务将更多地由机器人和无人机承担。《洞见 7-3：未来战争与机器人崛起》就描绘了这一发展。

洞见 7-3 未来战争与机器人崛起

尤格·巴迪（Ugo Bardi）

我们很容易就能预测到，未来四十年间战场上的人类将越来越少。大多数人类将被机器人武器所取代——从远程遥控的军用无人机、或者"UCAV"（无人战斗飞行器）使用增加已经可以看出这一趋势。我们可以想见，"无人武器"这一名词，在未来将和如今的"无马车辆"一样，多此一举，不必多言。但是，想要预测机器人武器对战争以及社会结构的影响，却更为困难。未来，战争会更为频繁，但是规模更小，破坏性也更小。机器人武器可能会淘汰"民族国家"这个概念，取而代之的是更类似于现代企业的结构。这些发展会首先出现在经济发达国家，那里腐败程度较低，而人力成本较高。

想要审视战争的未来，我们可以使用 1972 年《增长的极限》使用的仿真方法——这些方法在给定的体系下，对行为进行预测。更具体地说，就是描绘世界经济体系是如何将自然资源转化为废弃物或者污染物的。

军队是工业体系的一部分。特别是在过去几个世纪中，大多数强国的军队都消耗了 5% 到 10% 的 GDP。而战争时期这一比例可以达到 30% 到 40%，甚至更高。战时军队活动会摧毁基础设施，并产生大量污染。随着武器的杀伤力不断增强，尤其是核武器的开发，战争带来的污染成本，可能是任何一个国家 GDP 生产造成的污染的数倍。因此，尽管军队可能会随着全球经济的增长而继续发展，战争可能会因为其带来的污染，而加速全球经济的下降。核战争可能使《增长的极限》中最为悲观的场景立刻变为现实。而且遗憾的是，发动一场战争的成本，远远小于战后清理的成本。

机器人化则可能减少战争污染成本，扭转这些不利趋势。机器人武器本质上就是精确打击武器，可以在人类控制下，减少不必要的伤害，从而减少污染。从这个角度而言，21 世纪的机器人比起 20 世纪的标志性武器——核弹头——好得多。机器人武器还有一些潜在的优点。当今的指挥控制体系是基于18世纪和19世纪发展而来的，目的是使人类从事并非其天性的活动：遵守命令、向着敌人的炮火前进、在炮击中仍然保持镇定等等。为了达到这些效果而采取的方法被称为"训练"。但是，训练不仅缓慢、昂贵，其效果还很难消除。因此，一旦战斗打响，就很难说服人们退出。由于这种惯性的存在，战争常常一直持续到失败一方被几乎彻底打垮为止。与之相反的是，机器人不需要宣传动员。重新编写机器人程序非常容易，因此人们可以很快地决定参与或是退出某场冲突。如果在胜负见分晓之际，就可以迅速停止战争，那么战争带来的损伤以及污染就会大大减少。

总体而言，随着机器人的应用，战争成本将大大降低。但这并不意味着战争不再频繁。新的主要战争——甚至是核战争——在未来仍然有可能出现。即便是在资源枯竭，以及由此带来的全球工业体系衰落的情况下，未来战争仍然可能更为频繁。我们可能看到，战争更趋向地区性，而且小型冲突的数量会增多。同时，战争成本降低，会抹去"和平时期"与"战争时期"的界限。未来，战争可能常常被定义为针对某些"流氓"组织的正义行动。这些趋势显然已经开始呈现。

因此，我们可以想见，战争的进行方式将发生巨大的变化。国家军队可能被私人承包商所取代。后者在高科技机器人武器、小规模冲突等未来战争的特点下，可能更为有效。这些承包商并不需要为某个特定的国家政府所服务，而是很可能为出价最高的买家所服务。这一现象已经开始发生了。民族国家也可能逐渐衰落，继而消失，因为已经不存在进行宣传、说服人们参加战争、牺牲自己的需要了。另外，在过去，农业是财富之源，因此民族国家的目的是"保卫国家"，或者说保卫领土。但是如今，战争关注的是获取矿产资源的控制权。正如最近几场战争所显示的，国家之间争夺的焦点在于石油。在进行战争、管理资源方面，最合适的组织结构不是民族国家，而是类似现代企业的结构——后者可能在雇佣高科技军队，参与小型冲突方面比民族国家更能发挥作用。

降低战争的破坏力可以改善目前的情况。当人类士兵无可奈何地被机器人超越时，大多数人就不再成为杀伤的目标，战争将发生在两群机器人之间。当然，这并不意味着战争不再导致人员伤亡；军队和政治领导人仍然面临生命危险，打击民用基础设施仍然是一个选择。恐怖主义，也就是致力于杀伤平民的军队行动，可能成为无人机最适合的工作。无人机有能力消灭某个种族、宗教或者政治群体。另一方面，由于机器人的行动被记录下来，并且可以被追踪，这就使人们不能将机器人不加区别地用于伤害平民——考虑到人类军队做出的暴力、折磨、强奸以及其他犯罪行为，机器人又多了一个优点。因此，即便战争变得更为频繁，其暴力行为也不会增多。的确，人们已经在尽可能避免战争的连带伤害。在 20 世纪强调地毯式轰炸之后，战争正朝着积极的方向发展。

战争与全球经济体系紧密相连。因此，只要还有值得争夺的自然资源，战争就不会结束。只要机器人还由人类设计并控制，战争就不会结束。但是，在更遥远的未来，战场经历会给机器人更多的自主权，而且有可能发生改变，不再像"机器"那样缺乏能动性。这并不意味着机器人会取代人类主人，但是人类的确不再需要承担战斗的任务。这样的社会将经历怎样的变化，现在无从得知。唯一可以确定的是，战争是人类活动中最难以预料的部分，而未来总是令人惊讶的。

尤格·巴迪（意大利人，1952–）在意大利佛罗伦萨大学教授物理化学。他的兴趣广泛，包括矿物资源枯竭、石油到顶、纳米技术以及机器人等。他负责石油到顶问题研究组织（Association for the Study of Peak Oil）意大利部分的工作，著有博客 www.cassandralegacy.blogspot.com。他最近出版的著作是《重论〈增长的极限〉》（*The Limits to Growth Revisited*）。

《未来战争与机器人崛起》中描述的趋势看起来很可能发生，但我认为这需要时间。同时，军队不会消失，而是更多地参与到处理恶劣天气带来的破坏中。我担心的是，我们不会大规模地使用军队，投入到抗击气候变化根源这场富有建设性的战争中。军队参与的仍然是灾后重建工作，可能还有灾前适应工作。目前，全世界将生产力的 2% 投入国防事业，这和解决气候变化问题所需的力量相当。如果军队力量能够被用来提高能源效率（例如，建造能效更高的房屋，制造更节能的汽车）、增加可再生能源（通过修建风力发电站、制造太阳能板以及 CCS 厂房），且持续几十年的话，那么未来二氧化碳排放量就会大幅下降。赢得气候变化这场战争的时间，会比赢得二战所需的时间更长一些。但是由此对气候产生的益处，和 1942 年珍珠港袭击后美国强势反应的效果是同样巨大的。

《洞见 7-4：以帮助可持续发展为目的的军队》提供了更多的细节。

洞见 7-4　以帮助可持续发展为目的的军队

约翰·埃尔金顿（John Elkington）

除了少数难得的例外，大多数从事可持续发展研究的人们，都将经济和企业列为研究和加以影响的目标；而几乎所有人都忽略了军事工业联合体的重要性。这是非常危险的。原因不仅仅是我们为此进行了大量的投资。根据斯德哥尔摩全球和平研究所（Stockholm International Peace Research Institute）的数据，2010 年，全球军费开支上升 1.3%，达到 1.6 万亿美元，约合全球 GDP 的 2.4%，创历史新高。尽管这一增长率为 2001 年以来最低——而且由于金融危机的影响，相比 2009 年的 5.9% 的增长率而言更是低得多——军费开支对经济和社会的影响仍然很大。正如其他主要工业一样，国防部门将（因为必须）不断进行改变。这就提出了一个问题：在未来四十年间，军队将扮演怎样的角色？

我很想知道，网络战争、"智能灰尘"传感器、迷你无人机或者外骨骼技术会使军队——以及所有人——在 21 世纪 30 与 40 年代变成什么模样。但我认为，机器人系统性地取代人类成为战场主角还需时日。正如历史冲突中常常发生的一样，许多正在出现的技术很可能在战场之外得到新的应用。但是到 2052 年，我认为大部分关注会集中在军队新的核心业务上：也就是帮助受灾地区从自然灾害中恢复过来，并抗击一系列不可持续现象，如破坏渔业、林业以及集水区等等。

只有最大胆的乐观主义者——或者说宿命论者——才会相信，民族国家会像哥斯达黎加一样解除武装组织。的确，那个中美洲小国可以被视作例外。除了无处不在的死亡和税收，我们一定会在可见的未来看到军队——但是，其目的已经发生转变，成为处理环境变化带来的大规模影响的重要力量。

为了使军队——以及国防工业——能够合法地履行这一新的目的，他们就需要经历变革，变得更为透明，更加可持续。其他工业在最近几十年里也经历了这样的变革。只消想一想，在国防界如此泛滥的腐败——以及军队在伊朗、中国等经济中的控制力，就知道变革的必要性了。

德怀特·艾森豪威尔是 20 世纪唯一一位当选美国总统的将军。他警告美国人提防"沉湎于当前的轻松与便利，过早地消耗未来宝贵的资源"，以及低估了军事工业联合体的影响，这种影响常常是有害的：

> "在政府中，我们必须警惕军工联合体获得未经授权的影响力。无论这些影响力是否是军工联合体所寻求的。权力错位及这种权力增强的可能性存在，而且将一直存在。我们绝不能使这种权力危害我们的自由或民主程序。"

在所有评估未来安全、国防以及军队，而且不采取传统右翼视角的行动中，我赞赏的是美国杜鲁门国家安全项目的工作。我赞同他们的观点：

> "当今世界是危险的。我们的安全正受到恐怖主义分子、好战国家、大规模杀伤性武器的威胁。我们还受到一些更为隐蔽的威胁，如流行病、虚弱腐败的政府、以及反美国主义的扩散。

应对当前威胁的保守策略已经宣告破产，他们错过了正确的时机。保守党的措辞使世界不再同情和支持他们。我们疏远了本应该团结一致，共同打击恐怖主义的盟友。糟糕的策略部署使军队士气低落、战斗能力下降。基于意识形态、以五角大楼为关注点的决策，正在培养国外的不稳定因素，使我们面临的威胁加剧，形势更为严峻。保守策略正在使整个世界面临越来越多的危险。"

美国的情况和我们所有人面临的情况是一样的。如果我们必须继续支付军队开支，那么就必须保证，军队能够达成我们的目标。在未来几十年里，我们必须学会如何重新振作军队，重新为之确立目标。如果成功的话，那么到2052年，许多国家的军队都会专门帮助经济与社会适应自然灾害——尤其是那些由于气候变化而造成的灾害。这些工作仍然意味着打仗、处理边境争端与难民问题，但我认为，当我们回顾米哈伊尔·戈尔巴乔夫的绿十字组织时，仍然会将其视为过于领先时代发展的观点。

环境再生、环境增强（包括各种形式的地质工程学）以及环境保护会成为军事训练的一个重要部分——越来越多的年轻人将接受这种训练，这是教育、训练以及促使人们遵守纪律的一种方法。陆军会承担保护生态环境，使其免受人类破坏的任务。海军会得到重新部署，以保护仍然存活的野生鱼群，以及越来越多的渔业养殖、海洋养殖活动。空军则会承担一系列相关的巡逻任务，包括监视未来智能传感器网络与无人机。后者常常根据仿生学不断得到改进。

智能部队——包括卫星远程感应部队——则会监察生态犯罪行为，并在生态可能面临灭绝威胁的情况下进行干预。但是，这种监察体系可能导致"老大哥"（Big Brother）式的权力误用与滥用，因此在越来越多的国家中，该体系的透明度、可问责度以及可持续性会成为重点关注的议题。

同时，伴随着越来越多的碳排放、废弃物、有毒物质甚至化石燃料"零"目标，你已经可以看到军队变化的另一条轨迹。想想美国军队的净零行动。到21世纪20年代，洛克希德·马丁的"科研重地"将变得更为可持续——为充满破坏性的创新者提供空间和资源，以创造变革的解决方法——这将成为寻常之事，人们对副产品技术的兴趣越发浓厚。这不仅仅局限于无铅子弹或者可降解地雷，而是欢迎所有能够帮助人们以低碳、低生态足迹发展的技术。世界将化剑为犁，例如北约燃料库将被改造为零耗能数据存储库。

包括中央情报局在内的领先智能部队，已经适应了一段时间。然而到2052年，我们仍然会看到，对"环境武器"的兴趣呈现爆炸式增长，令人感到不快。一开始，这些武器包括云种散播，使越南和柬埔寨地区发生山地滑坡；很快人们就会开始试图切开臭氧层。这些可怕试验将使人们达成新的合约，以监管这些武器的开发与使用。

过去的冲突显示，任何形式的科技都可能被军队所用。而我们的挑战就是，迫使军队转而从事可持续发展的相关工作。

约翰·埃尔金顿（英国人，1949–）是环境数据服务（Environmental Data Services，ENDS，1978年创建）、可持续（SustainAbility，1987年创建）、以及飞鱼星（Volans，2008年创建）的共同创建者，并担任执行主席。他著有17部书，在超过20家董事会或咨询委员会担任董事，还拥有博客www.johnelkington.com/journal。

我认为，军队功能会转向"绿色行动"，可能还会和联合国蓝盔维和部队一起行动。这种转变发生的速度比预想的会快得多。这在物理上反映了未来四十年间，重要的非物质变化之一：敌人的转变。"敌人"会从相距最近、而政府体系与宗教信仰相异的邻居，转变为人为引起的气候变化。敌人会从别人转变为我们自己。引用1970年第一届地球日的一张海报的话来说："我们已经遇见了敌人，那就是我们自己。"

08

未来四十年间经历的快速变化，将对我们的文化、政治体系以及思维框架产生深刻的影响。那么，在 21 世纪中叶时，人们将抱有怎样的情绪呢？通过审视一些核心的社会发展，我们就能够探寻到 2052 年的思潮——也就是时代精神。

碎片化：提高对本地解决方法的关注

在过去的十年或二十年里，许多人开始相信，"全球化"会永远继续下去，而且最终将世界变得"扁平"，国与国之间的差异将不复存在。机构发展促进了全球化。世界贸易组织起到了减少贸易壁垒的作用，欧盟则确保了欧洲境内劳动力和资本的自由流动。但是，当全球超过 190 个国家无法就减排达成一致——尽管人们已经为取代《京都议定书》努力了将近 15 年——我们将看到，世界不可能无限地趋向扁平化。在多哈贸易谈判中，服务业流动自由化的进程也可谓非常缓慢。

尽管我认为全球化将走向式微，然而，这并不会立刻导致全球贸易额的减少。贸易增长的速度，仍然会低于经济学理论下的最佳状态。但是，贸易仍然足够自由，使长期劳动力成本保持在较为合理的水平；继续将大多数生产活动转移至低收入国家；确保低收入国家能够逐渐赶上发达国家。但是，收入越高，人们维持现状的意愿就越强。他们情愿牺牲贸易利润，以保护文化传统和民族身份。总是有人对自由贸易持反对的态度。反对者总是能够发出自己的声音；他们的意见并不具有决定性，但是这些反对声音，足以减弱"无形的手"的作用，导致经济转型的步伐放缓。

在富裕国家中，只关注经济的做法将逐渐发生改变。这一点也是非常重要的，因为它会和其他推力共同作用，减缓生产力增长的速度。贸易减少，就意味着比较优势利用率降低、生产力增长放缓——如果其他因素保持不变的话。

在富裕国家中，人们越来越关注文化的价值。这会减少人们对共同市场、进一步融入更广阔的经济体的支持。对那些软价值关注的提高，甚至可能导致现有机构的分裂。欧盟可能遭受分裂——由于南欧与北欧在生活、工作以及幸福等方面的态度不同——就是个很好的例子。在全球收入水平的另一个极端，东亚各国则会采取完全不同的策略，也就是试图建立一个东南亚共同市场，而成员国经济水平都较欧洲各国逊色许多。

在更小规模的层面上，包括若干个国家、具有前瞻性思维的区域，将越来越关注如何处理不可避免的负增长。面对全球经济动荡与廉价能源的减少，这些区域将试图加强其区域耐受性。为此，它们将依靠本地出产的食品、能源建立各种体系，并创立加强区域与本地经济的各种项目。

《洞见 8-1：苏格兰加入新欧洲》提出了一个发人深省的预测：未来四十年间，在欧洲地区范围内，各国对本地治理权的渴望将大大增强。文章显示了如今全球变化的速度。自 2011 年写成以来短短一年内，文章中所表达的观点正日益成为各国的普遍现象。

洞见 8-1　苏格兰加入新欧洲
凯瑟琳·卡梅隆（Catherine Cameron）

我相信，在四十年之内，权力的中心会继续向欧洲北部转移。斯堪的纳维亚半岛、德国、比利时、卢森堡、荷兰以及波罗的海国家的重要性将不断提高。苏格兰也将完全从英国脱离，加入上述国家组成的"新欧洲"。这一团体是在 21 世纪 20 年代末，欧盟"重启"之后建立的。

而那些欧洲南部国家，包括西班牙、葡萄牙、希腊、意大利以及巴尔干半岛诸国，则会遭受气温升高、水资源缺乏，以及由此导致的食物短缺、健康状况恶化和社会动荡等问题。人口迁移则会随之出现，这其中还包括那些来自北非的移民。以下，我将着重描述英国和苏格兰的未来发展，辅之以欧洲其他地区发生的重要事件。

2012

在英国，平均气温和工业革命前相比，高出 1.1 摄氏度。气温的升高，对英格兰南部的铁路运输造成了恶劣影响。苏格兰地区的降水量，高达平均记录水平的 2.5 倍，这使得该地区变得极度潮湿。而英格兰东南部则会继续遭受旱情，降水量只有通常情况下的 30%。

英国食品自给率为 60%——而且，74% 以上的食品能够在国内生产。在英国，三分之二的食品进口都来自欧盟国家。在能源方面，英国冬季能源价格会有所上涨：天然气上涨 18%，电力上涨 16%。这部分是由于中东局势不稳、日本地震以及亚洲经济体需求激增所造成的。英国人口为 6220 万，其中苏格兰人口占 520 万。

在政治方面，自 1999 年起，苏格兰就拥有了议会和行政机关。2010 年，苏格兰取消了关于完全脱离英国的全民公投。下一次全民公投将于 2016 年举行。在欧盟内部，希腊退出欧元区。意大利则在欧元区激烈的辩论中获得了援助。

2022

英格兰南部和中部地区，遭受了预料之外的高温。在英格兰东南部，旱情成灾，对水资源实行定量供应成了普遍的事情。而苏格兰地区降水则将继续偏多，促使水力投资的增加。

从欧盟进口食品变得更为昂贵，因为各国首先需要确保本国的食品供应。英格兰南部、东部和西部的谷物、蔬菜和水果产量减少，而北部和苏格兰粮食产量增加。

英国使用的大部分天然气和超过一半的石油，都要依赖进口。苏格兰开始大规模使用风力，并增加对水力和潮汐能的投资。2022 年，挪威和苏格兰签署《特罗姆瑟协议》：苏格兰将为挪威提供风能，以换取石油和天然气。这一协议是共享风能资源计划的一部分，因为对两国而言，深海风能利用在技术方面已经成为可能。在英格兰，由于潮涌、海岸侵蚀和糟糕的维护工作，塞斯维尔 B 核电站（Sizewell B）发生事故。核反应堆损毁，土地不再适宜耕种，人口大量迁徙。随后，苏格兰将举行投票，一致同意不再使用核能。

苏格兰人口将升至 550 万，移民就是其部分原因。许多移民来自英格兰，60 岁以上移民比例明显提高（目的是获得苏格兰医疗服务和老年护理补贴）。为了躲避交通堵塞、高温以及水资源紧张的移民数量也有显著增加。

在这个 10 年的时间里，随着葡萄牙、意大利、西班牙和爱尔兰退出欧元区，欧元崩溃。2023 年《斯德哥尔摩协议》为欧洲设立了双重体制。"新欧洲"（北部国家）以及"第二欧洲"（Europe II）（南部国家）同意，制定优先贸易协定，同时修改了边境要求，意味着申根区的破产。意大利一分为二：工业化的北部和农业化的南部，后者的面积相当于 1860 年两西西里王国的大小。新的边境上有重兵把守，防止非法移民越境。在第二欧洲，法西斯政策死灰复燃，以应对食品价格飞涨、水资源短缺以及来自北非马格里布地区越来越多的移民。

2032

极端高温仍然持续，导致英国南部的工作方式、健康以及交通情况受到大规模的影响。在英格兰西部和中部，洪水成灾，人们甚至难以得到保险赔偿。

由于塞斯维尔 B 核电站事故、气温上升、水资源短缺以及洪涝灾害的影响，英格兰东部、西部和中部的粮食生产大幅减少。从欧盟进口的粮食数量少、价格高。而苏格兰则在基本食品方面有能力自给自足。

苏格兰继续和挪威合作，加速深海风力发电进程。两国共享技术、人员以及装机平台。丹麦、格陵兰以及冰岛在 21 世纪 30 年代后期也开始参与合作，形成清洁能源联盟，共享潮汐能、水能的研发成果、技术、资源以及产生的能源。2035 年签署的《凯夫拉维克协议》就是有关这项合作的。

苏格兰人口此时达到 600 万，部分原因是向北迁移的英国人，还有部分原因是相对自由的移民政策。而在斯堪的纳维亚半岛国家以及加拿大，移民政策与移民掌握的专业技能密切相关。

在这个十年里，欧洲的双重发展情况较为稳定。苏格兰完全脱离英国，期间几乎没有遇到什么反对的声音。而英格兰的关注点则是能源、食品以及水资源的获取。苏格兰特殊的能源政策和充足的水资源，改变了两国关系的本质。

2042

2003 年出现的高温天气曾经夺走了数千欧洲人的生命。如今，这样的高温几乎每两年都会发生一次。在英格兰东南部，水资源仍然缺乏，每年有 4 到 6 个月的时间必须实行定量供水。东部海岸侵蚀情况加深，英格兰西部和中部地区的洪灾比预想的更为严重。

在英格兰南部，香槟和一些浆果酒（如杏子酒）的产量增加，而传统谷物与蔬菜的生产则继续向北迁移。通过太阳能面板、收集雨水、家禽与山羊的小型养殖，家庭自给自足的程度提高。牛肉和羊肉的消费量则在明显下降。

苏格兰通过风力发电，实现了电力 100% 自给。风力发电为交通运输以及大部分住宅供电。《凯夫拉维克协议》运作良好，芬兰和瑞典成为新的成员国，而加拿大是准成员国。

苏格兰人口增加到 750 万，在三十年内增加了 50%。诺森布里亚和湖区成为英格兰的新兴繁荣地区。苏格兰开始对移民实行限制。

第二欧洲的政治动荡持续。可再生能源和水已经成为重要的贸易商品，就像五十年前的金子和石油一样。

2052

夏季气温升幅已经超过了气候模型的预测。在苏格兰，水资源仍然充沛。食品生产成为英国全国的工作重心。谷物成为重要的贸易商品。苏格兰的能源供应 100% 为可再生能源，来自风力、潮汐以及水力。

苏格兰人口趋稳，略高于 800 万。准入限制和边境控制使得新欧洲之外的新移民难以进入苏格兰。

新欧洲和第二欧洲不再同处欧盟体系，也不再以"欧盟"这个共同身份出现。在 2052 年签署的《图勒协议》中，新欧洲和新北方成为亲密盟友。由于两个区域之间的共同点，人们还在讨论，是否应该建立更为紧密的联盟关系。

凯瑟琳·卡梅隆（英属圭亚那人，1963-）作为核心团队成员，参与《斯特恩评论：气候变化的经济学意义》工作。她现在是"厄加勒斯：应用知识"（Agulhas: Applied Knowledge）机构的主管。该组织帮助公司和组织应对气候变化带来的关于可持续的挑战。她还是牛津大学访问学者，参加史密斯学院环境与企业问题研究。

《苏格兰加入新欧洲》一文，完美地展现了气候变化的作用。气候变化可以推动某个区域谋求独立——苏格兰和欧洲北部就是例子。新的气候并不一定遵循国境。一些地区会在气候变化中胜出（如新北部），而其他地区则会遭受失败（如太平洋低海拔岛国）。一个国家内部承受的气候影响也可能不同，因此胜负双方间将出现冲突。但是，跨国伙伴关系也可能由此建立。

《洞见 8-2：地中海差异的终结》展示的是，地中海地区逐渐升高的气温，可能使这片内陆海周围的国家团结起来。未来，地中海区域的主导文化，可能类似炎热的北非文化，而非温和的南欧文化。

洞见 8-2　地中海差异的终结

狄米欧·帕帕亚尼斯（Thymio Papayannis）

　　长期以来，地中海各国的特点，就是社会与经济的深层差异。地中海北部的国家都是欧盟成员国，受益于高收入、良好的社会服务、较高的教育标准和相对稳定的民主体系。但是，他们也面临着低生育率和人口老龄化等人口问题。另一端则是北非和中东国家——以色列和土耳其的部分地区除外——这些国家的人口仍然在快速增长，但是国民收入较低，而且政治长期不稳定。

　　然而，最近在地中海区域出现了一些重大的趋势和变化。尽管乍看起来，它们之间并无联系。

关键趋势和变化

　　地中海区域的伊斯兰国家中出现了政治动荡。埃及、突尼斯和利比亚的现行政权被推翻，叙利亚也出现了各种暴力示威。在这些国家中，人们正在要求提高生活水平，并且提高本地参政机会。

　　同时，一场严重的金融危机袭击了希腊和葡萄牙，而且正在威胁着西班牙和意大利。表面看来，这场危机源自国家债务过高。而债台高筑是因为公共部门赤字过高、政府又无力借到更多的钱。但是，危机的根本原因是这些国家的生产力过低、政府虚弱、公共与私人消费不受限制，以及无处不在的腐败。IMF、欧盟以及欧洲银行实行的纾困措施，避免了各国出现债务违约的情况。然而，在以上根源得到医治前，减少政府开支、大幅提高税收的行动，会使衰退时间延长，失业率上升。随后而来的金融和社会问题，将威胁到这些地中海国家的稳定。

　　尽管地中海北部国家的发展令人沮丧，来自非洲和亚洲的移民数量仍然呈爆炸式增长。大多数移民前往意大利和希腊，还有一部分人去往西班牙、马耳他、塞浦路斯、希腊等国。移民数量大约为 1100 万人，其中有许多是非法移民——数量超过 100 万人——大多数移民都没有工作、生活贫困，导致移民国犯罪活动数量激增，失去控制。大多数非法移民的动机并非政治原因或遭到迫害，而且希望增加收入，提高生活水平。

除了移民，这些国家还面临着环境挑战。严重的旱灾正在影响许多地中海国家，而中东地区受害尤为严重。塞浦路斯就是一例。由于水资源减少，该国必须实行民用淡水配给制。海水去盐化被认为是一个解决方法，但是其成本高昂，而且能耗很高。在塞浦路斯这个小岛上，我们可以清晰地看到气候变化带来的影响，其中就包括土地沙漠化，以及植被的减少。农业也在遭受灾害性破坏。灌溉农业被抛弃，因为政策似乎更倾向于开发旅游设施（包括高尔夫球场）。类似的现象在其他中东国家也有发生，而希腊南部很可能会成为下一个受害者。

在整个地中海区域，人们使用资源的方式是不可持续的。地中海捕鱼量正在减少，海洋沙漠化正在许多地区蔓延。密集农业过度使用土地资源，农用化学品污染土地，土地正在逐渐失去生产力。那些自然区域，尤其是沿海的自然带，正在逐渐消失，原因就是人类土地使用的扩张——主要是城市化和旅游业——而大型基础设施建设极大地改变了自然风貌。结果就是：地中海生态区域的生物多样性正在不断减少。

预测未来发展

在未来四十年间，移民潮和环境变化仍将继续影响这一区域。

首先，很明显，减轻气候变化的有效方法并不会及时地得到采用。地中海地区将受到严重的影响。海平面上升会影响沿海地区。保护这些沿海地区，使其适应气候变化、对抗气候变化影响的措施，和城市化与旅游投资交织在一起，将使大多数地中海海岸彻底变为人工海岸。这会降低沿海区域的吸引力，损害旅游业。遭到破坏的水循环以及沙漠化将成为现实，对整个区域的自然资源利用产生不利影响。

但是，最严重的变化将发生在收入水平方面。在未来几年，位于地中海的欧盟国家将不得不接受人均收入大幅下降这一事实。结果就是，大多数人将生活在接近贫困线的水平。这会导致社会和政治动荡，促使政府采取更多的行动，促进经济增长。可想而知，这也会对环境造成巨大的破坏。但是，政府的努力使收入持续增加的可能性较小；因此官员辞职、低消费水平将成为常态。

尽管这些国家处境糟糕，仍然有许多来自地中海南端的移民涌入。在北非和中东，新建立的民主政权使民众期待更好的生活条件，然而这又是这些新政府所无法提供的。对南部移民而言，地中海北部国家仍然具有很强的吸引力。事实上，移民们更能适应那里的贫困和资源缺乏，因为其生活条件类似如今的北非。因此，在一段时间的激烈的内部冲突后各国都会心照不宣地接受这些移民。到2052年，地中海地区的欧盟国家中，非欧洲人将占大多数。欧洲与非洲的行为、文化开始互相交融。

这会使建立新的管理体系成为必要。千年以来，地中海地区都是由帝国所统治的——马其顿王国、希腊、罗马帝国、拜占庭帝国以及奥斯曼土耳其帝国都曾是统治者——在帝国统治下，地中海各个小城邦自成一体，拥有高度自治的社会结构、文化和宗教。历史上著名的城市，如君士坦丁堡、亚历山德拉、塞萨洛尼基和阿勒颇都曾经是大都会，在文明诞生的过程中扮演着重要角色。因此，在21世纪中叶，地中海或许能够重新发现共存的艺术。但这一次，人们将在民主框架中共存。

由移民带来的民族与文化的融合，可能会有积极的副作用——人们会较为平静地接受富足生活的消失、低于欧洲北部的消费水平，还会更明智地使用自然资源——尤其是水资源和空间——以及能源。从地中海南部和东部来的人们，现在可能并不如欧洲人那样富足，受教育程度也不高；但是，他们更能理解自然限制的意义，因为他们的生存就有赖于自然。这将是他们对新地中海，这片文化、民族融合的土地的巨大贡献。

四个十年可能不足以完成这次融合。但是，到2052年，一个新的地中海文明可能已经逐渐浮现。它充满活力，富有创造力。过去地中海的南北差异，也正在迅速地消失。

狄米欧·帕帕亚尼斯（希腊人，1934–）是一名建筑规划师。他毕业于麻省理工学院，在过去三十年里一直参与自然与文化遗产的保护工作，在拉姆萨尔公约框架及其地中海湿地行动（MedWet）、世界自然基金会、国际自然保护联盟（IUCN）以及阿托斯山神圣社区工作。他现在担任普雷斯帕保护协会会长。

在未来几十年里，气候变化和经济发展会促使人口结构的重组。那些命运相同的人们会聚集在一起——就像那些居住在气温不断升高的地中海沿岸的人一样。那些际遇不同的人们则会分开——就像苏格兰人与英格兰人，或者欧盟的南北部一样。我以为，未来世界更有可能走向分裂，而不是建立新的联盟，然而事实是二者兼有。

另一种形式的分裂也有可能发生：那就是在国家内部，新的合作集团的出现。《洞见8-3：非洲贫民窟的城市化》提供了一个绝好的例子：非洲贫民窟居民的愿景。这些居民并不指望能够得到来自社区之外的帮助（也就是经济发展）。但是最后，贫民窟内部对美好生活的渴望则会使他们的生活水平提高。

洞见 8-3　非洲贫民窟的城市化
埃德加·皮特斯（Edgar Pieterse）

当我们展望未来四十年的发展时，很难摆脱过去四十年发展带来的影响。根据最近出版的《非洲未来：2050》（*African Futures 2050*）研究所述，"在过去整整50年里（1960-2010），东非人均GDP仅仅增长了150美元，西非为130美元，而中非则几乎没有增长。"这是经济、政治和社会发展的巨大失败。展望2052年，非洲城镇中将出现更为严重、更为深刻的系统性排斥。

联合国人居署指出，在撒哈拉以南非洲地区，有62%的城市居民生活在贫民窟中。大约2.8亿城市居民被认定为"收入贫困"。预测显示，到2052年，非洲人口将从2011年的11亿增加到23亿，相当于现在的两倍。城市居民比例将从 2011 年的 40% 上升到 2052 年的 60%。这些数据使我们自然而然地提出这样一个问题，那就是大部分城市居民是否仍将居住在贫民窟中。另一个问题就是，到 2052 年，贫民窟城市化将产生怎样的累积效应。

在未来四十年里，非洲是全世界唯一一个人口一直保持较快增长的地区。东非和西非地区尤甚，人口将增长一倍多。同期，非洲人口占全球人口的比例，将从 15% 上升到 23%。尽管人口增长较快，非洲仍是经济边缘国家，占全球贸易的比重小于 5%。

非洲经济表现不佳是由许多因素所导致的。最关键的因素包括基础设施严重匮乏，政府效率低下、市场失灵以及无法在非洲大陆建立有效的区域贸易体。贫民窟的长期存在，可以归因为基础设施缺乏，以及用于维护的投资不足。这些投资可以确保安全、可靠能源的供应（而且价格可以承受）、安全的饮用水以及卫生设施。但是，由于城市正式经济总量仍然会相对较小，这些投资额也会很少。结果就是，用于大规模公共投资的税收仍然不足。另外，普遍的行政效率低下、渎职与腐败行为使情况更为恶化。而这些违法行为是许多非洲国家"赞助系统"的命脉，支持着主要政党与精英体系。

最近的一些报告则展现了更美好的未来，依据就是过去十年间非洲经济取得的发展。从 2000 年至今，非洲 GDP 年增长率大约为 5%，仅落后于亚洲，大大高于 OECD 国家。另外，增长的大部分来自非洲城市。但是，城市需要足够的基础设施，以进一步促进经济增长。这里，我看到了未来四十年里，非洲将要面临的问题，以及在长期或许可以解决问题的方法。

在过去五年里，人们着重研究了非洲的基础设施匮乏问题。这是非洲到 2052 年的发展所面临的核心问题。如果这一问题不能得到完善解决，那么植根于经济结构性排斥以及经济落后的大规模贫困，就会一直持续下去。世界银行预测，非洲基础设施改善需要每年 930 亿美元的投资——也就是每年略少于 0.1 兆美元。这就是解决当前积压的问题，并解决未来发展问题所需要的投资水平。而同一份报告还指出，大规模资金缺口很可能出现。

在对有限资金的争夺中，某些基础设施能够得到优先待遇——集体经济基础设施，包括道路、港口和机场在内，就会得到优先权，因为这些设施确保了初级产品能够尽快被运至目的地市场。当然，来自中国、印度和美国的基础设施资金供应者，与矿产品和农产品出口的路线之间有着紧密的联系。输送水、电、废弃物和数据的必要基础设施，其路径从地理角度看是诡异散乱的。然而这些基础设施，正是沿着中产阶级和正式公司所在地而建造的。这种做法导致了城市的分裂以及错误的管道线路。这些线路遵循的是充满差别、歧视、压迫的社会线路，隐含的则是基于民族、种族和阶级的权力。

这种不平等、不可行的做法，其核心问题就是成本回收，或者更直白地说，就是钱。我们也可以这么说：

> "对服务价格的承受力，将成为未来人们获得这些服务的障碍。大多数非洲家庭节俭度日，超过一半的收入被用于购买食物。每户家庭月平均预算不超过 180 美元；城市家庭比农村家庭的预算高大约 100 美元……在大多数非洲国家中，有三分之一到三分之二的城市人口在负担基础服务中有困难。"

总而言之，由于 GDP 增长缓慢，收入不公平现象持续，以及体制导致的政治失灵，我认为，贫民窟城市化仍然会是非洲城市的主要特点。面对这一令人悲哀的未来，在贫困线下生活的数千万户城市家庭将如何做出应对，则是个令人振奋的问题。

答案就在经济预测模型之外，就在于一系列社会、经济与文化的推动力。我认为，自发行动的出现，将试图解决这一问题。例如，在"国际贫民窟居民组织"的帮助下，贫民窟运动正在为城市贫民窟准备一套"社会运作体系"。他们希望通过授权和集体行动，满足贫民窟中深切的物质与经济需求。鉴于政治和市场长期失灵,这一行动鼓励地方发挥"自主性"。人们不指望国家或者正式的私人市场能够提供什么帮助。相反,各种形式的居民社团正在试图以最少的资金,通过充分利用彼此的支持、智慧和劳动,系统性逐步地提高每一个人的生活水平。这一社会运转体系的核心,就是利用、颠覆、占用并重塑那些贫民窟之外,即真正的城市所拥有的资源和期待。

我认为,这些社会技术和能力会通过国家、居住地之间的不断借鉴而得到深化。它们将被认为是对专业知识和政府知识的怀疑,这种怀疑是有益的。它们会创造另一个繁荣的基础,尤其是当聪明的年轻人带来电子技术和移动资金(基于手机的交易)时。自2025年起,这些运动将创造大规模、分散的基础性解决方法,并一直采用这些方法。这些系统性的实验和解决方法会为国家零散行动,以及各种植根于社会企业家精神的新的商业体系提供起点。同时使城市中的大多数人根据自己的情况,参与到活动中。

因此,即便在大多数预测模型中,基础设施匮乏、贫困以及人均GDP的走势都认为非洲前景堪忧,我却对未来非洲进行的社会革命相当有信心,因为革命会带来一个更为成熟、分化以及公平的未来。

埃德加·皮特斯(南非人,1968-)是国家研究基金会(NRF)南非城市政策研究主席。他为非洲城市中心提供指导,并担任开普敦大学建筑学院以及规划与地理信息学的教授。2008年,他出版了《城市未来:遭遇城市发展危机》(*City Futures: Confronting the Crisis of Urban Development*)一书。

尽管最近取得了一些进步,非洲的大部分地区仍然面临着人口激增、贫困持续以及大规模资源枯竭的挑战。《非洲贫民窟城市化》一文描述的场景,反映了许多非洲城市人口的生活。在城市贫民窟中实现经济增长,一直都是极为复杂的问题——即便是为贫民窟居民提供基本的生活设施,都是十分困难的任务。因此，得知自行组织的贫民窟行动可能解决这一问题，让人倍感振奋。这再次显示，自下而上的解决方法，将是我们这个"一直在线"（always-connected）的未来的特点。

新的范式：对经济增长关注的减少

一旦收入超过了某个水平，那么对国民而言，非经济部分的发展变得更为重要。至少动机理论是这么说的。但是，在实际生活中，我们很难看见这种目标的转变。当前世界中，各国对经济发展的关注程度和过去经济条件更差的时候一样高。

我相信，在未来四十年间，提高收入仍然将是各国主要的驱动力，与本身的经济条件好坏没有关系。贫穷国家追求经济增长当然无可厚非，因为它们需要帮助人民摆脱贫困。但是，令人惊讶的是，富裕国家仍然会寻求提高国民收入的方法，即便选民们清楚地知道，收入增加并不能提高生活享受程度。过去几十年来，GDP 增长一直都是国家的首要目标。这种追求使许多国家变得更为富裕，更具有影响力。因此，各国不会轻易地放弃这个目标。但更重要的是，GDP 增长可以增加就业，而且是唯一一种已经被证实有效的方法。新增就业的确非常重要，其主要原因不在于商品和服务产出的提高，而在于让更多的人有机会分享经济发展的成果。新增就业使就业率提高，使社会能够不通过革命就进行再分配。新增就业还增加了税收，使得政治家的工作更容易、更惬意。

如果高就业率以及新增价值的再分配能够通过其他方法——而不是经济增长——得到实现，我相信，选民会更愿意支持文化独立、保护国家传统、本地治理——即便代价是 GDP 增长的减少。但是，这种再分配的机制目前还无处可寻。最简单的再分配方法，是对富人课以重税，以帮助穷人。但是，在大多数国家的立法机构中，这种做法都没有得到多数人的支持。

因此，在未来几十年里，GDP 增长仍将是大多数国家的首要目标。但是，随着时间推移，批评的声音会越来越强烈。人们会指出，无限制的经济增长是不可持续的，必须以新的社会目标取而代之，并给出许多原因：资源不足、温室气体排放过量、土壤流失、地下水消失、生物多样性减少等。另一些批评人士则认为，无限制的经济增长即便是可能的，也是不受欢迎的。因为对物质生活的无限追求，不会带来真正的生活享受。

关于"要增长还是不要增长"的讨论，已经持续了四十年。我们可以简单地将其归为两类人之间的冲突。那就是传统人士——这些"支持增长者"希望经济依赖化石燃料，继续增长下去，以及可持续人士——这些"犹豫者"希望在地球承载力范围之内，寻求持续的生活享受，并质疑持续的经济增长是不是正确的方法。二者之间的矛盾，很好地反映了两种范式之间的冲突——也就是两种互不相容的世界观之间的冲突。现实世界中提供的数据，还不足以显示何种范式对人类帮助最大，尽管气候变化已经开始使人们更倾向于"犹豫者"。事实上，全球传统石油产量似乎已经趋稳，在许多地区甚至出现了下降。这进一步说明，人类正在接近地球承载力的极限。

但是，支持可持续发展的人仍然是极少数，而范式转换可能需要几十年的时间。到2052年，新的范式——"基于可再生能源的可持续福祉"——将对决策产生越来越大的影响。这不仅是因为在21世纪后半叶，气候灾难不断逼近，造成无处不在的威胁；还因为届时在能源部门，从化石燃料向太阳能的转变已经完成了一半。致力于发展太阳能驱动的全球经济，不再是威胁，而是更为实际的做法。同时，世界人口开始呈现减少态势，使得通过减少生态足迹达到可持续发展的想法更有可能实现。届时，即便人均生态足迹没有得到减少，其总量仍然可能会减少。

我的预测是，到2052年，全球社会（此时，其主导力量将是富裕国家）将更多地寻求可持续的福祉，其基础就是环保能源和资源。对短期内个人物质增长的狭隘关注，将被更为广阔的视角所取代。《洞见8-4：重视整体》就解释了这一点。

洞见 8-4　重视整体
皮特·威利斯（Peter Willis）

我预测，到2052年，一种新的范式将以强劲的势头出现。政府和商界领导人，都将优先致力于发展福祉。这不仅仅是选民、国家或者利益相关者的福祉，还是更为广阔的生态与社会系统的福祉。后者支持了前者的发展。我认为，新一代领导人将会应运而生。他们是技术高超的系统思考者，常常从内在价值，而不是沿用至今的规范，来考虑整体以及工作。这种新的领导范式，将在未来四十年间日益受限的条件下，被证明能够更为有效地使社会满足其需求。

我认为，有三个主要趋势推动了这种范式的发展。首先是所有体系——尤其是生态系统和自然资源，它们支撑着当前复杂的全球文明——中不断增长的压力和干扰。其次，商业和社会组织将快速发展，产生可行度更高的、新的组织形式。这些形式将被用于取代失灵系统和机构关系，二者与第一个趋势的成因有关。第三个趋势则是人类价值的演变。人类的价值早在形成之初，就一直在改变。在过去的一百年间，人类价值经历了巨大的变化，而且在未来四十年，变化的速度会越来越快。

首先，我认为，未来四十年里，大多数地区将经历危机，甚至是各种原因导致的偶发大灾难。能源、食品、水或者矿物原料的暂时性短缺，以及气候变暖带来的反复无常的影响，将对人类福祉系统造成更为频繁的挑战。

在未来，我们将利用更多的能源与关注，使人类系统适应快速变化的物质情况。显然，我们将身处"人类纪"（Anthropocene epoch）中。无论是否有意为之，人类都是全球变化的始作俑者。在这样的世界中，决策与行动的基础却是对全球体系运转极为有限的理解，因而其造成的负面影响越发严重，影响速度也更快。由此，选民和消费者更清楚地认识到，只有技术高超的系统思考者，才可能做出改善人民福祉的决策。

我提出的第二个预测，不如第一个来得明显。目前，对生态破坏较小的技术，其发展的势头正在不断增长。然而类似的商业与经济体系，却仍然只得到极少数人的支持。许多适宜的新模型已经存在——例如，货币替代体系；雇员享有公司所有权；汽车、房屋等私有财产的共享等——但是到目前为止，它们几乎都没有得到一定规模的试行，因而人们也没有将其视为可行的方法。我们可以寄希望于这些创新想法，希望在传统体系不断崩塌的驱动下，它们能够表现出积极的发展势头，获得人们的支持。

这些新机制最突出的特点是，它们都是建立在一个日益广泛的看法上的。这个看法就是，想要做出令人满意的决策，取得令人满意的结果，那么全球体系的所有部分，包括人类和非人类的部分，都需要得到涵盖。这并不是简单地增加利益相关者的数量，让所有声音都可以得到倾听。我认为这些社会和机制的创新所基于的想法，是使尽可能多的利益相关者受益。因为在一个炎热、充满差异、拥挤的世界中，没有一个群体能够以牺牲周边系统的代价，来保证自己一直享受福祉。

第三个趋势——人类价值的演化——可能是现在最难以看出的趋势。它涉及"什么是真正重要的？"这个问题的答案。早期的狩猎者和收集者生活在小家庭中，我们难以想象，他们会谈论个人自决权是不可分割的权利，或者成文法。对他们而言，最重要的是能够一天接一天地活下去。但是，当大部分人都获得了生存权，正如中世纪欧洲所发生的那样，那么人们最关心的事情就成了保存人类永恒的灵魂，以及怎样与无所不能的上帝直接交流。

从中世纪开始，人们对法律的关注逐渐提高。法律首先是由上帝及其人间信使所制定的，接着变为由民主投票制定。随后，人们可以自由地寻求个人财富。这无关宗教，并且植根于人类对世界的科学认识。现在，20世纪的"我"时代，开始受到全球化的"我们"文化的挑战。整个环境和社会公正运动有其中心价值（不得不承认的是，这种价值并不总是能被人察觉），那就是，解决方法不能只服务于体系中的一小部分人——整个体系是最重要的，人们必须考虑整个体系。

幸运的是，对那些将自己视作全球公民的年轻人而言，以战争形式保护自己的国家或宗教是匪夷所思的。但是同时，对很大一部分人来说，国家自豪感高于一切。显而易见的是，尽管有时地区间差异很大，但人类的视线正在不可避免地转向整个体系。因此，我预计，到2052年，将出现一些具有影响力的人士，他们认为整体的福祉当然和个人的福祉同样重要。显然，这些人的思维最为灵活。和固守成见的人相比，他们更能在充满混乱的时代里展现有效的领导力。

那么，新范式的关键要素是什么？

就政府而言，我们需要高度理性，并且为整个体系的利益所服务的领导人。但是，理性在面对快速变化、混乱不堪的情况时，有其局限性。而那些直觉灵敏、行动力强的领导人，最有能力为整体赢得利益。党派之争和政治分歧变得不合时宜。人们开始愿意接受现在被称作"集权"的政府形式，追求集体福祉，而非个人福祉。这种转变并不容易，因为生态和经济危机有时将引发思想的倒退。人们为了生存，可能退而选择支持狭隘的党派利益。

在商业世界中，我们需要具有企业家精神的企业，或许是集体所有的企业，来解决未来的许多问题。对创立并运营这些企业的人而言，自我扩张或者个人的巨额财富并非驱动力。但愿人们可以更加理解到，财富会使一个人和社会的其他部分脱节，而且财富并不能创造真正成功的领导力。这些人会根据情况，采取平面或者垂直的结构管理企业。

最后，我们将看到"终身领导制"的终结。领导权交接将变得非常便利，也很频繁。如果情况需要，同一个人还可以反复多次交接权力。

皮特·威利斯（南非人，1954-）是"剑桥可持续发展领导力项目"在南非的负责人，以及查尔斯王子资助的"商业与可持续发展项目"的地区主席。在牛津获得历史学学位后，他担任政府工作，并创建了许多公司。1993年，威利斯移居南非。

我期待了整整四年的时间，希望我们能够经历向整体视角的转变，也就是《重视整体》中所描述的那样，虽然我并不确信这种转变在这个时代就会发生。但是，有一种可行的方法，能够帮助消费者不知不觉地采取整体视角：确保他们无法轻易买到破坏地球的产品。文章《选择编辑》中就解释了这一方法。

选择编辑

阿伦·奈特（Alan Knight）

选择编辑（choice editing）这种做法，使消费者无法选择破坏环境或社会的产品和服务。世界如今面临的环境问题，反映了供应链无法高效地满足现在的需求，也不能适应未来的需求的问题。我们需要对目前的做法加以改变，其中一种方法就是移除最具破坏力的选项。

好消息是，类似的干预做法已经有许多了。给优质产品贴标签就是其中之一。消费者可以通过不购买无标签产品，以减少生态足迹。森林管理委员会成立于1993年，到目前为止已经为1500亿公顷森林颁发了认证。受此启发而设立的海洋管理委员会，到2010年为止也已经认证了超过187个渔场。棕榈油可持续发展圆桌会议以及生物燃料认证机构也在进行工作。还有超过60个类似组织，涵盖的产品范围从厕纸到厨房花岗岩，种类繁多。

认证组织数量之多，使消费者眼花缭乱。但这并不是问题。因为已经有许多公司正在根据这些认证进行采购，而不是让消费者自行选择是否购买带认证的产品。这的确是非常有效的选择编辑。

举例来说。家庭装修材料零售商（如英国的百安居B&Q）要求所有使用木材的产品都通过木材认证。顾客无法选择采用不可持续方法生产的木材。一开始，百安居采用这些组织认证是为了确保供应链不会对地球环境造成任何破坏。方案的初衷是保护公司名誉，如今其目标成了可持续发展。现在，木材零售商需要森林管理委员会的帮助，以确保木材的长期充足供应。

选择编辑的目的，是使人们意识到正确的做法，而不是告诉他们，现在的行为是错的。这能够使可持续发展不再成为道德上的选择，而是一种简单、实际而且令人激动的行为。

阿伦·奈特（英国人，1964-）专门从事公司可持续发展，为大公司（如维珍航空、Kingfisher、百安居、SABMiller）提供以产品为中心的可持续发展建议以及公共政策（他在英国政府智库中工作，关注可持续发展、生态标签以及消费）。

改良资本主义：扮演更强势角色的明智政府

我并不认为，资本主义能够不加改变，继续在未来四十年里存活下去。"资本主义"这个名字会得到保留，但是资本主义社会的运转方式则会发生改变。主要有两点变化：其一，投资的流向不再仅仅由利润主导。其二，公司不仅需要报告自己的财政状况，还需要报告公司活动对环境与社会的影响。

在第四章中，我谈到在未来，我们必须加强并重新引导社会投资的流动。在未来四十年间，全球社会将面临许多更为严峻的挑战。这些挑战需要增加额外投资才能得到解决。在越来越多的事件中，我们必须先投资，后盈利。在理想状况下，国家能够通过改变相对价格（内化外部成本与利益），使问题得到解决。但是，实际操作起来并不容易。因为效率更高的做法，是提高税收，直接投资于社会需要完成的任务。

德国提供了一个很好的例子。20世纪末，德国决定大量利用风能与太阳能，并迫使消费者为其买单。从理论上讲，流程应该是（尽管实际过程更不透明，政府可能是有意为之，以获得足够的支持）：国家决定，电力的一部分必须来自风力或太阳能发电。接着，政府制定优惠政策，使在屋顶安装太阳能面板的家庭，以及建造风力发电站的公司能够获得收益。随后，政府要求所有使用德国电力的消费者共同承担费用。资本主义公司被允许参加竞标，并销售产品。但是，投资的方向和数额是由国家，而不是市场决定的。结果就是，相比市场自主决定，国家引导的风力与太阳能投资额大得多。风力与太阳能利用设施尽管造价昂贵，但是最终得以建造，现在这些能源承担了德国发电量的 20%。虽然新建天然气公共事业的成本更低，但是政府仍然设法促成了可再生能源的使用。通过决策，德国政府极大地干涉了投资方向，影响了传统（化石燃料）能源工业的长期利润：一旦风力与太阳能发电设备建成，其运转成本极低，因此相比化石燃料发电更有竞争力。而且，在设备运转年限内，政府无需提供额外的补贴。

在未来，类似的例子还会有很多。我认为，如果资本只流向短期收益最高的部门，那么未来四十年间，世界断然无法欣欣向荣。为了有效减少人类的生态足迹，尤其是减少二氧化碳的排放量，社会将不得不使资本流向利润更少的项目。再次以德国为例。即便新建天然气发电站的成本更低，建造风力与太阳能发电站仍然是必须的。在其他情况中，即便使用天然气暖气或者燃煤空调的成本更低，建造隔热效果良好的房屋仍然是必须的。在这些例子中，短浅的目光是无法胜出的。

正如你从我的预测中看到的那样，我认为全球社会将对自由市场进行一定的干预，以确保投资能够流向公众所需的项目，而不是利润最高的部门。但是，这只是"一定"程度的干预，其规模不足以使社会一直到 2052 年都能高枕无忧。大多数资本仍然受市场调节，其投资领域并不能帮助解决 21 世纪面临的问题。但是，越来越多的资本——我将其称为被迫与自发的额外投资——将通过公共决策，而不是市场调节进行配置。就像尽管其经济回报大大低于成本，我们仍然会投资开发武器。

我预计，全球 GDP 中投资所占的比例，将从如今的 24% 上升到 2052 年的 36%。大多数投资将用于节能产品。相比用于廉价能源时代的老式产品，这些节能产品的价格更高。另一部分投资将用于从煤炭向成本更高的能源（如传统天然气）的转变。一些投资将用于新建可持续能源使用设备，即便这些能源还需要很多年才能具备竞争力。还有大量投资将用于修复气候变化带来的破坏，或者适应未来气候变化——例如，在海岸新建海堤，以防止海平面上升带来的破坏。

如果任由市场调节，那么这些投资就不会大量增长。只有通过议会决定、国家干预，才能实现投资额的增长。国家可以直接干预，将税收用于任何需要投资的领域；或者间接干预，通过制定法规，使需要投资的领域变得有利可图。例如，政府可以制定汽车尾气排放标准、所有汽油中生物燃料必须占有的比例、限额交易体系。最简单的（在政治上也是最不可行的）方法，则是对二氧化碳排放课以重税。

这种政府行为在不同地区间，存在明显的差异。在西方民主政体中，政府干预有着明显的限度。在美国尤为如此，因而美国的资本主义比欧洲的更为纯粹。在欧洲，政府更多地被认为是善意的帮手，而不是经济的负担，无需尽可能地弱化政府职能。到 2052 年，中国会向世界展示，在解决 21 世纪人类面临的问题时，一个强大的政府更为有效。中国可以轻易地将 GDP 的 5% 用于解决接踵而来的各类问题。与此同时，市场经济却还在争论不休，无法决定是否要增加 1000 亿美元（还不到这些国家 GDP 的 0.1%）以支持气候友好型技术。

向改良资本主义的转变，在那些领导人明智、财政与规划部门得力的国家中最为有效。在那里，公司将竞相投标国家投资的项目。

如果政府主导 30% 的投资，而市场主导 70% 的投资，那么这还是资本主义吗？大部分死心塌地的资本主义支持者们会给出否定的答案。但我认为，这还是资本主义。私有资本主义公司仍然承担重要角色，那就是执行由政府决定的大规模项目，就像这些公司每隔两年就参与建设和运营奥林匹克运动会一样。但是为了避免就"资本主义"的定义进行毫无意义的争辩，我建议将这个改良的体系——其中相当一部分投资由政府，而不是利润主导的体系——称为"改良资本主义"。这应该不会冒犯任何人，而且指明了情况发生改变的事实。在改良资本主义中，集体福祉高于个人利益。公共部分占经济总量的比重会有所增加，但是私有企业仍然扮演着重要角色。

如果资本流动由养老金基金经理所主导，而这些经理致力于本职工作，也就是为人们保障三十年之后的养老金收入，而不是使短期利益最大化，就会出现改良资本主义的另一种形式。理论上看，这类受到适当激励的养老金基金经理，扮演了具有远见的明智政府的角色。但是，经理们需要不再仅仅关注月度收益，其奖金也不应该与季度收益挂钩。然而遗憾的是，这不可能大规模地得以实现。大多数股东恐怕还是更在意短期利润，而不是长期远见。但是，少数私有公司，以及少数真正的长期养老金基金，可能选择这条少有人问津的道路，（与中国政府一起）投资长期的解决方法，如碳捕集与封存技术，或者贫民窟的清洁水源供应，希望能够在未来几十年里得到稳定的收益。但是，这么做的投资回报率会较低。

因此，我还是认为这不太可能发生。

有鉴于此，我同意，在纯粹资本主义的可恶限制下，公司几乎无法为解决21世纪的挑战做出任何贡献。停止气候变化、减轻贫困的投资回报率，大大低于生产大多数人使用的产品和服务的回报率。因此，在公司内部对资本的竞争中，对社会有益的项目自然会落于下风。当然，具有竞争力的公司可以显示自己对长期未来的关注。但是这种关注是有限的，而且无需任何成本。如果公司对未来的投资过多，就无法存活到享受胜利成果的那一天。在自由市场的限制下，对未来公开表示关切，是公司能够做的少数几件好事之一。但是，要想真正做一些好事，大公司就需要国家提供鼓励政策，鼓励企业参与对社会有益的项目。

最终将明智政府变为顾客的公司，当然会开展正确的行动（而且像太阳能公司一样受到好评）。但是，它们的运营将危机四伏，因为公众意见可能改变得很快，而什么是政治正确的观点也会变化得很快。

另外，对知名企业而言，偏离能够接受的行为——是否能够接受由公民社会决定——变得越来越危险。在未来四十年间，对仍在负隅顽抗的公司，社会将要求它们报告自己的可持续情况，报告必须透明且有意义。对大企业而言，汇报自己对环境和社会的影响，将和汇报财政状况一样成为义务。这当然不可能立刻发生，也不可能在全世界同时发生，许多地区也会对此表示反对。但是，变化的方向是明确的，变化的速度取决于可持续发展范式的出现。《洞见 8-5：系统性的CSR，或者 CSR2.0》提供了更多的细节。

洞见 8-5　系统性的 CSR，或者 CSR 2.0

韦恩·维瑟（Wayne Visser）

企业可持续发展及责任（CSR）——还有许多类似的表述，如企业社会责任、企业公民、企业可持续发展以及商业道德——都是同一个意思：企业通过经济发展、良好管理、股东响应以及环境改善，在社会中寻求创造共同价值。换句话说，CSR 是一个企业采取的整合的、系统性的方法，其目标是建立而非损害或者摧毁经济、社会、人力与自然资本。

如今，公司都倾向于根据公司成熟度，选择四种 CSR 中的一种。四种 CSR 分别是：防守型 CSR（遵守规定的驱使，基于风险的考虑）、慈善型 CSR（利他主义驱使，基于慈善的考虑）、推广型 CSR（公司形象驱使，基于公关的考虑）以及战略型 CSR（产品驱使，基于行业准则的考虑）。这四种 CSR——我将其称为 CSR 1.0——无法扭转自由市场中最严重的社会、环境与道德的负面影响。

因此，目前的 CSR 已经宣告失败，原因有三：首先，CSR 1.0 推广的，是逐渐改善社会与环境的方法；其次，在大多数公司中，CSR 一直是边缘项目；最后，顾客和市场并没有持续奖励负责的、可持续的公司，或者惩罚不负责任、不可持续的公司。

因此，必需的——而且也是正在出现的——就是 CSR 的新方法。我将其称为系统性的 CSR，或者 CSR 2.0。新一代 CSR 是基于理论的结果驱动型。企业寻求的是如今不可持续、不负责任做法的根本原因，并致力于解决问题。方法就是提出新的商业模型，对现有流程、产品和服务进行改革，并为开明的国家与国际政策进行游说。现在让我来谈谈第一个预测。

预测 1

到 2052 年，我们会看到，大多数大型跨国公司都已经不再使用上述四种 CSR（防守型、慈善型、推广型与战略型），而是开始不同程度地实行 CSR 2.0。

但是，CSR 2.0 究竟是什么样的？我们怎么能辨认出 CSR 2.0 呢？第一个标准就是创新性。如今对 CSR 规范和标准的反感，是因为 CSR 列出了许多单独任务，鼓励企业一项接着一项地完成。但是，我们的社会与环境问题是非常复杂，无法单独解决的。它们需要的是富有创新的解决方法，例如 freeplay 公司开发的无需电池、无需电网的风力发电技术（为手电筒、收音机和电脑等供电），或者 vodafone 公司的 M-Pesa 方案，使人们能通过手机进行基本的金融交易。

预测 2

到 2052 年，对 CSR 规范、标准和指导的依赖，将被视作执行 CSR 必需但并不充分的条件。相反，对公司的评价将基于其是否使用创新方法，使用该公司的产品和流程，以解决社会和环境问题。

另一个转变才刚刚开始，那就是大规模应用 CSR 作为解决方法。现在已经有许多关于负责、可持续项目的案例分析。但问题是，很少有项目能够得到大规模的实施。我们需要更多如中国比亚迪电动汽车，或者格莱珉（Grameen）银行微型信贷服务的项目。

预测 3

到 2052 年，自我标榜的"有道德的消费者"已经不再是重要的变革力量。公司——在政府政策和刺激的有力促进下——将扩大选择编辑的规模，不再提供"道德标准低"的产品，从而使得消费者不再有负罪感。

预测 4

到 2052 年，跨部门合作将成为所有 CSR 方法的核心。这些合作越来越由商业所定义。商业将自己的核心竞争力与技术（而不是财政资源）带到合作中来——沃尔玛运用其物流能力，在卡特里娜飓风期间帮助分发救援物资；气候变化企业领导集团采取行动、敦促英国与欧盟各国政府设立更大胆的气候政策，都是相关的例子。

预测 5

到 2052 年，实行 CSR 2.0 的公司有望遵循全球公认的准则，如《联合国全球契约》或者《鲁杰人权框架》；同时，这些公司还应当对本地问题和当务之急表现出足够的敏锐。必和必拓公司（BHP Biliton）就是一个典型例子。这家矿业和金属巨头在全球实行强有力的气候变化政策，还在南非开展了疟疾预防项目。

预测 6

到 2052 年，先进的公司必须展示其产品的整个管理周期，也就是从产品的生产到回收的全过程。我们会看到，大多数大型公司都会提出各项承诺，包括"零废弃"、碳中和、水中和生产，而且大多数产品都必须得到回收。我们需要的是生产并且回收，确保产品和生产流程的内在"优秀"，而不是"不坏"。肖地毯公司（Shaw Carpets）对达到使用年限的地毯进行回收，就是一例。

预测 7

到 2052 年，与"普遍接受的会计准则"（GAAP）类似，"普遍接受的可持续准则"（GASP）也会得到大众的认同。GASP 包括衡量与公开 CSR 的一致准则、方法、途径以及规则。此外，一些信誉良好的 CSR 评级机构也会出现。

但是，在未来四十年间，政府的角色仍然至关重要。许多 CSR 正在自发行动加以解决的问题，在未来将成为必须处理的问题。尤其是（温室气体和有毒物质）减排、废弃物处理以及企业透明度。国家层面关于社会、环境和道德问题的立法，也会逐渐和谐。但是，CSR 仍然是自发的行为——身处创新与差异化的前沿——对那些有能力有意愿的公司，或者受到推动与刺激，通过非政府方式行动的公司而言，CSR 可以帮助它们超前于法规，改善全世界人民的生活质量。

预测 8

到 2052 年，企业透明度将以数据公开的形式得到呈现。企业必须公开其对社会、环境的影响，以及管理状况——包括一款产品在整个生命周期内产生的影响——还有 Web 2.0 协作下的 CSR 反馈平台、类似维基解密的泄密网站，以及产品评级应用软件（如 iPhone 手机上 GoodGuide 应用）。

预测 9

到 2052 年，公司进行 CSR 的方式也会发生改变。CSR 部门很可能缩小、消失甚至分散。因为届时，CSR 通才的作用只局限于小小的政策方面。相反，更多的 CSR 分领域专才——如气候、生物多样性、人权或者社区参与——才是企业的许多部门都需要的。而员工在 CSR 问题上的表现，也会在企业评价系统中逐渐体现，影响员工的薪水、奖金、升职机会。在阿根廷雅可（Arcor）糖果公司中，就已经采用了这样的评价方法。

这些预测加在一起，反映了我的看法：在未来几十年里，CSR 2.0 会得到更为广泛的应用。到 2052 年，由于 CSR 2.0 汇报机制，大公司将公开其对全球可持续发展的影响。这会促使公司参与到可持续发展危机的解决中。

韦恩·维瑟（南非人，1970–）是一名作家、诗人、社会企业家、演讲家、研究员和讲师，关注的问题包括可持续发展、企业社会责任、目标激发型企业（purpose-inspired business）。他是国际 CSR 智库的创立人和主要负责人，并在剑桥大学担任兼职讲师。

集体创造力：受启发的个人结成的网络

未来，永不掉线的互联网将对大多数社会进程产生重大的影响——这些影响可能是已经被预料到的，或者出乎意料的，已知或者未知的，受期待的或者不受期待的。显然，网络将塑造娱乐世界。现在，网络就已经通过音乐、演出、游戏开始塑造娱乐世界了。网络将改变旅游，旅程缩短，而（虚拟）体验增加。网络将使科学简化，因为科学家只要轻点鼠标，就可以立即得到所有信息。网络带来的影响还有许多。

有一个领域将受益于网络的发展，那就是人类的创新性。在维基百科爆发式的增长中，我们已经看到了这种创新的潜力。几年之前，一群自我招募的个人聚在一起，创立了这部不断发展的百科全书。这些人的组织非常松散，没有（很多）的预算，也没有管理体系。实际上，维基百科创造了自己。此后，类似的创新不断涌现，而维基百科为它们定下了基调，并且为类似的创新铺平了道路。维基百科利用互联网的方式，使人们可以聚集集体的智慧，将其用于任何激发灵感的项目。个人自发的努力，可以汇集成庞大的体系。在维基百科之前，只有教堂——或者成功的社会运动才做到了这一点。

我认为，在未来，这样的集体行动将十分重要。它们能够使行动和权力分散化。在互联网泛滥的时代，任何人都可以发起一场运动，或者使一群人支持或反对某事。发起人成功与否，取决于他是否能引起其他互联网使用者的共鸣，而并非某些大人物是否支持这一活动。

《洞见8-6：利用群体智慧》就描绘了在商业领域中，集体创新对产品开发的影响。当创新者学会与无穷无尽的信息交流，并选择性地利用这些信息时，其创新速度就会加快。

洞见 8-6　利用群体智慧
伊丽莎白·拉威尔（Elisabeth Laville）

无论公司是否喜欢这一点，它们都是一个生态系统的一部分。而且，除非公司承认自己与其他"物种"——包括顾客、供应商、合作伙伴、NGO、创业公司、大学以及学术机构——是互相依存的，否则将越来越难以存活。在未来四十年间，社会与环境状况将变得日益复杂。在这种背景下，公司需要和上述"物种"以及其他组织或个人一起合作。而且，公司也会面临着新的问题：适应，而非仅仅减弱气候变化的影响；打破经济与能源消费同步增长的态势；在减少物质财富的同时，提高人类福祉；保护原住民的权利。为了解决这些问题，公司或者说人类组织，需要采取新的方式。这些方式可能超过了它们如今的想象。

这一转变并不轻松，因为大多数公司现在关注的仍然是怎样传播自己的消息，而不是真正地利用公司从利益相关者手中得到的利润。但是，让我们面对现实吧：公司已经遭遇到了一些问题——尤其是社会、环境和文化问题——公司并不能完全理解，也无法真正解决这些问题。出于应对，一些先进的公司已经开始转向外部资源，寻求解决方法。联合利华就是个很好的例子。20世纪90年代，该公司选择与世界自然基金会（WWF）合作，积极解决过度捕捞与资源枯竭问题。当时，联合利华是全球最大的鱼类购买商。"绿色和平"组织也已经开始计划，在欧洲展开对联合利华的抗议，使人们注意到欧洲渔业的不可持续性。为了应对这一问题，联合利华与WWF合作，成立了海洋管理委员会。现在，在全球范围内，该委员会为可持续的渔场颁发认证。如果没有WWF的环境保护专家，以及联合利华的市场支配力，这项创新将不可能实现。

2052年，开放、集体的创新将成为新的范式。这一范式使企业能够更为持久——在所有领域中，企业都将采取更健康的方式，采取经济调适而不是竞争手段。适者——存活者——将是那些把合作能力整合到管理之中的公司。大多数公司和组织都需要提高能力，更好地应对资源短缺、棘手的竞争以及影响公司声誉的NGO运动。它们还需要继续加强优势，弥补劣势。这样，公司和组织才能够更快地从错误中恢复。到2052年，大多数仍然存活的公司都将拥有这些技能。

可持续的创新将超过单纯的技术创新。社会将需要低技术成本的软创新，才能对人类产生影响，促使其改变行为、文化和习惯。现在，我们已经可以看到类似的教训。例如，高科技、低能耗的社会保障房并不总能如人们所愿，无法有效减少能耗。原因就是居民没有接受相关培训，不知道如何使用这类新型建筑。

另一个不通过高科技创新，就能促进可持续生活方式的例子，就是集体消费。个人将在个体市场中进行交换、分享、易货、交易或者租赁。到2052年，当我们回顾过去，很可能疑惑的一点就是：为什么我们要拥有如此多的物品，而这些物品多数时间都躺在碗橱或者储物柜里积灰。

最后，社会创新发展的同时，会驱使社会参与和协作朝着共同的目标努力。在海地地震发生的短短两天之内，就有大约 2000 名志愿者行动起来，绘制了完整的太子港电子地图。NGO 在随后的救援行动中，就使用了这幅地图。现在我们知道，在创造力与智慧方面，集体的力量的确可以超过个人的总和。集体的智慧超过了个人的认知能力。高科技互联网将帮助我们解决普通、日常、低技术含量的问题；其方式与规模是在过去难以想象的。但是，我们不要被这种发展所误导：真正的创新，真正能够改变地球的创新，只能来自人类，而非互联网。

集体创新这场真正的革命才刚刚开始。在过去 20 年里，软件开发的开源（open-source）行动已经显示，通过协作设计复杂系统不仅是可行的，还是有效的。这种协作的规模可达数千甚至数万人，每个人都为集体工作做出自己的贡献。数十万人也可以像豚鼠一样，试验某种产品，给予反馈或建议，使开发者能够加以改进。火狐软件（Mozilla Firefox，免费开源浏览器，使用人数全球第二）的成功，就显示了这种集体方法的绝对效率。维基百科（免费、基于网络、协作、开源的百科全书；由志愿者写成；现有 282 种语言版本）也是如此。有意思的是，在上述两种产品中，开源项目背后的组织并非传统公司。它们组织方法新颖，目的并非盈利，基于非资本主义的价值而发展，而且常常带来优质廉价，甚至免费的产品。

随着时间的推移，集体创新会延伸到其他产业。我们已经看到 Freebeer 这样的行动。Freebeer 是一种开源啤酒，其配方和商标可以被任何人所使用，无论目的是娱乐还是获利。或者再想想苹果公司（Apple）。通过销售应用软件，苹果极大地提高了 iPhone 手机和 iPad 平板电脑的销量，而应用软件是由非苹果员工自愿开发的。

将近 40% 的全球 CEO 已经开始期待，期待未来大部分创新都将由代码完成，而开发者并不属于公司组织。过去室内创新（in-house innovation）的模式，也就是标准的内部研发、对知识产权的严格控制将退出历史舞台。公司将开始采用内外两种方式，将内部和外部的想法都进行商业化。

一个公司的想法和周围环境的想法之间的界限将更为模糊。到2052年，曾经对使用外部想法的限制，也就是"不在此处发明"（not invented here）综合症将被历史淘汰——终于被淘汰了。谁知道呢，或许到2052年，这一变化会彻底颠覆资本主义。公司越来越成为集体想法的实现者，将成果提供给个人用户；并且引导个人用户的力量，使之帮助改善产品，提高集体福祉。

伊丽莎白·拉威尔（法国人，1966-）是欧洲在可持续战略与公司责任方面的权威专家。她是 Utopies（1993 年成立）和 Graines de Changement 组织（2005 年成立）的共同创办者与主要领导人。

我同意，未来商业会通过"引导群体智慧"，从网络支持下的协作中获得竞争力。《洞见 8-7：巅峰年轻人：以游戏促进公共福祉》更进一步，指出了大量网络游戏体验对协同行为的积极影响。

洞见 8-7　巅峰年轻人：以游戏促进公共福祉
萨拉·赛文（Sarah Severn）

1994 年，卡吉索（Kagiso）出生在南非索韦托。那一年，纳尔逊·曼德拉成为了南非总统。卡吉索出身贫寒，但由于一系列政府行动，她得以留在学校学习，并且成了女子足球队的一员。这支足球队还提供关于艾滋病预防的教育。卡吉索最终获得了奖学金，进入大学学习计算机。到 2014 年，卡吉索正在学习中文以及其他网上课程。她已经明白自己的目标，就是在中国完成一部分研究生学业，因为她希望切身感受中国文化。卡吉索在美国北卡罗来纳州大学获得了奖学金，因此有机会在其合作学校——中国农业大学学习。在乐施会（Oxfam）充分的实习经历，使她开始关注，如何在撒哈拉以南非洲实施可持续密集农业。在研究生期间，卡吉索成了 EVOKE 的拥簇者。EVOKE 是一款社交游戏，旨在激发全球问题的解决方法，培养充满社会责任感的企业家。可持续密集农业的想法，帮助卡吉索赢得了种子基金（seed fund）。她回到非洲，开展业务，通过移动技术，使更多的人能够得到农业推广服务。Kiva 投资提供了更多的启动资金，使卡吉索得以创建公司。到 30 岁的时候，她的公司已经有超过 200 名员工，其业务开展到了非洲的其他国家。到 2052 年，卡吉索开发并出售了一些业务，这些业务主要是关于移动科技配置，以及社交网络与游戏的使用。后者致力于解决许多非洲大陆面临的最为严峻的环境与社会问题。

21 世纪的第一个十年里，我们会到达"巅峰年轻人"的年代，年轻人口占全球人口的比例接近 29%。到 2025 年，年轻人口还将增加 7200 万，但其比重下降到 23%。

2012 年，大多数年轻人都生活在发展中国家。他们的受教育比例较高，贫困人口比例较少，人均寿命更长。作为"电子原住民"，他们彼此之间，以及与世界其他地区之间的联系更多。他们的受教育机会也得到了改善。但是，这些年轻人生活的世界中，仍然有不断加深的不公平现象、愈发稀少的资源、人为导致的气候变化。15 到 24 岁的年轻人中，有大约 1200 万人罹患艾滋病；四分之三居住在撒哈拉以南非洲，那里的人均寿命仅为 46 岁。此外，在全球范围内，年轻人失业率都在上升。

但是，在这些悲剧和衰弱的背景下，塑造世界的力量和如今年轻人的价值观，仍然给我们充满希望的理由。到 2052 年，彼时的年轻人业已在政府、商界、公民社会中占据了领导地位。许多人不需要等待这么久，就可以引领一个全新的未来，但他们需要以自己的创业公司为途径，在社会与环境创新方面做出突破。

总体而言，这群常常被称作"千禧世代"（Millennial）的年轻人有如下几个特点：

- **网络社交更多**：最近，埃森哲关于千禧世代使用技术的报告显示，中国的年轻人们，在使用即时通讯、社会媒体/社交工具方面，平均每周花费34个小时。这是报告中其他12个国家数据的近3倍。此外，全球范围内，手机使用人数也在迅速增加。

- **要求透明度**：千禧世代的电子技术使用显示，他们已经准备好分享更多的关于自己的信息，也希望商界和政府能够更为透明。相比上一代人，千禧世代对商业和政府机构的信任度更低。作为在互联网和维基解密中成长起来的一代人，他们有机会看穿"皇帝的新衣"，也并不一定会喜欢被揭露的秘密。随着传统雇佣方式前景逐渐黯淡，受教育程度更高、与世界联系更为紧密的年轻人会迫于需要，在政治上更为活跃。

- **更支持自由开明的议题**：在美国，很显然，年轻人在政治上更为开明。年轻人的选票极大地促成了2008年奥巴马的当选。2011年在埃及的暴动，以及其他中东政治运动，都是受教育程度较高的年轻人通过移动技术和社交媒体发起组织。

- **更灵活**：千禧世代中，很多人并不指望拥有传统意义上的终生职业。失业率高居不下、受教育程度又较高的事实意味着，如果必需的话，年轻人可以自谋生计。对他们而言，关键的挑战是通过自己的信仰、彼此之间的联系、与支持而非剥削年轻人的系统之间的联结，找到生命的意义和希望。

- **以社区为中心**：千禧世代成长的世界，是恐怖主义、9·11事件、经济动荡以及环境恶化的世界。而这些年轻人又通过网络彼此相连，因而得以目睹每一场重大的自然灾害，如海啸和地震；以及每一起地缘政治不稳定事件。年轻人自身的稳定，来源于家庭、朋友以及数字社区；比起其他世代，这一代年轻人更有集体协作精神，而且似乎更富同情心。皮尤中心（Pew Center）是这样评价的："公民趋势（civic trend）总是伴随着一代人的出现而产生。正在出现的这一代人，在较为年轻的时候就有了很高的政治参与度。"

- **更关注精神方面**：到2052年，我们近年来在量子物理、人类意识以及思维科学领域取得的成果，已经成为主流常识。帕特里夏·奥伯恩在其著作《2010年的大趋势》（*Megatrends 2010*）中指出，在未来十年里，商业中精神力的出现将成为一个关键的趋势。我们生活在充满动荡的时代中，因而对生命意义的追寻成了强劲的动力。千禧世代不太可能参与正式的宗教活动，但是他们发展（高度连接与协作）的实体环境，以及螺旋动力学在价值体系的追寻中隐含的意义，都表明人类会继续提高能力，处理更为复杂的内容与替代现实。

交游戏的角色

那么，巅峰年轻人一代的价值体系将怎样改变2052年的世界呢？在提升年轻人社区观念与协作精神方面，有一个令人惊讶的推动因素，那就是游戏的出现——尤其是已经在各种社交网络，如Facebook中出现的社交游戏。简·麦格尼格尔是研究社交游戏的前沿专家。2010年，她在TED上发表演讲，充分解释了为什么游戏的发展可以解决一些最为系统性的挑战，如气候变化、饥饿、贫困以及肥胖问题。

如今，在游戏发达的国家中，每个年轻人在网络游戏上花费的平均时间是10000小时；而认知科学研究显示，正常人精通某项技能所需的时间也是10000小时。麦格尼格尔指出，当年轻人玩游戏时，他们需要挖掘自己最佳的品质：如积极向上、保持乐观、与人协作、有合作精神，并且在面对失败时仍然坚韧不拔。事实上，玩家在游戏中得到的乐趣，已经开始扩散到现实生活中，这对提高创新能力也有益处。

玩家似乎喜欢主题宏大，有关人类或地球的游戏。而麦格尼格尔已经开发了几个游戏，游戏的目的都是创建一个更美好的世界。例如有一款名叫"无油世界"（World without Oil）的游戏，由世界银行研究所开发，2007 年开放测试平台，现在有 1800 名玩家。EVOKE 也是一款社交游戏，目的是鼓励全世界一同合作，为最为紧迫的社会问题提供新颖的解决方法。

游戏和玩家的增加蕴含着深远的意义：通过在虚拟环境中，就现有的问题进行协作，我们或许可以加快实现憧憬中的未来。如"全球粮食供应"等主题的游戏开发前景广阔。鼓励大量年轻人参与到这类活动中，可以使他们更加意识到政治和机构的障碍。这些障碍妨碍了人们的行动，也可能反过来促使年轻人更多地参与政治诉求活动。

萨拉·赛文（英国人，1956–）过去 17 年里一直在耐克公司工作，担任多项职务，致力于可持续发展。现在，萨拉是"利益相关者动员"（Stakeholder Mobilization）组织、"可持续企业与创新"（Sustainable Business and Innovation）的主要负责人。她曾经领导耐克公司在气候变化方面的行动长达 12 年，现在正在俄勒冈州比弗顿进行激发系统创新的工作。

《巅峰年轻人：以游戏促进公共福祉》的观点非常吸引人。但是，我并不认为在 BRISE（新兴国家）中，这种趋势会更明显。因为，这些国家还没有建立良好的机构，用于政治沟通。

代际公平：开阔视野

未来几十年间，随着气候变化不断加深，有识之士会越来越担心，自己将为后代留下怎样的一个世界。自固定农业（stationary agriculture）出现以来，代际之间形成了一种默契：现在的农民可以尽可能地多收获粮食，但条件是必须给后代留下更优质的农田。然而，在未来四十年间，这一伟大的传统将首先在区域层面被打破。我们会明显地发现，这一代人正在给下一代人带来严重的问题，而新工具的产生并不能解决下一代人继承的这些问题。

尽管我不相信，但还是希望，我们对后代抱有的尊重——不仅是对儿孙辈，而是之后的许多代人——能够有所增加。因为我们正在目睹越来越多的灾难，其原因就是极端天气和生物多样性的丧失。约翰·埃尔金顿（他的文章《以帮助可持续发展为目的的军队》）则更为乐观：

> 我不知道第三次世界大战将使用何种武器，更不必说第四次世界大战了。但是，必然会发生的是，未来战争会确保，到2052年，我们将成立世代国际法庭（World Court of Generations）。在法庭之上，造成生态灭绝，损害后代利益的政府、公司和其他参与者将遭到传讯和起诉。

我希望他是正确的。

第三部分

Analysis

分析

09

第九章
对未来的反思

在这里我并不是说，我之前描述的未来，是任何人的目标。无论是我、还是对本书做出贡献的人们，还有本书的读者们，都不愿意看到这样的未来。因此，我需要重申的是，我们并不是故意要使未来变得更为惨淡。相反，在未来漫长的四十年中，整个社会将试图为所有人创造更好的生活条件——其主要途径，就是使经济继续增长。这一努力在一些地区成功了，但并不是在所有地区都可以成功。到 2052 年，数十亿人会比 2012 年过得更好，有一些人还可以达到西方的生活水准。然而，最贫困的 20 亿人的生活水平，较之 2012 年而言，几乎没有任何的提高。

提高物质生活水平的努力，将会意味着增加能源的使用量；而我们依赖化石燃料的时间将过于漫长，以至于对气候造成了破坏。因此，到 2052 年，整个世界回顾一下过去的四十年，就会发现，由于全球持续变暖，气候破坏加快，人类可能会面临自我加强、继而失去控制的气候变化。到 21 世纪中叶，人们将终于开始采取大规模行动，以减少人类生态足迹，其基础就是集体同意外加国家拨款的积极投资，致力于减少气候灾难发生的可能性。此前，民主政体一直被短浅目光和拖延所主导；届时，民主政体将最终开始采用更迅速、更集权的决策方式。

通往 2052 年的道路，注定不会是平坦的。不公平现象、社会紧张与冲突会继续增多。一些国家还会崩溃。许多人在底层挣扎。但是，到 2052 年，一个新的城市化、虚拟化的文化将开始显现；然而，这种文化与创造人类的自然相距甚远。价值观开始更关注整体利益和可持续发展。但是，气温仍将上升；生态系统仍将节节败退；2052 年的世界，对其后的四十年而言，并不是一个良好的开端。

主要驱动力

我们已经简单地讨论了两个将促成未来转变的主要驱动力：全球人口以及全球 GDP。我们已经看到，全球人口将先增加，后减少，于 2040 年达到 81 亿的峰值，并于 2052 年回落到目前的水平。我们也看到，在过去四十年里，劳动生产力增长率一直在降低；未来也将如此。而且，令我惊讶的是，到 2052 年，世界经济增长率似乎正在逐渐走向停滞。原因并非人们不想保持增长，也（基本）并非石油或其他资源的短缺，而是因为人口增长缓慢、生产力增长率更慢。而资源枯竭也会使生产力增长放缓。

但是，世界经济逐渐走向停滞的主要原因，并非资源方面的限制。石器时代的结束，并不是因为缺少石头。类似地，化石时代也不会因为化石能源的缺乏而结束。在化石时代结束后，仍然有大量化石能源埋藏于在地底下，其原因就是人类已经不需要使用这些能源。能源使用量永远不会达到我们预期的水平——因为经济总量会小于预期。我们使用的能源将会更少，因为我们会在这一资源的使用上，（牢骚满腹地，尽可能推迟）做到精打细算。而化石燃料的使用会小于预期，因为我们会（牢骚满腹地，而且只有当可再生能源具有竞争力时才会）转而使用可再生能源。然而这一转变的速度不够快，因此危险的全球变暖仍然不可避免。我们仍然不得不面临其严峻后果，并采取大规模的巨额投资，用于适应气候变化。

人们也可从宏观经济的角度，来看待我的预测。这对于一些人来说比较有利——他们更愿意从这个角度来观察世界：出于理性，在解决资源枯竭、污染、气候变化、生物多样性丧失等问题上，人类就会寻求增加年度投资，以采取保护性措施。人们增加的投资将会被用于修复工作（如飓风和洪水造成的破坏）、适应工作（如新建堤坝，抵御海平面上升的危害），以及新技术的开发（如太阳能、碳捕集与封存技术等）。这些投资能够帮助减少气候变化带来的破坏，推迟生产力长期下降到来的时间，并推动全球 GDP 的增长。行动规模越大，能够创造的就业机会就越多。但是——这一点很重要——这不会带来类似的消费增加。原因很明显：消费者必须限制消费，因为有很大一部分GDP已经被用于修复、适应以及新技术开发工作了。遗憾的是，消费增长降低，会加剧社会紧张与冲突；反过来又会使生产力增长放缓，因为人们可以分享的经济总量减少了。

到2052年，世界经济总量将小于预期。这一"事实"将为人们带来一个之前未曾预料的巨大好处：经济增长率的降低，会使得人类对地球承载力造成的压力有所减轻。然而，这并不意味着不会出现巨大的破坏。极端天气、海平面上升、洪灾旱灾仍然会使我们的下一代面临各种问题，而他们本可以无忧无虑地生活。原生态的大自然，将被迫向两极推进，或是进入国家公园，使人们更难维持自然景观和生态平衡。但是，和高达95亿人口、4倍于目前经济总量的世界　　也就是根据人们普遍预测得到的"未来世界"——相比，2052年的世界所造成的破坏更小。

图表中的未来

以上预测以及相关数据，可以在图表9-1中清楚地看到。这一图表展示了1970年到2050年的世界发展：包括过去四十年的历史数据，以及我对未来四十年的预测数据。

图表9-1包括了三个部分，并展示了世界在15个方面的发展。这15个方面代表了状态、生产、生活水平。"状态"图表提供了1970年到2050年间，人口、GDP、消费、能源使用排放的二氧化碳量以及气温升幅的数据。"生产"图表提供的则是人类活动的5个指标：能源使用、食品生产、可再生能源比例、GDP中投资所占比例以及尚未使用生物产能。"生活水平"图表中则显示了人类生活状况的几个方面：人均GDP、人均能源使用量、人均食品拥有量、人均（商品与服务）消费量、海平面升幅。所有15个方面的数据都是全球平均值。

结果显示，全球社会首先会不断扩张，接近地球承载力极限，继而开始减弱。大多数指标都延续了2030年前的趋势。但是，2030年之后，许多指标开始出现停滞和下降。气温升幅、海平面升幅以及可再生能源使用比例除外。这3项数据持续增长,而尚未使用的生物产能则一直在减少。气候变化造成的影响持续增加,自然被迫节节败退,可再生能源不断占领市场份额。

全球二氧化碳排放量于 2030 年首先到顶。到 2050 年,排放量已经回落到 2010 年左右的水平。人口于 2040 年到顶,随后开始极为缓慢地减少——到 2050 年,人口将减少 1%。接着,能源使用量也达到了峰值;根据我的预测,世界能源使用量的峰值将在 2042 年到来。但是,能源峰值非常平缓;实际上,2030 到 2050 年间,全球能源使用量几乎没有变化,2050 年之后才开始缓慢减少。第四个到顶的指标就是全球消费——年度私人和公共部门在商品和服务方面的开支。但图表上无法看到这一指标,因为消费在时间轴的末端才达到峰值,并在随后的十年里(超出图表的时间范围)开始下降。而 1970 年到 2050 年间,全球 GDP 一直在保持增长,但是后期的增速开始放缓,于本世纪中叶逐渐到顶(落在图表范围之外)。

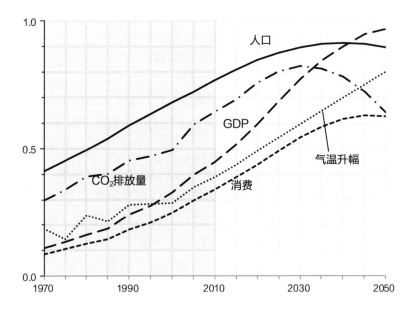

图表9-1a 全球状态,1970-2050。
范围:人口(0-90亿);GDP与消费(0-150万亿美元/年);二氧化碳排放量(0-500亿吨/年);气温升幅(0-2.5摄氏度)。

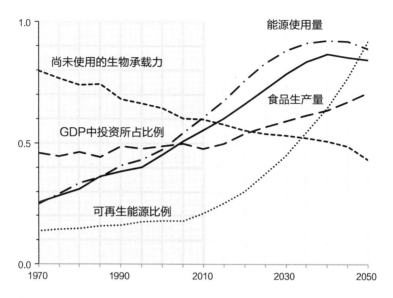

图表9-1b 全球生产，1970-2050。
范围：食品生产量（0-120亿吨/年）；能源使用量（0-200亿吨石油当量）；可再生能源比例（0-40%）；尚未使用的生物承载力（0-50%）； GDP中投资所占比例（0-50%）。

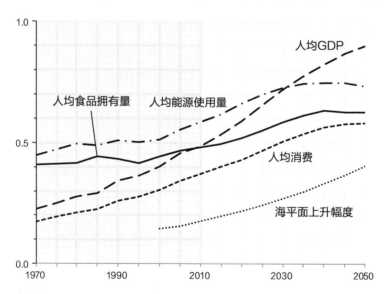

图表9-1c 全球生活水平，1970-2050。
范围：人均GDP与消费（0-20000美元/人/年）；人均食品拥有量（0-2吨/人/年）；人均能源使用量（0-3吨石油当量/人/年）；海平面上升幅度（0-1.4米）。

同期，全球气温也将一直保持上升趋势。与工业革命前的气温相比，1970要高出 0.5 摄氏度（+0.5），而 2050 年则要高出足足 2 摄氏度（+2.0）。图表中没有显示相关计算方法。我采用的是 C–ROAD 模型，基于我对全球二氧化碳排放量的预测，也就是 2050 年到 2100 年，排放量将逐渐降至零。这意味着，全球气温将在 2080 年左右达到 +2.8 摄氏度的峰值，尽管二氧化碳排放量早在 2030 年就已经到顶。

在图表的"生活水平"部分，人均 GDP 也在一直增长。全世界范围内，每个人每年都在增加其商品与服务的生产。但是，2015 年后，GDP 中投资所占的比例将开始提高。首先是因为社会决定增加投资，抵御资源枯竭、环境污染、气候变化和生物多样性丧失带来的破坏影响；随后则是由于社会行动不足，不得不增加投资，恢复破坏影响。因此，人均消费品和服务的生产将于 2050 年左右出现停滞——并且随后不断下降。

食品供应将在 2040 年左右达到峰值——因为气候的变化，适宜农业的土地面积开始减少。同时，气温升高所带来的负面影响也开始显现，使土地增产速度减缓，超过了二氧化碳浓度提高对增产的积极作用。2040 年左右，食品生产到顶，届时年均产量大约为目前的 1.6 倍。人均食品拥有量比 2010 年高出三分之一，意味着仍有相当一部分人处于饥饿之中。人均能源使用量在 2035 年到顶后，开始逐渐减少，因为对提高能效的投资开始产出丰硕的成果。

但是，人类活动从 2010 年开始持续扩大，其造成的破坏影响将会鸣响警钟。增长的生态成本，不仅反映在平均气温的不断升高，还反映在尚未使用的生物产能的持续减少（见"生产"图表）中。到 2050 年，2010 年尚未使用的土地中，已经有大约一半被用于人类活动（建筑、基础设施、林业与农业）。同时，2010年到 2050 年，海平面平均上升 36 厘米，与工业革命前相比上升 56 厘米。

图表中相关的数据来源已列在附录 2 中。希望了解更多数据的读者，可以访问本书网站 www.2052.info，获得表格模型。网站还提供了许多其他的补充变量，如人口数据以及能源部门的组成结构。

千钧一发之际

浏览这幅庞大的图景时，我们得到的好消息是：我的预测并没有显示，未来四十年里人们的生活水平会出现急剧下降。的确，一些社会团体——特别是由如今的精英组成的团体——不得不经历生活水平的下降过程，这看上去像是"彻底崩溃"。但是，事实并非是生活水平的崩溃，"只是"数十年间，可支配收入的停滞不前。在一些富裕地区中，收入停滞可能导致人均消费减少，但不会导致整体的崩溃。

我的预测中并没有讨论一些无法解决的问题——这些问题有关石油、食品、水或者其他资源。其原因之一是，全球人口中有很大一部分——20 到 30 亿人——生活仍然会处于贫困状态。原因之二是，我认为，暂时的短缺（影响的是有能力支付资源的人）最后会通过社会得到解决。社会将投入更多资金，解决问题——通过强力解决问题。全球经济是一支强大的力量，如果社会最终决定使用这种力量的话。

因此，全球未来面临的主要挑战，并不是解决我们正在面临的问题，而是就行动达成一致意见。真正的挑战，是让人们和资本拥有者愿意接受短期的牺牲，卷起袖子承担艰苦的工作。人们迟早都会同意共同采取行动，但是这种共识会来得很晚，随后的解决方法来得更晚。如果不立即采取行动，未能解决的问题存在的时间就会更长。等待"市场"给出行动的信号，将延长被迫牺牲的时间。具有远见的政治领导人，可以激发社会的应对行动；但是在民主政体中，目光短浅的选民们可能会阻止这种行动。

当我（在 2012 年）写作这本书时，人类已经非常清楚地意识到气候变化带来的挑战，而且就全球应对行动展开的谈判也已经开始。事实上，类似的讨论已经进行了 20 多年。人们究竟何时才能达成共识呢？我的预测是量化的，对人们最终达成一致的内容和时间进行预测。结果非常有趣：人类的反应会非常强烈（或者低迷），以至于无法得知在 21 世纪中叶，是否会引发自我强化的气候变化。未来四十年间，如果人类采取的行动比预测更为强大，那么整个 21 世纪里，全球升温幅度不会超过 2 摄氏度；而且根据科学研究，如果升温幅度在 2 摄氏度之内，自我强化的气候变化将不会出现。但是，根据我的预测，二氧化碳排放量会使

2080 年的全球升温幅度达到 2.8 摄氏度。这已经超过了气候学家提出的安全值。

因此，我们正处于千钧一发的关头！人类改正自己错误的速度，会比我的预测更快吗——若果真是如此，人类能够在气候变化失去控制前拯救地球吗？

自我强化的气候变化过程中，当前的升温导致未来更高的升温，形成一个无法停止的因果反馈循环。最简单的例子就是南半球冻土的消融。冻土的消融，会释放一种强大的温室气体，也就是甲烷。甲烷会导致气温进一步升高，而高温又导致更多的冻土消融，进而释放更多的甲烷。这一循环将会不断持续，直到冻土全部消融。计算结果显示，如果这一过程一直持续到底，释放出所有的甲烷，其对全球升温造成的影响将是目前二氧化碳的两倍。自我加强的全球变暖与其他问题不同，因为前者一旦开始，就无法停止。我本来应该说的是"'几乎'无法停止"。停止自我强化的气候变化可以通过给地球降温（尤其是给海洋降温），使气候降至安全范围内。但是，这需要人们有足够的能力抵消同时出现的自我强化的气候变化。我们的确得有个超级大冰箱才能做到这一点。

我的预测讲述了一个慢慢接近黑暗深渊边缘的世界——非常接近于引发"自我强化的气候变化"——这一事实应该强有力地促使我们采取比现有更多的行动。

我的反应

那么，我在看到这份到 2052 年的发展预测时，最初是怎样的反应呢？

我的第一反应，竟然是松了一口气。得知自己有生之年不会面临世界末日，我的确倍感欣慰。天不会塌下来，至少在我居住的地方（新北方）不会如此，至少在我离开人世之前（2030 年时我已经 85 岁了）不会如此——我希望，生命的彼岸将是一个更为公平、气候变化更小的地方。

在未来的四十年间，全球状况将会比它"理应达到的状态"更为恶化。但是，人类文明将发生改变，而不是溘然消亡。人类文明所处的道路——将通往城市化、机械化、计算机化的世界——虽然我并不喜欢这条道路。但至少，人类文明是不会消亡的。

而将会消失的，只是那些我深爱的自然风貌。在人类活动所造成的不断翻番的影响下，珊瑚礁、广袤的针叶林、物种丰富的雨林可能会不复存在。但是人类会继续存活下去。

因此，实际上我的第一反应就是松了一口气。在过去的四十年里，我一直在为可持续发展而奋斗，而未来将比我设想的情况更好。

我接下来的反应是：我的预测正确吗？我的预测会成真吗？世界真的会如此愚蠢，以致于不去采取有能力采取的行动吗？在未来的几十年里，人类世界真的不会安排足够的人力和物力，以解决逐渐浮现的气候危机吗？我很遗憾，但世界就是那么愚蠢。我认为，世界就是太愚蠢了，才会对那些有益的行动加以拖延。原因很简单：那些世界的管理者——也就是民主国家中的大多数人，以及资本主义体系——目光过于短浅。我写作这本书只有一个目的，那就是为自己的问题找到最可能的答案。问题就是：在我的未来中，我的世界将发生怎样的变化。为了回答这一问题，我尽可能一丝不苟、始终如一地建立起答案。我的答案恐怕是正确的。

当然，我的答案中依然含有许多不确定因素。根据正常的科学方法来评判的话，这一预测显得过于大胆。我本可以使用更为准确的数字来进行写作，如"在21世纪40年代初期的某个时期，世界人口将处于80亿到86亿之间"，而不是现在的"2042年世界人口将达到81亿"；如"在本世纪中叶，全球年GDP将达到120到160万亿美元"，而不是"2050年的全球GDP将达到145万亿美元"；如"全球平均气温最高可能达到1.5到4摄氏度"，而不是"全球气温升幅将超过2.8摄氏度"。这些数据的变化幅度，显示了预测中真实存在的不确定性，而且这种不确定性很大。但是，我仍然选择在预测中使用平均值，也就是在不确定性中更可能接近的数值。这就是我的预测和严格的科学研究之间的区别：在预测中，你必须基于事实数据做出猜测。在大多数情况下，不使用平均值，而使用最高值或者最低值，对结果并没有什么影响。唯一的例外是对全球平均气温的预测。如果到2080年，全球气温升幅为1.5摄氏度（最低预测值），那么我们就可能得以避免自我强化的气候灾难。但是，如果升幅达到4摄氏度（最高预测值），那么我确定，气候灾难不可避免。而如果升幅符合平均值，也就是2.8摄氏度，那么气候灾难到来与否还很难确定。

让我回到这个问题：我的预测可能成真吗？要想以系统性的方式探求答案，

就需要问另一个问题：哪些是最敏感，最容易发生波动的假设？预测是建立在哪些支柱之上的？这些支柱中哪一个最弱？最可能倒塌的两个支柱，就是城市出生率的下降和生产力增速的减缓。预测还基于其他许多支柱，其中一些重要性不高，还有一些支柱的基础则非常坚实，无须多言：人均寿命延长、化石能源的充足储备、大规模使用廉价可再生能源在技术上的可行性、食物生产能力充足，以及人类、民主政体和市场的短浅目光。

让我分别来讨论一下刚才提到的两个关键支柱。如果城市生育率的下降速度低于预测值，那么世界人口的峰值就会更高，GDP 峰值以及能源使用峰值也会更高。累积的二氧化碳排放量将会增加，平均气温峰值也会升高。结果就是，2052年后很可能出现自我强化的气候变化。但是，与此同时，人口增加也会对资源造成更大的压力，由于空间狭小而导致的冲突也会增多。这反过来致使 GDP 增长不如预期，能源使用量和二氧化碳排放量也会更小。这一反馈效应将使全球 GDP 总量保持不变，但是人均 GDP 更低。我要强调的是，在任何社会体系中，都存在补偿性的反馈效应。这些反馈效应可能会减少外部转变带来的影响。这样，生育率偏高对未来全球的影响，可能小于许多人的预想。

再来看看第二个支柱——生产力增速的长期放缓。这里也存在着反馈效应。如果生产力增速低于预期，生产量就会减少，带来的好处就是对全球有限资源的争夺会趋缓。而问题是，消除贫困需要更长的时间。但是，如果生产力增速高于预期呢？那么全球 GDP 的增速会高于预期，达到更高的水平。能源使用和温室气体排放量也会增多，化石燃料的枯竭速度会更快。另一方面，解决资源枯竭和污染问题的经济实力也会得到增强。如果人类活动对地球承载力极限的压力进一步增大，或许民众会更早地觉醒，更早地将经济增长的成果用于解决环境问题。我要再一次说明，相反假设的作用可能没有预期那样高：GDP 增速的提高可能使社会更早地做出行动，减少对地球造成的破坏。

我的预测还基于其他一些假设之上。例如，廉价的石油并不会使人们偏离从化石燃料转向太阳能的道路；土壤流失也不会导致世界粮食生产增速减缓；全球贫困问题更不会使经济发展完全停止。如果石油稀缺、土壤生产力以及贫困问题，没有在"正常发展"的过程中得到解决的话，情况会有什么改变呢？这里，我给出的答案遵循的是某种不同的逻辑。如果这些问题现在不得到解决，之后也能够得到解决。同时，问题将变得越来越严峻，最终使人们投入足够的资金，采取措施解决问题。然而，人们也会承受不必要的痛苦。这种痛苦对那些正在承受的人而言，事关重大；但是在长期来看，它不会完全摧毁地球承载力。

我对预测的第三个反应——在长舒一口气，继而产生怀疑之后——就是绝望。我十分害怕我们会失去整个世界。我认为，人类不会采取行动，在气候变化变得自我强化以致于无法阻止之前，就解决这个问题。这个想法让我倍感沮丧。正如我之前提到的，我并不是为自己的福祉而担忧。我现在过得很是舒坦，而且在危机到来之前，我就已经长眠于地下了。更令我焦虑的是，人类将会主动摧毁这个美好的世界——在人类发展过程中，致使生物多样性和人类文明的多样性丧失。简而言之，我代表那些自然花费数千年才创造出来的瑰宝而感到恐惧。同样令我恐惧的是，人类将为自己带来不必要的痛苦。但我必须承认，这种恐惧是第二位的。我确信，人类会在 21 世纪后半叶继续（用人们常常用来诋毁别人的话来说，就是和老鼠、苍蝇一起）生存下去。人类的适应能力非常强。和我相比，未来人类可能并不会觉得后危机时代的世界有多么糟糕。

8 个关于未来的直接问题

我将在第十二章中讨论怎样改变未来的状况。但是首先，让我来回答一些问题。对于未来四十年的发展，你们很可能提出这些问题。我也认为，这些问题将在未来逐渐浮现。

1. 我会变穷吗？

我们中的一些人会变得贫穷，另一些人则不会。

为了给出一个更为清晰的答案，必须将这个问题明确为：和 x 相比，我的经济条件会更差吗？而且，你还必须选择，x 应该是（a）现在；（b）如果人类选择应对问题，理智地管理世界所得到的未来；（c）和你的同龄人相比的生活。

另外，你还必须明确，"未来"指的是哪个时间点。是 2052 年吗？或者更短一些，2032 年？我希望你还记得，到 2052 年的平均收入变化并不是一条直线。

在我的预测中，人均消费在未来四十年的某个时刻将达到峰值，并于 2052 年开始出现下降——具体情况则取决于你生活的地区。

如果我们愿意牺牲一些精确性的话，我就可以给出这样的答案：只要你不是美国人，到 2052 年，你就会比现在更富裕。但是，如果你没有生活在中国或者 BRISE 国家，那么经济水平的增长是非常有限的。让我再添加一些细节吧：如果一名仁慈的独裁者在 2012 年掌控世界，并且迫使人们增加必须的投资，使所有人都能获得工作，将全球升温幅度控制在 2 摄氏度之内，那么比起目前的发展态势，届时你的经济状况将会宽裕得多。

我还要补充一点：除非你在未来四十年间，做了非常愚蠢的（或者非常前卫的）事情，否则你的收入水平将和邻居、同龄人一样。在未来四十年间，你们的发展速度都是一样的。但是，如果你现在极为富有，那么情况就并非如此了。在再分配过程中，你的社会地位将发生下降。而且我认为，在未来四十年间，一定会出现再分配，其目的就是减少资本主义世界中，不公平现象快速增长所带来的社会紧张态势。

最后，我还要冒昧地给你一点建议：你提的问题本身就是错误的。你不应该问"我会变穷吗？"，而是应该问"我会比现在更满足于自己的生活吗？"因为（对你而言），生活满意度比生活条件的高低更重要。经验告诉我们，对某些人而言，收入的高低决定了他们对生活的满意度。但是对大多数人而言，福祉这件事受到许多因素的影响——工作、健康状况、家庭、社区以及未来的前景——除了收入以外的各种因素。生活的方方面面的总和，决定了你现在和未来的福祉。

因此，当你从我的预测中估计自己的未来时，试着想想未来对你的福祉意味着什么，而不仅仅是考虑未来收入的变化。

2．未来的就业机会充足吗？

充足。

或者不妨更加轻率地说：未来的工作数量就和过去一样多——相对于劳动力总量的话，事实就是如此。或者我们可以更科学地说：认为未来和上一代相比，失业率会升高（或者降低）是没有道理的。这意味着那些希望得到有偿工作机会的人中，有 10% 不能立刻得到工作。在经济形势良好时，这一比例为 5%；而在形势不佳时，则会升至15%。未来的情况和现在没有什么不同。

原因很简单。在工业化和后工业化的城市社会中，对个人而言，拥有一份工作至关重要。这是个人分享社会财富的唯一途径——如果他不想偷窃的话。由于工作非常重要，因而个人会竭尽全力争取得到一份工作。而社会——至少在长期——也会尽可能地保障就业机会，主要方法就是争取使经济实现增长。但是，回顾历史，我们可以看到，这一任务非常艰难，而政治家的努力常以失败告终。结果就是，我们会经历较长的一段高失业率时期，即便在发达经济体中也是如此。而在未来，确保充分就业的任务会越发艰难，因为我预测，未来GDP的增长将会放缓。

但是，鉴于就业对社会和平与秩序的重要性，鉴于精英团体对社会重新洗牌确实抱有恐惧，社会将采取必要的措施，确保就业——迟早是这样。我敢这么说，是因为这一问题在理论上是可以解决的。如果失业率问题没有在短期得到解决，那是因为社会没有同意使用必要的手段，尽管执政的精英们手头就有现成的方法。因为这些方法将会从富人（拥有工作的人）手中拿走一部分财富，给予穷人（没有工作的人）。

说到最后，执政者还可以大开印钞机，雇佣失业者从事社会需要的工作，而后者则可以挣到这些纸币。例如，政治家可以决定，社会需要建造新的堤坝，以防止海平面上升带来的威胁；或者清理公共场所与高速公路上的垃圾；或者将所有屋顶都刷成白色（这样可以反射更多的阳光，减轻全球变暖的影响）；或者创造新的公共娱乐活动。政治家可以印刷足够的纸币，以雇佣失业者，从事必要的劳动。这部分新增的纸币，可以促进工人对任何必需品的需求——食物、住房、能源、假期——还可以带来传统的扩张效应。尽管这么做的代价是通货膨胀率升高，但是这对富人的影响更大。只要经济中还存在没有得到充分使用的资源，国家就可以通过财政赤字促使人们完成必要的工作。因此，通过印刷新钞来降低失业率是可行的。但是，富人会反对这项措施。因为他们看到的是自己的财富和收入被转移至穷人手中。

如果精英们足够愚蠢，以至于不愿意在合理的时间范围内解决失业问题，那么革命（社会系统中至少会发生混乱，引致危机，使系统无法正常运转）就是结果。这种混乱会在短期内使收入降低，但在长期看来，混乱会带来社会的重新洗牌，为之前的失业者提供新的机会。混乱使失业率下降到更容易承受的水平，还可能使其降至 10% 以内。

因此，我并不认为未来将出现更高的失业率。但是，这并不意味着就业率将一帆风顺。失业率会继续发生波动，在"勉强可以接受"和"完全无法承受"之间变化。而在此过程中，将带来不必要的痛苦。

3. 气候问题会对我们造成伤害吗？

是的，但是在 2040 年之前，伤害不会很严重。

我的预测以量化细节展示了我对全球平均气温在未来几十年里的上升情况预测。2012 年，全球平均气温与工业革命前相比，高出 0.8 摄氏度；而 2052 年，这一数字将上升到 2 摄氏度；在 2080 年还可能达到 2.8 摄氏度。

2080 年的数值，已经超过了警戒线。世界领导人曾一致同意，2 摄氏度是气候变化开始失控的警戒线。但是，我们也需要意识到，这是一个在政治协商后取得的共识。关于警戒线究竟是什么，人们的意见各不相同，而且现在也不相同。

有许多文献描述了升温幅度超过 2 摄氏度的后果。科学研究也大多同意，在超过这个数值之后——在易受旱灾地区，旱灾会更为频发；在降水过多的地区，降水将更多；还会出现更多的极端天气（强风、暴雨、热浪）；冰山和北极海冰融化增多，使海平面上升，海水酸性增加；气温升高，大气中二氧化碳浓度升高，促进北半球高纬度地区粮食与森林生长。生态系统会向两极和山顶推进。

但是，科学研究还未能详细地预测这些影响的地区分布。因此，我们无法预测，未来几十年间，你居住的地区将面临怎样的影响。但是，如果你将视线从科学研究上转移开去，就可以发现一些现象，这些现象更能说明问题。如果你问问那些每天和自然打交道的本地人，就会知道在过去二十或者四十年间，这个地区发生的变化。而由此认为在你的余生中，这些变化会更为强烈，一点儿也不为过。

让我举个例子吧。如果在漆黑寒冷的冬季，也就是 11 月中旬到 3 月中旬，你还想待在我的家乡奥斯陆这个寒冷的北部城市，那么唯一说得通的理由，就是你将有机会滑雪（最好能在奥斯陆北部的针叶林里，在被皎洁的月光照亮的林间滑雪）。你可以在 1 米多深的雪上滑雪。这样冰雪覆盖着大地的冬季景观，在 1986 年戛然而止。奥斯陆的冬天不再名副其实。

在过去的 25 年里，奥斯陆的冬季平均气温上升超过 2 摄氏度。这使得冬季从原先的 4 个月缩短至 2 个月。现在，我们只有 2 个月的时间能够好好滑雪，还有 2 个月则不得不忍受湿漉漉、灰蒙蒙、冷冰冰的融雪。这些融雪让森林陷入灰暗之中；下班之后想在林间慢跑都是不可能的了。奥斯陆的冬天减少了一半，原因就是气候变化。对过去 50 年一直滑雪的人而言，这一变化清晰可见。这在降雪数据上已经有所显示，但是城市居民还并不了解这一变化。当然，挪威也没有采取强有力的气候政策来解决这一问题。

失去滑雪这项乐趣的确会让人感到不快，但这毕竟不是灾难性的改变。美国西部旱季的延长，或者普罗旺斯高温极端天气的增多，其性质也是一样的。但是，这些变化的确造成了损失，使成年人更加怀念过去的黄金岁月。而减缓海平面上升至少是个更大的麻烦。如果海平面上升 1 米——2052 年海平面可能上升 0.5 米——许多太平洋岛国就可能被淹没。

因此，如果你想知道气候变化对你带来的影响，就问问热爱户外运动的老年人，或者老农民，问问他们认为发生了什么变化。接着，再试着根据那些答案，回答"我会更满意自己的生活吗？"这个问题。但是，请注意，你得到的回答会是非常主观的：大多数生活在森林旁边的挪威农民，会对未来非常满意。他们很高兴能看到气温上升、森林长势更好，使他们的砍伐活动进行得更顺利，因为起妨碍作用的冰雪减少了。

4．能源会变得更昂贵吗？

是的。

但是，准确的答案取决于问题中的细节。首先让我们确定，你考虑的成本是什么。你是在考虑你的账单（以每年工资计算）？还是国家支付的金额？或者是每单位能源的价格（以每千瓦电或者每加仑汽油价格计算）？或者，是经济总量中，为了获取经济运转必须的能源而必须花费的金额（以 GDP 在能源中所占比例——这应该包括出口行业，它们被要求为能源进口提供资金，如果国家正在进口能源的话）？

我只能回答这些问题中的一部分，而且答案随着具体问题的变化而有所不同。最简单的答案，就是从图表 9-1 中所得到的：人均能源使用量会增加，但这只是暂时的——在 2040 年左右，将达到峰值。因此，在未来几十年里，我们每个人仍将拥有更多可供使用的能源，直到这一增长减缓，而能源效率的提高使我们每年使用的能源量降低。

因此，我们会使用更多的能源——以石油当量显示每年人均能源使用量的话——直到 2040 年为止。但是，这意味着我们要支付更多的钱，以购买能源吗？我无法做出详细的预测。但是，我的表格告诉我，经济的能源强度将出现单调（monotonically）下降，从 1970 年 300 千克石油创造 1000 美元，下降到 2010 年的 180 千克石油 /1000 美元，到 2050 年还将降至约 120 千克石油 /1000 美元。这意味着，每单位能源创造的财富将迅速增加，同时意味着，新增财富中用于能源的比例将出现下降。但是，我对此并不确定。因为这取决于新型能源在越来越多地代替化石能源的过程中，是否能提供和使用煤炭、石油与天然气相比更为廉价的电力和热力。

更简单地说，在进行了许多实证工作之后，我认为，未来能源价格可能比现在的化石能源高出 30%。但是，由于到 2052 年能源强度将下降 50%，因此你每年支付的能源账单的绝对值甚至可能减少。而能源成本在 GDP 中所占的比重也会下降，而 GDP 的增长则会超过 100%。但是，这只是对未来四十年的预测；与此同时，在社会增加投资帮助经济从依赖化石能源转向利用可持续能源的过程中，能源将变得更为昂贵。

因此，回答你的问题，我相信每单位能源价格将上涨三分之一。但是，由于到 2052 年，能源强度将下降 50%，因此你每年支付的能源账单的绝对值甚至有可能减少。能源成本在 GDP 中所占的比重也会下降，而 GDP 的增长则会超过 100%。但是，这只是对未来四十年的预测；与此同时，在社会增加投资，帮助经济从依赖化石能源转向利用可持续能源的过程中，能源将变得更为昂贵。

GDP 中能源生产所占的比例，能够使你较为准确地估计，你作为消费者 "感受" 到的能源价格。这一比例（大致）相当于你为了支付能源，所需要花费的时间。位于美国的能源研究所尝试估计了能源在全球 GDP 中所占的比例。2005 年，美国 GDP 中有大约 8% 被用于提供能源。这就意味着, 所有劳动力和有形资本中，（大约）有 8% 被用于获取能源。在过去四十年间，这一数字发生了较为剧烈的变动。1970 年，这一比例为 8%；在 20 世纪 70 年代石油输出国组织提高石油价格之后，则上升到了 14%。随后的 20 年里，美国经济在"石油危机"之后逐渐恢复，能源生产占 GDP 的比重也下降到了 6%。自 2000 年开始，这一数字又开始上升，于 2006 年达到了 9%。能源研究所估计，同期能源生产占全球 GDP 的比重约为 8%。

这大致说明，从全球范围来看，每个人都在花费十二分之一的时间工作，用于支付能源。而在向可再生能源转变的过程中，这一数字可能达到八分之一。

因此，能源会变得更为昂贵，但是就我看来，价格增幅不会很高。最根本的原因就是，即便是在现有的条件下，人们也有能力（依靠碳捕集与封存技术，CCS）从煤炭中获取清洁的电和热，其成本仅为传统火力发电、发热的 1.5 倍。而 CCS 煤炭利用技术，几乎可以一直提供技术后盾，使长期能源价格不会无限制地飙升。我必须强调，许多有识之士都不同意我的估计。我的估计是基于对 CCS 能源（较高但有限的）损耗率的工程验证（engineering assessment）。我的批评者认为，CCS 技术的成本会比预测高得多。如果他们是对的，这就意味着 CCS 至少在短期内不会得到应用。其影响就是，短期内你的能源账单金额会减少，但是向低碳世界的转变过程会延长。

总的来说，能源成本在短期内不会大幅上升的主要原因是，人类在做出向可再生能源转变这一决定方面的行动非常缓慢。在 2052 年，所有使用的能源中有整整 60% 是来自化石燃料的。因而气候变化会继续快速发展，相关的恢复工作的成本也不可避免地会增加。矛盾的是，人类会情愿支付善后的账单，而不愿意花费同样多的钱，早一些使用可再生能源，避免气候变化带来的破坏。

5. 年轻一代会心平气和地接受上一代带来的（债务和养老金）负担吗？

不会。

在讨论完收入、就业、气候破坏和能源成本这些有形的问题之后，我要开始讨论一些更抽象的，更无形的问题。

第一个问题就有关代际公平，这在工业化和新兴经济体中尤为突出。在过去几代人间，这些经济体处理代际（以及两性之间）权利和义务的方法，发生了翻天覆地的变化。尤其在富裕国家中，第一代人带来了巨大的国家债务，并设定了缺乏财政支撑的养老金方案。这一代人马上就要退休了。而有意思（至少可以这么说）的问题是，下一代人是否愿意承担这个沉重的负担，平心静气地偿还债务，并支付上一代人的养老金。这里，我要重申我的答案：不会。

最简单的原因就是，他们不需要这么做。法律规定了这个义务，但却无法强迫年轻人去执行。如果他们团结起来，坚持不这么做，那么老年人对他们一点办法也没有。如果事态变得紧张，那么上一代人注定是代际战争失败的一方。第二个原因是，我们已经看到，年轻人的负担开始有所减轻。在目光长远、组织良好的国家中，养老金方案已经得到了修订——目的就是减少未来支付的压力。希腊是第一个采取行动，减轻父辈犯下的过失的国家——然后让世界其他国家为希腊老一代人支付一半的债务。在美国，住房被收回的人们也开始努力，想要挽回一些被金融机构所吞噬的损失。

我相信，这些进程都将持续下去，尽管现在很难说，两代人之间福祉分配的平衡点在哪里。但是，毫无疑问，目前的情况（也就是立法状况）过于偏袒我所属的这一代人，也就是二战之后出生的这一代人。

如果我们还考虑即将到来的气候破坏，那么我这一代人就更为邪恶了。因为需要承受恶果的，不仅是现在的年轻人，还有未来世世代代的人们。我们这代人在过去四十年间所排放的二氧化碳，将一直困扰之后的人们。许多人声称，这并不算什么，因为我们已经留下了大量的资本、基础设施和技术。但是世界可持续发展工商理事会曾表态："如果生态系统崩溃，人类将无法取得成功。"

简而言之，目前这一代人正在给未来的人们造成过于沉重的负担。但是这些负担恐怕永远也没有人会承担。我预测，年轻人不会完全承担这些负担。一些债务永远不会得到偿还，而我也不会得到完整的养老金。

这事关重大吗？答案取决于你是谁。再次提醒，你应该思考的是，我的预测将怎样影响你自己的福祉。

6.美国将和平地向中国递交世界领导权吗？

是的。

我这么说的出发点就是，中国在 2052 年将成为世界领导者。在我预测中已经有所显示，在第十章的地区研究中则将着重强调这一点。到 2052 年，中国的人口将是美国的 4.5 倍，经济总量是美国的近 3.5 倍，人均生产与消费量则比美国高出 70% 还多。中国将是世界经济发展最重要的驱动力。

从某些方面来看，事实已经如此。目前，中国能够采取的行动，已经超过世界两大力量——欧盟和美国——的总和。美国的经济总量仍居世界第一（GDP 年产值约为 13 万亿美元，与欧盟大致相当）。尽管中国经济总量相对较小（近 10 万亿美元），但是经济更具活力。美国军队仍然在本土之外有着相当强大的势力，但中国在经济方面的影响力也在迅速增长。尽管中国已经持有 1 万亿美元的美国国债（占外国持有总量的四分之一），相当于美国经济一个多月的生产总值，这并没有削弱中国的底气。

许多人认为，中国不会在世界上占据头号位置。我却认为，中国有足够的煤炭与页岩气资源，能够在转型期保持经济平稳发展；中国有足够的太阳能资源，能够长期驱动经济增长；中国充分地意识到了气候变化带来的危害，可以采取行动减轻灾害；中国还有自给自足的伟大传统，愿意在国家内部解决某些资源缺乏的问题。但最重要的一点是，中国有意愿，而且有能力让投资流向必要的部门。我们还要记住，从长远发展来看，中国不再需要目前被用于生产出口商品的能源。在长期看来，中国完全可以实现能源和资源的自给自足。到 2020 年左右，中国人口将达到 14 亿的峰值，并于 2052 年减少至 12 亿。

当然，中国的发展也可能出现偏差，但我认为这需要时间。中国共产党和中国人民的利益是一致的。双方都需要人均消费水平实现快速增长。如果这一目标达成，双方都会倍感高兴；如果失败，双方会继续努力。

"利用更少的资源，实现更多的成果"，将是中国增长的秘诀。中国将热衷于提高能源和资源的使用效率，因为二者在理论上都是可以实现的。只要通过人力、物力的有效调配，就可以实现效率的增长。

那么，当中国不断增强其实力时，美国又在做些什么呢？可以说几乎什么也没做。我相信，中美两国未来可能出现的冲突，将通过友好的方式得到解决，因为美国国内也有足够的资源，为人民提供自给自足的生活。的确，美国现在正依赖大规模的石油进口，但是和中国一样，美国也有足够的煤炭和页岩气，能够在长期一段时间内支持经济的增长（如果像我预计的那样，美国 GDP 在未来四十年里增长十分有限的话）。美国的农业实力很强（足够满足国民需求——而且如果美国人决定吃得更健康，那么还可以留一部分粮食给生物燃料）。另外，在气候变化袭来之后，美国仍然有较为充足的土地，适宜人们居住。在一些地区，当前水资源短缺的确是一个问题。但是通过相关的行动，这一问题也可以得到解决。如果不考虑转基因技术的缺陷，那么转基因作物也可以得到大规模的应用，减轻水资源紧张的问题。如果美国的民主政体最终决定共同合作，尝试解决显而易见的社会问题，那么美国的投资能力将是巨大的，而问题也是可以解决的。

我认为后面那半句话所隐含的，就是未来四十年里美国的命运。如果美国决定继续维持其霸权地位，那么它完全有能力这么做。但是，我并不认为美国的执政体系会有能力做出这样的决定。美国的长处显然不是联合两党，做出迅速的决策。而且我并不认为在未来四十年间，这种情况会有什么改变。由于美国已经较为富裕，因此如果美国采取较为节俭的生活方式，那么本国资源也足够了。因此美国完全可以允许自己下滑到世界第二的位置，偏居一隅，自足自满，就像欧洲在两次世界大战之后的情况一样。

中国和美国都会受到气候变化的困扰，但是两国地域都十分辽阔，因此仍然有一部分地区受灾情况较轻。两国的起点截然不同：美国很富裕，而中国则穷得多（目前中国人均 GDP 仅为美国的六分之一）。但是两国的政体差异很大，而且这种差异将一直持续下去，并帮助中国快速行动，而同时美国则在原地踏步。但是，由于中国的目的只是自给自足而已，因此两国间不会发生战争。

7. 政府的作用会变得更大吗？

越来越多的政府会扮演更重要的角色，但是并非全世界都是如此。

在未来几十年里，世界将面临新的问题（除了众所周知的促进经济增长、维持社会稳定以外），其中一些问题无法通过简单地通过市场来解决。

最典型的例子就是气候变化。这的确是个全球问题：各地的平均气温都在上升，无论是谁在排放二氧化碳。这也的确是个长期问题：直到人们采取行动三十年之后（只要是在现实世界中，行动的力度有限的情况下就是如此），气温才可能出现变化（也就是偏离目前的发展趋势）这样全球性的长期问题，仅仅通过"自由"市场，是无法解决的。

国家也很可能需要进行干预，来解决收入与财富分配日趋不公的问题。这个问题也是自由市场长期以来自然导致的结果。即便是最死心塌地的自由主义者也同意，再分配是市场无法主动完成的任务，因而需要政治行动（例如通过税收）来实现。人们还需要就行动达成共识，以解决日趋严重的不公平现象，否则这种不公平将有可能成为经济中的不稳定因素。

政府应该更为强大的第三个原因，就是历史机遇的垂青。在过去的 25 年里，世界的自由化程度不断提高，使得大部分能够通过自由市场解决的问题已经得到了解决。如果我们进一步提高自由化程度，那么市场就能解决所有能够解决的问题。然后，我们面对的就是市场无力解决的问题。在我们达到这个程度之前，社会将开始寻找基于政策，而不是相对价格（relative price）的解决方法。

因此，在一些国家中，我们会看到人们更欢迎强大的政府。这个强大的政府可以避免民主政体中的摇摆不定，提出清晰有效的政策，即便这意味着牺牲一部分民主和市场自由。这种情况出现的速度有多快？我认为，我们已经接近这个转折点了。社会将逐渐从自由化转向"大政府"（strong government）。在未来 20 年间，我们会看到更多政府进行干预的例子。政府将做出必需的决定，而不是等待市场来承担领导作用。

很难说"大政府"将首先出现在哪个国家，但是那些不断推进自由化的国家，以及政府一直表现良好的国家中，很可能首先出现"大政府"。与此同时，如同新加坡这样的强大的中央政府，将表现得越来越出色，只要这些政府能够处理好不公平现象加深的问题。在这一转变中，抑制腐败将是首要步骤。

为了避免理解上的偏差，我想通过一个简单的例子，来阐明"大政府"这个词的意思。一个大政府将有能力，使一个国家从廉价但是污染严重的化石燃料转而使用更昂贵的太阳能——在后者变得有竞争力之前。这种政府行为，是为了保障人民的长远利益，即便人民在短期内并不同意政府的做法。这种政府有能力顶住现有能源企业以及希望使用短期内最为廉价的能源的选民的反对声。一个大政府，将有能力使人们确信，应该等待一个更好的解决方法出现，并在等待过程中为开发这种方法买单。我同意，政府选择错误解决方法的风险的确存在（当然市场也可能犯同样的错误）。但是，通过要求政府确定目标、拿出真金白银，同时允许市场依靠投标机制选择使用的技术，人们可以降低这种风险。

大政府会及时出现以解决气候问题吗？正如你在我的预测中所看到的——我不认为这会发生。但是到2052年，对大政府的接受程度和信任会远超今天的水平，而一些显而易见的解决方法也已经开始得到了应用。

8. 2052年的世界会比现在更美好吗？

答案取决于你的年龄、职业、国籍，或许还包括家庭状况。我要再一次强调，这个答案并不完全等于可支配收入是否增加，而是你是否对生活感到更满意。个体之间会存在极大的差异。简单地说，2052年的平均生活满意度所反映的人群，将包括在过去四十年里刚刚从农场搬进大城市体面公寓的20亿人、在四十年里努力工作以求加薪的20亿中产阶级、从每天收入10美元（如今越南的水平）增加到20美元（如今乌克兰的水平）的20亿人，还有仍在贫穷国家的城郊地区艰难度日的20亿人。

所有这80亿人都能获得一定程度的互联网接入，获取的信息更多，更多地受到本地太阳能的支援。他们生育的数量少得多。大部分人都是城市居民（除了一小部分仍然居住在乡村的人们）。他们会承受气候变化带来的破坏，但是居住在人口稠密的大城市的居民，直接遭受极端天气的可能性较低（尽管他们通过电子媒体获取了许多相关的信息）。他们还清楚地知道，更多的气候影响将会接踵而至。

因此，从物质上来说，2052年的世界可能会更美好——总体而言，世界会变得更好。但是，从精神角度来说，答案则可能相反。因为2052年的世界前景黯淡。当然，如果人们仍然抱有希望，那么情况或许还可以有所改变。如果那些正在经历气候影响的人们能够得知令人欣慰的消息，也就是在某些地方，一些资源充足、运转良好的国家正在投入巨大的力量，以阻止全球变暖加剧，那么这些人就可以继续期待更为美好的未来了。

这个问题的本质，就是这些群体的生活满意度是否会增加——这是个非常主观的问题，取决于他们对自己生活的态度。值得注意的是，四十年后人们在回答这个问题时，参照的标准更倾向于自己的生活在这四十年间的变化，而不是所有人目前的平均水平。

无法预料的事

从现在起到 2052 年，可能——而且——将会发生一些还没有被预见到的事情。随后，我将列出其中的一部分。用情景研究专家的行话来说，这些就是"无法预料的事"（wild card）。我将试着探索这些事情对我的预测有何影响。我认为这些事情不太可能发生，因此它们不属于预测的一部分。

充足的石油或天然气

如果像许多石油界人士所认为的一样，"石油顶峰"是不现实的，那么世界会发生什么改变？如果大规模石油储量被发现（而且得到开发，产品销往各个市场），使得石油价格回落到 20 世纪 90 年代的 20 美元 / 桶，那么会出现什么后果？结果是，石油的竞争力将大大提高，而且（如果政府允许，储量的确巨大，而且公众也确信，在未来几十年里石油能够保证充足的供应）石油将推迟采用提高能效的措施以及可再生能源的时间。同时，天然气的市场份额也会被蚕食。总体的影响就是，二氧化碳排放量减少的速度放缓，全球变暖的速度加快。GDP 中消费所占的比例会更高，因而人们的物质生活水平提高，但是他们的生存环境将面临更多的威胁。

即便人们发现的不是充足的石油，而是充足的天然气，情况也是如此。在过去十年间，美国及其他地区就发现了大量廉价的页岩气。由于每单位天然气燃烧所排放的二氧化碳量低于煤炭和石油，因此以天然气代替后两者将在短期减少碳排放量。但是，廉价的天然气也会使可再生能源竞争力降低，因此天然气使用量的增加，将使二氧化碳长期排放量减少的速度放缓。尽管廉价天然气在短期内是有利的，它并不能解决长期的问题——那就是向太阳能时代的全面转变。但是，在转变的过程中，使用天然气的公用设施仍然可以作为风力发电的有效补充。

简而言之，发现更多的石油和天然气所带来的影响是复杂的。我们必须将所有不同的影响加以量化，计算净影响值，并且接受这一数值将随时间变化的事实。没有一个永恒的新等式能够帮助简化这一问题。

金融垮台

如果人们对金融部门的信任不复存在，停止为实体经济提供贷款，致使全球 GDP 在一年内减少 20%，那会出现什么后果？首先，我并不认为全世界的中央银行都会允许这样的事情发生，因为央行有权力对此加以阻止（至少是得到立法机构的同意之后），还可以通过印刷更多的钞票，提高对公共商品和服务的需求——就像是大萧条中的修路工程那样。

但是，让我们假设中央银行未能有效地阻止这场深度衰退，那么其影响就是就业率和收入的降低，并伴随着能源使用、二氧化碳排放量以及生态足迹的下降。同时，还将出现财产所有权和净资产价值的大规模转移。但是其主要影响超出了消费和财富的下降，以及人们遭受的痛苦。主要影响就是，人类使地球承载力崩溃的时间推迟了。但是并不会推迟很久。如果年平均碳排放量连续五年减少 20%，只相当于减少了一整年的碳排放量，只能使自我强化的气候变化出现的时间从 2080 年推迟到 2081 年。

因此，即便是深度金融危机也不能挽救气候变化。但是，如果我们明智地利用危机，使所有失业者都参与到由政府投资的"绿色"项目中，那么经济的下滑就可以转变为推动气候长期向好的力量。但我并不认为这会成为现实。

核战争

如果有人仅仅是为了解决一些令人厌烦的问题，就投下大型核弹，那会发生什么？我认为，其影响远远小于你的预想。核战争可能在核弹爆炸时造成极度的痛苦，而随后产生的辐射则会在长期产生影响，使人们生活艰难。

但是，核战争对世界人口和经济的影响将是有限的。如果这些核弹导致 1 亿人死亡（我认为实际的数字可能只有 1 千万），这只占全世界人口的 1.4%，占全球 GDP 的比例也大致如此（如果我们假设，所有年龄段的死亡人数比例都是相同的）。这些核弹将使全球 GDP 倒退 8 个月（如果 GDP 年均增长率为 2%），使人口数量倒退 12 个月（如果人口年均增长率为 1.4%）。核炸弹对阻止气候变化的作用，和上一章节提到的"深度衰退"的作用几乎一样小。

但是，核战争造成的痛苦是巨大的，而且完全没有必要。在一部分人受到袭击的同时，另一部分人则毫发无伤，反倒是这种不公平让人无法接受。

疾病

如果一种致命的疾病想要"解决"气候变化问题，它就必须在 2010 年到 2050 年间，减少三分之一的温室气体排放预测量。广义上说，如果能源使用量能够减少三分之一，就能够达到这个目标；而 GDP 总量减少三分之一就可以达到能源使用量减少的目标；人口减少三分之一，又可以使 GDP 总量减少三分之一。换句话说，如果某种瘟疫能够杀死大约 20 亿人（全球人口的三分之一），而且各年龄段、各地区死亡比例相同，那么气候问题就可以得到解决。

我无法想象这样的事情可能发生，当然也不希望会发生。但是，从另外一方面来看，公元 1350 年左右肆虐的黑死病，就使欧洲人口大规模减少，而且各年龄段减少比例相同。一种能夺去 20 亿人生命的瘟疫，是一场难以想象的大灾难，但同时也是解决气候问题的方法之一。

生态服务的崩溃

如果我们所依赖的生态服务停止工作，会发生什么？如果蜜蜂不再为果树传播花粉，如果大自然不再降下可供人类饮用的水资源，如果树木不再吸收二氧化碳，如果细菌不再分解垃圾，世界会变成什么样？科学家对人类每年免费得到的生态服务价值进行了估算，其数值和全球 GDP 总量是一个数量级的。

如果自然不再提供这些服务，人类社会就会面临崩溃。因为我们知道，建造用于替代自然生态服务的人工系统耗时巨大。我们必须将一半的人力物力都投入生态服务的生产之中。这的确是有可能实现的，但耗时很长，而且经济最终生产出来可供消费的部分将减半，因为另一半产出被用于生产过去免费获取的资源了。由于人口数量保持不变，人均消费就会减半。而 GDP 总量则会保持不变，生态足迹也没有变化。但是正如我所说的，我不认为人类会这么做。

美国的革命

如果美国发生革命，突然进行收入和财富的再分配，世界将发生什么变化？这场革命在理论上是可行的：公民可以发动起义，彻底改变税法，使收入和财富的分配变得更为平均。美国的革命将提高 GDP 增长速度，采取更多的措施，将美国改造为气候友好型国家。再分配将大大提高人们对美国消费品和服务的需求，使美国经济迅速增长。如果革命同时还选择了建立"大政府"，那么又会多一个好处。那就是，政府将安排必要的投资，以提高人民福祉，延缓气候变化到来的时间。

全球致力于阻止气候变化

如果全世界的领导人齐聚一堂，决定每年拿出全球 GDP 的 5%，支持为期 20 年的气候变化解决方案，那么世界会发生什么样的改变？这意味着，将全球 5% 的劳动力和资本转向生产气候友好型产品和服务。这一巨大的工程将彻底解决气候问题。在全球共同努力 20 年之后，世界经济将不再排放温室气体。

为了实现这点，最简单的方法就是对煤炭、石油以及天然气生产中排放的二氧化碳征税，税额是 100 美元 / 吨。这将为世界提供 3 万亿美元 / 年的收入（也就是对目前每年 320 亿吨二氧化碳征收 100 美元 / 吨的排放税），大致相当于 2010 年全球 GDP（670 万亿美元）的 5%。这笔收入可以由国家向能源公司征收，而这些公司不得不将成本转嫁给消费者。政府则可以将收入返还给所有居民——每个人都得到相同的份额。这会使可再生能源的竞争力更强，以停止化石能源的使用。政府还可以通过使用收入的一部分，作为临时转型补贴，帮助那些减少二氧化碳排放的项目，进一步加快转型。

通往 2052 年的道路

如同其他范式转变一样，通往 2052 年的道路将充满冲突。旧体系的追随者——"增长派"要求继续化石时代的经济增长——他们将奋起反抗，维护自己认为是正确的解决方法，以及自己的特权地位。他们声称，维持现状创造更多的增长就能够解决问题。他们将推动技术上的解决方法，并认为不需要采取任何行为上的变化。他们往往忘记了，新技术并非凭空产生的，也不是突然产生的。这个时代面临的问题——解决石油稀缺、温室气体过量、贫困根深蒂固以及生物多样性丧失等——如果要一直等到问题清晰可见时，人们才会采取行动的话，那么这些问题可能不断扩大，而与此同时我们仍然在寻找解决的方法。

正如你在预测中所看到的，这就是我对气候问题的看法。人类采取行动，解决能源和气候问题——也就是降低能源强度、增加可再生能源比重——将是非常缓慢的过程，而在充满解决问题意愿的社会中，人们本可以勇敢地迎战这些问题。"增长派"对这种拖延贡献良多，他们坚持认为，在技术和市场的作用下，这些问题就会自行消解。

与"增长派"持反对意见的是一群不寻常的人们——他们支持的是可持续发展——这些人彼此间只有一个共同点，那就是具有远见。这群人的核心就是老牌环境保护主义者，他们是现代民主国家中的少数派。但更令人惊讶的是，"发展派"还包括了跨国企业的开明领导人。他们知道，改变企业的定位需要长达十年的时间，因此需要在选民和政治家认同某些灾难即将发生之前，就做出行动。"发展派"还包括来自国家和机构的领导人，这些组织能够拥有这样具有远见的领袖，是非常幸运的。最后，这一联盟还包括为特定目标行动的 NGO 和国际组织，其数量不断增加。这些 NGO 和国际组织，如 IPCC、UNEP 以及 WWF 成立之初的目的，就是为人类的长远发展而工作。

最终，"发展派"将取得胜利，但是获胜的速度过慢，不足以使地球免受侵害。只有在人们清楚地看到，并且切身地体会到气候变化、资源枯竭、生物多样性丧失以及不公平加深带来的破坏之后，胜利才会到来。只有当未来前景变得黯淡之时，胜利才会到来。只有当对可持续发展的需求——对效果超过十几二十年的解决方法的需求——不再仅限于学术圈，而是普通民众望向窗外时就会产生的需求时（更明确地说：只要走出超级大城市这个安全区，到郊区去看看，就可以目睹备受破坏的生态系统，它们数十年来一直受到极端天气的侵害），胜利才会姗姗来迟。

正如你从预测中了解到的，解决方法得到采用的时间是如此之晚，以至于在我们的儿孙辈不得不生活的环境中，21 世纪后半叶的气温升幅已经达到了 2.8 摄氏度。讽刺的是，关于自我强化的气候变化是否会出现的问题，答案也将在这个时间点揭晓。

《洞见 9-1：向太阳能的突进》描述的就是这条艰难曲折，而且延迟了很久的道路。人们将要采取解决气候变化的核心方法之——那就是大规模使用太阳能发电与产热。

洞见 9-1　向太阳能的突进

保罗·基尔丁（Paul Gilding）

到 2052 年，可再生能源，尤其是太阳能，已经成为席卷全球的潮流，其发电量占全世界总发电量的一半，而且继续呈爆炸式增长，彻底改变了全球经济和地缘政治状况。

到 2030 年，这一变化就已经完全展开了。自 2010 年之后可再生能源价格的急剧下降，届时使其能够克服来自化石燃料的阻力，快速发展。

事后诸葛亮的我们会问道，为什么不是每个人都看到了可再生能源崛起的必然性？毕竟，太阳能和其他可再生能源只是另一次高科技革命——而我们之前已经见证过许多类似的革命，对其有了相当清楚的了解。

大多数新技术的推崇者，仅仅看到了技术的前景。他们过于兴奋，对新技术的价格和作用言过其实，尽管其作用其实效果甚微。结果就是，人们常常迫不及待地预言旧产业、旧方法的淘汰，代之以新技术——如无纸化办公、报纸与书籍的消失，以及胶片相机的淘汰，而所有这些都被证明是过于自信的预测。尽管那些受到威胁的产业的第一反应是恐慌，但它们很快就坚信，事情并没有想象的那么糟糕。因为它们发现，在新技术尚不能取得良好效果的阶段，新产业无法提供有效的技术，其价格也会高得令人难以接受。

接着，随着时间推移，投资增加，在热忱的投资者的支持下（他们中的许多人备受伤害，但仍有一些人看到了巨大的成功）——新技术最终取得了突破，推出了价格合理的新产品，而旧产业则惨遭淘汰。取得突破的时间通常比第一次预测的要晚，但是远远快于大众预想的时间。

想象我们从印刷书籍到电子书籍的转变吧。尽管早在 20 世纪 70 年代，人们就第一次尝试通过电脑制作电子书籍，然而直到 1998 年，第一批电子书阅读器才得以问世。但此时使用者仍然寥寥无几，直到 2006-2007 年左右，索尼和 Kindle 等主流电子阅览器的出现，才使更多的人开始选择电子书籍。然而仅仅四年之后，亚马逊就宣布，将销售更多的电子书籍，数量超过印刷书籍。

这个例子解释了可再生能源的现状和前景。即便在政府决定采取严厉措施，抗击气候变化问题之前，可再生能源就已经开始快速发展了。即便老笑话还是没错的——太阳能还需要二十年的时间才能具备竞争力，不过这种竞争力也只能保持四十年——我们现在仍然能看到，太阳能价格正在大幅下降，而使用率则在快速增长。的确，没有任何一个主流机构认为，到2050年，可再生能源将占所有能源的一半。如IEA和壳牌公司等仍然认为，可再生能源最多只能满足能源总需求的20%到40%。但是，旧事物总是出于本能否认新事物的潜力。我们在其他新技术上也看到了相同的情况。

一旦价格开始下跌，产业规模开始扩大，向可再生能源的转变就可以，而且将会通过市场调节来进行。但是，市场并不需要亲力亲为。一些领先国家将通过多种形式的政府干预提供有效的帮助。一些进步的政府——包括中国——促使这种转变发生的速度，将快于市场调节的速度。

从2020年开始，气候变化与资源限制对全球经济社会的影响将日益显现，人们也会越来越接受这一现实。当我们不再否认全球存在系统性问题之时，政府就会努力加快减排行动。

政府响应中重要的一点，就是采取严厉的措施，加快淘汰旧能源，代之以可再生能源。这不仅仅限于新建可再生能源发电站。进步国家还会考虑，关停仍在运转中的老旧核电站和煤炭发电站。但这一行动将是艰难的。社会不愿意放弃过去的投资，因为这些投资至少比新建发电站更廉价，人们对前者的了解也更多。因此，可再生能源推广行动不会立即停止气候变化的势头，但是这一行动会阻止世界滑向无法控制的局面。

这一经济、能源的转变，其中隐含了巨大的经济和地缘政治意义。毫无疑问，其中一些影响对所有社会而言都是有益的，到时大部分影响却是混乱的，其中有赢家也有输家。

一个显而易见的优点是，所有国家都能获得廉价的能源。达到这一目标需要花费的时间可能长于四十年。但是最终，所有能够得到太阳辐射的地方，都能获得廉价太阳能和热能。尽管贫穷国家无法促使这一变化的进行，却将是最大的受益者。实际推动进程的，将是中国以及一些欧洲国家。这些国家将利用新的能源技术，扩大自己的利益——因为它们想要确保安全、清洁的能源供应，同时希望作为可再生能源设备的供应商，获取经济利益。但是，这么做的结果却是给全世界带来好处。所有国家都可以免费从太阳辐射中获取"能源"，因而极大地解决了能源安全的问题，同时减少国家的财政负担，无需为价格不断走高的进口化石燃料买单。

　　但是，在这一转变中，一部分国家显然将成为输家。随着世界从石油、煤炭转向可再生能源，许多中东及其他地区的国家的收入将急剧减少。这对地缘政治和安全问题将带来相当大的影响。这些地区的政府将发生更替。曾经依赖于石油收入的旧政权失去了人民的拥护，因为这些政权未能较好地利用国家曾经的巨额收入。

　　而公司和投资者们受到的影响，也是巨大的。在这一转变过程中，金融市场将不会风平浪静。市场首先会继续给化石燃料资产定高价，忽略了一个没有得到估价的风险。这一风险显而易见。想一想，如果要使全球变暖幅度控制在 2 摄氏度以内（这是所有主要国家同意的目标），而且成功率在 80% 左右，那么现在已探明的化石能源储量中，有四分之三永远也不能得到使用，因此这部分能源几乎就是没有价值的。考虑到目前各公司的资产负债表上，这些储量还被列在资产一栏，这一风险对财政上的打击将是巨大的，而且突如其来——就像金融市场中大多数风险再评估一样。市场就像人一样，会抵制改变。没有人希望第一个做出行动，即便人人都看到了变革的到来。也没有人希望自己成为最后一个行动者。因此碳资产（carbon-asset）价值的崩溃将是突如其来的，带来广泛而严重的经济后果。

　　尽管我认为，社会最终会采取大规模的行动，但是未来四十年里，社会仍将处于准备阶段。这一阶段是混乱、迷茫，充满干扰的。在至少十年的时间内（可能更长），许多人仍然会选择继续否认，否认资源限制和生态影响将对世界经济造成大规模的影响。尽管许多杰出的市场参与者，如杰瑞米·格雷厄姆等已经提出了警告，提醒人们，世界正在进入一个新的范式。许多人仍然抱有幻想，认为这些问题会"自己得到解决"。然而到最后，物理法则会决定，依赖化石能源是不可能，也不会取得无限经济增长的。

保罗·基尔丁（澳大利亚人，1959–）是一名独立作家和公司顾问。他曾经是国际绿色和平组织的执行总监，生态公司（Ecos Corporation）以及能源效率公司 Easy Being Green（2005—2007）的 CEO 和所有人。他著有《大分解》（*The Great Disruption*）一书。他的博客地址是 www.paulgilding.com。

《向太阳能的突进》一文提出了非常好的观点，那就是一旦太阳能发电技术得到采用，其发展速度就会非常迅速。回想一下——从 2100 年的视角回想现在——从化石燃料到太阳能社会的变化，似乎是突然之间就完成了的。能源体系转变发生的时间，正好也是范式转变的时间。在太阳能时代，人们会相信，致力于改善社会福祉的新道路，比致力于"老式的"经济持续增长的道路更好。大多数人会支持将世界变得更为可持续，并且认为这比创建一个新的热狗品牌更有吸引力。可持续性提高将成为最重要的价值。福祉比提高消费更重要。公共利益比个人权利更重要。人们将开始修复一些由于过度使用资源而导致的破坏。新的范式将和太阳能发电站一同出现。

但是，需要很多努力才能达到上述状态——还需要很多资金。《洞见 9-2：为未来筹措资金》就讲述了一个充满希望的故事，关于如何才能来筹措足够的资金。文章采用了一名全球养老金经理，以及许多持有相同意识形态的分析人士的视角。

洞见 9-2　为未来筹措资金

尼克·罗宾斯（Nick Robins）

我认为，早在 2052 年之前，全球金融市场就已经成为了推动可持续发展的重要力量之一。

过去四十年是"金融化时代"（era of financialization）的四十年。在此期间，不断提高的收入、不断放松的管制以及不断涌现的技术创新，为金融市场带来了巨大的增长。但是，这也使得不公平现象扩大化，市场稳定性降低，促使了自然资产的持续变现。

2007 年开始的全球金融危机显示，全球市场的运转并不符合传统的经济学与金融学准则。个人并不是全知全能的，也不一定能够做出对自己有利的理性决策；公平和自我扩张的欲望，能够有力地促使人们采取某种行动。市场也不是效率和平衡的舞台，而后两者正是现代金融操作与管制的基础。收入不公平——部分是由于金融部门领导实施的绩效挂钩薪酬（performance-related pay，例如奖金）的作用——已经成为金融体系脆弱的重要来源之一。金融衍生品市场的暴涨就是很好的例子。许多人曾经认为，金融衍生品可以增加市场的复杂性，从而使市场更为稳定。然而事实上，衍生品在危机中扮演的角色却是风险扩大器。安德鲁·霍尔丹是英格兰银行负责金融稳定的执行董事，他曾经表示，金融"已经表明，自己既不能进行自我管制，也不能自我修复。金融体系就像雨林一样，一旦遇上巨大的冲击，就常常面临着不可再生的风险。"

金融体系的内在不稳定性显然也是个问题。但是从可持续发展的角度来看，更大的问题是"没有受到关注的地球问题"——传统上被称为"土地"，现在被称为"自然资本"的丧失。现代金融理论的假设并不包括资源——也就是说，理论假设生态服务将是源源不断的，会一直支撑着经济的发展。自然资本在公司和国家资产负债表上都不存在，这使得对于生产与增长的投资预测，极易受到真实世界变化的冲击。尽管人们越来越意识到气候变化的威胁，但对于金融市场而言，只有一部分有价值的财产——石油、天然气和煤炭储备——是可以得到利用的。资本不断（错误的）流向化石燃料资产，或许可以减少次贷市场的泡沫，但是这些资产最终可能受困，养老金基金也会缩水。

最终结果就是，在通往可持续发展的道路上，金融市场既是刹车，又是油门。正如约翰·梅纳德·凯恩斯在 1936 年所说的，"只要投资基金是由委员会、董事会或者银行管理的，那么长期投资者，也就是那些最推崇公共利益的投资者，就会受到最猛烈的抨击。"因此，凯恩斯建议，"对于一个人的声誉而言，采取传统的方式而最后失败，要比通过非传统的方式取得成功更好。"来自制度和知识的强大惯性仍然存在。这并不能很好地预示金融市场可能发生的改变。而这场改变，或许会使金融市场在 2052 年之前就成为促使可持续发展的主要动力之一——我就是这么认为的。

那么，为什么我对这种转变如此有信心呢？

第一个原因是，市场参与者中有越来越多的人发现，20 世纪传统智慧存在局限性——他们也在实施相应的政策，建立不同的体系，来改变金融市场的运行方式。现在，有超过 25 万亿美元的资产被用于支持联合国"负责任的投资原则"（UN Principles for Responsible Investment，联合国 PRI）行动，而 2006 年时，用于该项目的资产几乎为零。联合国的这一自发行动要求，各签署国在决策中必须考虑环境、社会以及管理要素。现实已经显示，可持续发展投资能够更好地带来经风险调整之后的回报。

就其本质而言，许多机构投资者不得不采取更为长远的目光，这样才能在未来保证养老金和保险金的发放。但是，对短期利润的普遍关注，使得这一战略视角受到了蒙蔽。促成联合国 PRI 等行动的承诺，就是源于金融市场无法自行解决问题这一缺陷。越来越多的人同意，传统的风险分析已经无法处理如气候变化等新出现的、长期的、系统性的外部问题。联合国 PRI 以及类似的由投资者领导的行动，则提供了潜在的支持，支持更为结构性的解决方法，其中就包括进行监管，以解决自然资本一直被错误定价的问题。

我认为金融操作将发生变化的第二个原因是，人们逐渐意识到，绿色经济发展的主要限制因素就是资金——而这也不是什么无法克服的难题。例如，可再生能源操作通常都属于资本密集型，前期需要对技术进行大量投资，但是之后的运作成本则低得多。能源效率的提高，也不可避免地需要前期投资，然后在未来通过能源节约来逐步偿还投资。直到最近，投资界仍然没有在可持续发展的谈判中含有一席之地。但是这种状况正在发生变化，因为投资者正在寻找长期资产，这种资产有能力在未来偿还投资债务。而政府也在寻找资金，投资绿色经济，代替要求过高的银行贷款。到 2020 年，我认为一系列新的政策扶持、监管条例以及金融创新成果，已经成为了常规内容。例如，大规模的建筑改造工程将在所有大城市中展开，投资者则通过能源节约（主要以固定收益债券形式）收回投资。

公共政策和资本市场如何解决"不能燃烧的碳资产"，则是更为艰难的问题——目前，化石燃料资产仍然被视作是有价值的。当市场意识到这些稳健资产成为了泡影时，金融危机就会再次爆发。在互联网泡沫破裂时，被高估的资产是高科技股票；在信贷危机时，被高估的资产是不动产，尤其是次贷（subprime mortgage）房产。在向可再生能源的转变过程中，被高估的资产就是化石能源公司。对那些负责处理系统危机的金融监管者而言，其任务就是在泡沫破裂之前，就移去化石燃料资产这个风险。

第三个原因就是，政府和社会不再愿意向资本市场提供风险保障。就像对待其他经济基础部门——例如农业和能源一样——公众现在意识到，金融的存在极为依赖政府监管和补贴。补贴不仅仅包括爆发危机时提供的巨额救助资金，还包括种种日常行为，如为银行账户提供保险，为储户提供税收减免等。目前，还没有一种可持续发展的方法，要求公众这样自掏腰包。但是，这种情况不能也不会持续下去。在英国，政府为养老金储蓄提供的补贴，是对农业补贴的四倍还多。到 2020 年，我认为只有支持绿色经济的养老金基金才能获得补贴。其他基金仍然可能存在，但是不会再得到税收减免的优惠政策了。

令人苦恼的薪酬与奖金问题，也会因为社会期待的变化，而得到解决。公众开始意识到，这些薪酬与奖金会增加威胁，使潜在的金融不稳定性增强，但在提高生产力和绩效方面的作用却十分有限。

在人类的性格中，"目光长远"这一项并不发达。但是，通过生活经历而产生的对未来的恐惧，则会克服性格中的惯性。我认为，长期投资者被唤起的自身利益，以及在监管条例改变实现的可持续发展和金融政策的结合，还有社会预期的重铸，三者结合在一起，将意味着资本市场的改变。早在 2052 年之前，资本市场就已经成为推动可持续发展的重要力量之一。

尼克·罗宾斯（英国人，1963-）是一名可持续发展投资者以及商业历史学家。在过去 20 年里，他曾经在可持续发展政策、商业以及金融领域工作过。他著有《改变世界的公司：东印度公司如何塑造现代跨国企业》(*The Corporation That Changed the World: How the East India Company Shaped the Modern Multinational*) 一书，还与人合著了《可持续投资：长期绩效的艺术》(*Sustainable Investing: The Art of Long-Term Performance*)。

世界将不得不学习，在经济增长率降低的情况下如何继续保持运转。为了实现这一转变，我们需要学习在没有经济增长的条件下，如何实现财富的再分配。在增长停滞的经济中，我们不可能依靠创造就业机会，来分配经济中增长的那部分。除非我们能做一些特别的事情，否则低经济增长率将导致高失业率。历史显示，不断增长的高失业率不能持续数十年，我们迟早需要进行再分配。

明智的社会将找到和平的方法，更为公平地分配 GDP 成果；可行的方法，包括由税收支持的公共工作、轮岗制或者对工作年限的规定。在 2000 年左右，法国政府已经开始试行最后一项措施，规定了每周 35 小时的工作时长，使更多的人能够获得工作机会。这项措施并没有取得成效，因为那些已经有工作的人并不希望与别人分享这一机会。如果法国能够坚持每年十周的强制休假，可能对增加工作机会更有帮助，因为强制休假会使工作时间真正减少。一些 OECD 国家较为幸运，得以对之前慷慨的养老金体系进行修改；否则，工作人口的收入中，有相当大一部分将要用于支付退休人员的养老金。这是不可接受的，也是不可持续的。

但是，如果那些明智的、具有远见的人们不能发挥领导作用，使世界更为公平的话，那么年轻人和失业者就会促使他们这么做。我已经提到了，当前西方国家中，有许多成年人的想法非常幼稚，认为年轻人会乖乖支付上一代留下的大笔债务，还能同时拥有和父辈相同的生活水平。这种想法将受到现实的无情打击。同时，人们也开始意识到，生活满意度并不仅仅包括物质方面。其结果就是促成变化——或许"反抗"这个词更恰当——可能人们并不会诉诸暴力，但是这种变化的力量足以使银行和国家经济财富的所有者发生改变。

10

第十章
五个地区的未来

到现在为止，我们已经讨论了全球的未来。预测都是以全球平均值呈现的：平均生育数量、平均生产力增速、平均投资意愿等。但是，未来的真实状况，和全球平均值可谓相差甚远。在通往 2052 年的道路上，各地区之间有着巨大的差异。

到 2052 年，海平面还将上升约 36 厘米。一些地区将因此被淹没，而另一些地区却由于拥有陡峭的海岸线，根本不会注意到海平面的上升。2040 年到 2052 年间，全球人均消费能力将基本保持不变，但是一些地区（如中国）的消费能力却一直在增长，而另一些地区（如美国）的购买力却在持续下降。在能源使用方面也是如此：2030 年之后，全球能源使用量趋稳，但是一些地区能源使用量将有所增加，而另一些地区则相反。所有地区都会面临气候恶化，以及自然元素的逐渐消失。

要想刻画不同地区的未来境遇，最简单的方法就是将全球 234 个国家归为几个地区，再将预测的逻辑结构应用到每个地区中。由于全球只有 11 个国家人口超过 1 亿，只有 40 个国家人口在 3000 万以上，因此工作得以简化。这 40 个国家的人口占全球人口的 80%，占世界经济总量的比例则更高。

我选择的划分区域的方式已经显示在下页的表格中，预测中采用了 2010 年的数据。

表格中所示的 2 个国家——美国和中国——虽然是国家，但被单独列为两个地区，因为无论是从人口和经济上，它们都是当之无愧的超级大国。

OECD 地区包括了 33 个老牌工业国家，因此"除美国之外的 OECD 国家"实际上就是欧洲各国——以及日本、韩国、澳大利亚、新西兰、智利和加拿大。

后面这几个国家占了"除美国之外的 OECD 国家"中的三分之一。

"BRISE"是我对常见的"BRICS"国家的进一步拓展。BRICS 包括了巴西、俄罗斯、印度、中国和南非。但是，由于中国被列入另一范畴，我就添加了其他十个最大的新兴国家（印度尼西亚、墨西哥、越南、土耳其、伊朗、泰国、乌克兰、阿根廷、委内瑞拉、沙特阿拉伯）作为补充，并将这 14 个国家称为"BRISE"地区。"E"的意思就是"新兴"（emerging）。BRISE 地区的人口大约为 20 亿，和 ROW 地区（世界其他地区，rest of the world）人口相当。ROW 地区中大多都是现在的"贫穷国家"，但是也有例外（例如许多富有的石油输出国组织 OPEC 成员国）。因此，我使用了较为中性的"ROW"给这一地区命名。

在这一章中，我列出了五张图表，每张图表都有两页，目的是展示将预测方法分别应用到五个地区后产生的研究成果——同时，我还使用了和图表 9-1 相同的 15 个变量。

地区	人口 （以百万计）	（年均）GDP （以万亿美元计）
美国	310	13
中国	1350	10
除美国外的 OECD国家	740	22
BRISE	2410	14
ROW （世界其他地区）	2100	8
全球总量	6910	67

迈向 2052：美国

美国的未来显示在图表 10-1 中。

美国人口的变化轨迹，预计将和全球平均趋势一样，在 21 世纪 40 年代中期左右到顶，和全球人口到顶时间几乎一致。由于人口老龄化的影响，美国的潜在劳动力数量（15-65 岁人口数量）将大致稳定在 2.2 亿左右。所谓的"支持负担"——也就是美国人口总量除以潜在劳动力数量——将会增长几个百分点，但是这种增长会十分有限，因为老年人数量的增加将被年轻人数量的减少所抵消。

美国经济仍将继续数十年的增长势头，但是增长速度不会很快——未来四十年间，美国经济的年平均增长率仅为 0.6% 左右，而且不断下降，到本世纪中叶逐渐停止增长。原因就是，美国已经成为一个成熟的经济体——实际上是全世界最成熟的经济体，人均 GDP 产值世界第一（除了一些人均产值不成比例的小国，如挪威、卢森堡和阿布扎比酋长国等之外）。换言之，美国的劳动生产力已经达到了很高的水平；想要取得进一步的增长，就需要大量投入。美国必须使更多15-65 岁的人口参与到劳动当中，或者使服务与护理部门的劳动生产率有显著提高。以上二者都是非常困难的。而且即便美国可以做到这两点，也来不及避免未来生产力继续过去四十年间一直下降的趋势。

另外，在过去一代人的时间里，美国并没有保证充足的投资，而现在又必须停止消费狂欢。在过去一代人里，投资占美国 GDP 的比例一直低于 20%，现在更是只有 16%，还不到全球平均值（24%）的三分之二。美国需要缩小投资差距，进行必要的额外投资，以解决逐渐出现的资源枯竭、环境污染、气候变化以及生物多样性丧失等问题。我预测，美国 GDP 中投资所占的比例，将比 2010 年的16% 增加一倍多。通过强大的国家行动，美国将有能力显著地提高能源效率，向可再生能源时代转变，同时适应海平面上升问题，（部分）保护美国免遭极端天气的侵害，并为飓风与气候变化导致的自然灾害的修复工作买单。

由于增加投资的需要，美国的消费总量增长速度将非常缓慢。消费总量首先将缓慢增长，然后停止，继而到顶（在 2025 年就已经到顶了），接着开始缓慢下降。2052 年的人均消费将比 2010 年低 10%。整整一代美国消费者的工资收入将不会有任何增长。实际上，我的预测是，美国人均实际税后收入将一直处于下行通道。

在能效提高以及 GDP 增长缓慢的共同作用下，未来四十年间，美国能源使用量将大致保持不变。在未来二十年间，美国将从煤炭和石油，转而使用天然气

（包括大量非传统的页岩气）。可再生能源（大部分是太阳能和风能）也将得到充分的发展，成为 2052 年最大的能源来源。与此同时，美国 110 座核反应堆中，大部分将由于达到使用年限而被关停。而且国家不会新建核电站，因为页岩气发电比核电更为廉价。到 2052 年，美国只有 40 座核反应堆，发电量只占全国 3%。因此，到 2052 年，美国能源使用造成的二氧化碳排放量将减少一半，比 1990 年还少 35%。

气候变化会给美国带来许多问题，而科学界也一直在预言这些问题的到来：草原退化，暴雨和强风的增加。额外投资中的一部分，将被用于减少美国农业的损失，以及支付额外所需的水资源。但是，未来四十年间，由于干旱问题，仍然有一些耕地不得不被放弃。农业收成（每公顷的年产量，以吨计）将在一段时间里继续提高，并于 2052 年之前开始出现停滞，继而发生下降，其原因就是气候变暖。但是，相对于人口而言，美国土地广袤，可以继续为本国提供充足的自然资源，而且还有许多储量剩余。就国际水平而言，美国的人均食品生产量仍然很高；尽管剩余粮食中有一小部分被用于生物燃料生产，美国仍然有一部分粮食可供出口。

总而言之，在未来四十年间，美国的物质财富的增长将出现停滞，部分是因为美国必须偿还过去几十年里累积的债务，而部分则是因为美国必须为更昂贵的能源、更剧烈的气候变化买单。美国经济总量不会增加多少。美国经济总量只占全球的十分之一，失去了超级大国的地位。

这一预测的核心是：美国民主政体和自由市场体制不会采取应对措施，提出具有前瞻性的政策，使美国走向更积极的方向。各个社会、政治团体之间一直关系紧张，无法团结起来，采取强有力的行动，使美利坚合众国走向更美好的明天。

《洞见 10-1：太阳能的光明未来》就生动地刻画了这一现象。文章描述了太阳能如何最终进入美国的普通家庭——并非通过美国国会的英明决策，而是在本地层面上，通过数以千计的独立企业、家庭的决定，而最终实现的。因此最终，显而易见的太阳能解决方案将得到实施。但是，如果美国各个利益团体能够团结起来的话，这一转变本可以更快发生。

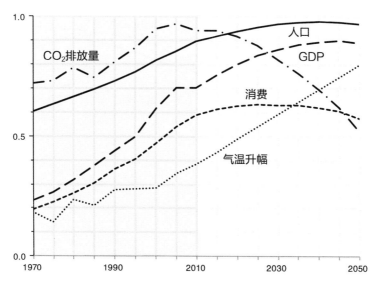

图表10-1a　美国状况，1970-2050。

范围：人口（0-3.5亿）；GDP与消费（0-18万亿美元/年）；二氧化碳排放量（0-60亿吨/年）；气温升幅（0-2.5摄氏度）。

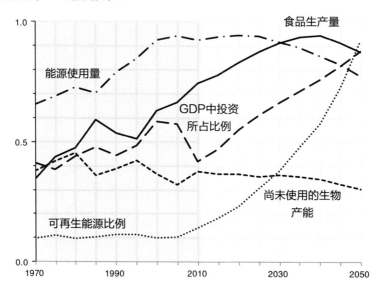

图表10-1b　美国生产，1970-2050。

范围：食品生产量（0-13亿吨/年）；能源使用量（0-25亿吨石油当量/年）；可再生能源比例（0-40%）；GDP中投资所占比例（0-40%）；尚未使用的生物产能（0-100%）。

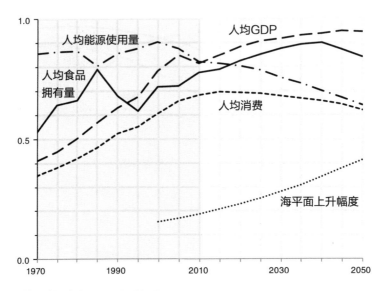

图表10-1c 美国生活水平，1970-2050。

范围：人均GDP与消费（0-50000美元/人/年）；人均食品拥有量（0-4吨/人/年）；人均能源使用量（0-9吨石油当量/人/年）；海平面上升幅度（0-1.4米）。

洞见 10-1   太阳能的光明未来

威廉姆·W. 贝伦斯（William W. Behrens）

　　从现在起到2052年，和人类文化的其他方面相比，能源世界的发展将更为积极。在能源方面，电力将脱颖而出，不仅在美国及世界其他地区全面取代了化石能源，其发展速度也是大大超出预想的。原因很简单：就资本集约度而言，电力能源比化石能源低得多。

　　现在，所有基于化石燃料的生产，都需要庞大的基础设施。随着化石资源质量与数量的下降，每加仑燃料的生产成本在急剧提高（看看开发油砂储备所需的高额成本吧）。然而，全世界的供应商最终都能够通过体积较小的，模块化的设备来提供电力。随着这一趋势的发展，交通运输和空调装置都会采用更高效的电力设备。到2040年，在美国人口稠密的地区中，电力交通系统将变得十分普遍。许多住宅和商业建筑也不再使用化石燃料的热水器，而是使用可再生能源发电的空调、水热暖气等。最主要的可再生电力也将来自太阳能。

光伏的崛起和能源的分散化

从 2012 年到 2022 年，集中式公用事业和公司仍然会控制着电力生产，并建造大规模的可再生能源发电厂，以提高其市场占有率。这些发电厂会使用各种形式的可再生能源——无论是来自大型风电场、光伏电场、超大型太阳能—火力发电涡轮（solar-thermal turbines），甚至还有海洋能源。但是，随着第二个十年的到来，三种影响力综合在一起，将促成一个快速的转变，那就是向分散化发电，以及通过微型电网传输电力的转变。

第一个影响因素有关政治方面。在美国，民主政治机构终于认识到，化石能源公司正在制约着公共决策。在公众和政府提出强烈抗议之后，立法者将采取立法行动，提供一个公平的竞争环境，取消目前对大型竞争选手在财政和制度上的优惠。在政府的要求下，化石能源生产商必须承担包括废物处理在内的全部生产开销，并将收入所得用于平衡政府预算（在 21 世纪第二个十年，这是应对美国经济衰退的必要方法）。

第二个因素则来自太阳能产业本身：中国和其他制造大国大量生产太阳能面板，其价格远低于目前的预测，并将产品销往全球市场。在南北纬 50 度之间，光伏发电成本开始低于化石能源，因此来自所有投资都会涌入光伏产业。

第三个，也是最后一个影响因素，就是新的能源贮藏技术的出现。到 2020 年，我们会开始看到，这种技术随时可以得到应用。人们可以使用低质硅元素，以及其他储量丰富的原料，制造电池、化学或者机械的贮藏装置。

因此，2022 年到 2032 年这十年间，人们将目睹各种形式的太阳能发电，应用范围从居民住宅楼到整片大陆不等。到 2025 年，公众目光将聚焦第一座绕地球飞行的太阳能发电站，其装机总量达到 1 兆瓦（MW），而且可以通过无线能源传输装置，将电力传回地球。这样的创新将成为商业—教育合作的领域。而短短五年之后，我们还将看到另一个新发明的出现：一座占地 2000 平方米的装置将通过机器人运转，每年产生超过 4 亿千瓦时（TWh）的电力，并将其输送给基站。第一座装置很可能出现在一流大学中，为校园提供电力。

21 世纪 30 年代初期，新的能源贮藏技术的利用，将为微型电网打下坚实的基础。而微型电网可以为校园、城市以及其他本地网络提供电力。2038 年，美国将在欧盟之后，通过增强独立公共机构对"智能"电网的运营权，将电网控制权进行国有化。尽管商业机构仍然拥有电力输送装置，并且从部署这些装置中获利，这一独立公共机构则有管理供给的决定权。出于暂时贮存或是为其他顾客提供电力的考虑，智能电网运营者将乐意从产能过剩的顾客手中，购买这部分电力，并将其再次输出。

新的太阳能经济

在这一背景下，向太阳能经济的转化即将轰轰烈烈地展开——在美国以及全世界都是如此——而美国和其他国家即将达到各自设定的太阳能目标（2021 年，泰国就将达到太阳能占 20% 的目标）。那些发展中国家则会通过光伏供电的国有电网提供太阳能电力。在老牌 OECD 国家中，微型电网将得到应用，成为本地发电的有效手段。而本地电网也将接入更大规模的电网。

集中化电力公司们则会试图通过在 2012 到 2022 年之间增加太阳能装置以控制太阳能市场。然而这些装置既笨重又昂贵，而且效果也不明显。到 2052 年，化石能源时代——极少数超大型公司控制能源经济的时代——将一去不复返。太阳能发电将尽可能地贴近消费者，可以保证数十年的可持续与稳定，并且可以通过微型电网和国家电网之间的连接以实时价格进行自由交换。

2052 年，尽管在大多数南欧国家，电力供应仍将继续依赖于北非的大型集中发电厂，许多欧洲社区将新建自己的本地太阳能发电站，部署自己的微型电网，并继续削弱公用事业公司对市场的控制。在其他地区，许多城市、学校、地区甚至是个人——而不是少数大型公共事业供应商——将控制各自的能源生产。光伏只是可再生能源可能采取的形式之一，因为能源生产单位将非常小，而且几乎可以无限扩张。

在四十年时间里，光伏发电将占全球耗电量的 40%。令人惊讶的是，在老牌 OECD 国家和 21 世纪头二十几年才实现工业化的国家中，光伏发电所占的比例竟然是相同的。中国将通过超大规模、集中式的、政府所有与运营的发电站，利用中国自行研发的硬件设施，在向太阳能时代的转变中发挥领导作用。在美国，私人拥有的微型电网将与公共智能电网相连接。到 2052 年，显而易见的事实就是，"可再生能源的比例不会超过几个百分点，毕竟晚上没有太阳光"这种说法完全是故意为之的欺骗行为。可再生能源的确是供应充足的；事实上，仅仅光伏一项来源就可以满足全球目前以及 2052 年高峰时期的电力需求。不断提高的能源效率，以及不断减少的人口，使人均能源使用量的可持续增长成为可能。人们的物质生活水平也随之提高。

光伏基础设施将出现在世界各地。社区将利用封顶填埋完毕的垃圾场，以及其他集体所有的空间，建造所谓太阳能"集体花园"；在花园中，或者屋顶上，每个居民都能获得足够的光伏能，满足生活需求；他们的太阳能区域将成为住宅资产的一部分，新主人可以购买这部分资产，就像购买车库一样。融入建筑的光伏使用（最著名的就是都市高楼中可产生光伏能的幕墙）将把商业化程度最高的建筑改造为能源供应方。

2012 年到 2052 年间，光伏能将掀起一场不同寻常的革命，即便人们同时还受到淡水短缺与全球气候变化等环境因素的制约。当世界展望21 世纪后半叶之际，人们最终会相信，太阳光是最稳定、最值得信赖的能源来源——这种能源对我们的社会结构而言，影响最为积极；而且产生的废弃物最少。

威廉姆·W.贝伦斯（美国人，1949-）在麻省理工学院攻读博士学位时与人合著了《增长的极限》一书。他曾经在达特茅斯学院授课，之后转向积极从事创建可持续社区的工作。他的公司 ReVision Energy LLC，在整个新英格兰地区从事太阳能设备安装工作。

我支持《太阳能的光明未来》中所表达的乐观看法，但我还是要重申一点：如果美国可以在联邦政府的层面上做出有益的决策，那么美国向太阳能发电的转变就会更为迅速——就像当时美国决定要在十年之内将人类送上月球一样。

迈向 2052：中国

我对中国的预测显示在图表 10-2 中。

让许多西方人震惊的是，中国人口在 21 世纪 20 年代就将到顶——但是随后，人口将长期处在高位。如此一来，中国就可以早早地从上一代独生子女政策中获得好处；这一政策带来的优势是巨大的。中国卸掉了数亿新增人口的负担，能够将节省下来的资源为 21 世纪 20 年代的 14 亿中国人创造更好的生活条件。

人口增速的剧降也会带来负面影响。中国的潜在劳动力数量将大幅下降，到 2052 年减少整整 30%，而支持负担（总人口数量除以劳动人口数量）则会从 1.4 上升到 1.7——扭转了过去四十年支持负担持续下降的局面。未来四十年里，支持负担将增加 20%，使人均消费年增长率减少 0.5%。

但是，这对中国经济而言影响甚微。未来，中国经济仍将持续高速增长；其速度之快，让其他国家望尘莫及。目前，中国人均 GDP 只有美国的五分之一；但幸运的是，中国能够从工业化国家中汲取宝贵的理念和解决方法，利用本国较低的工资水平推行这些措施。而且，中国可以一直这么做，直到劳动生产力达到美国的水平，而这至少要到 21 世纪后半叶才有可能发生。到 2052 年，中国的人均 GDP 将达到大约 34000 美元，为同期美国水平的四分之三。

未来四十年里，中国经济将一直保持高速增长的态势；到 2052 年，中国经济总量将达到 2012 年的 5 倍，这相当于 3.5% 的年平均增长率。但是在接下来 20 年里，中国的经济增长将尤为迅速——之后，人口减少就会对 GDP 增长产生负面影响。到 2052 年，中国 GDP 总量将相当于所有 33 个 OECD 国家 GDP 的总和。

中国以其极高的储蓄率（超过国家收入的 40% 被用于储蓄）而闻名。20 世纪末，高储蓄率使得中国有能力支持对美国的出口活动。同时，中国 GDP 中投资所占比例也非常高（超过 35%），而且这一局面将会持续。在未来 20 年里，传统投资比例将出现下降，逐渐接近全球平均水平（24%），但是中国政府将在其他方面不受限制地增加投资，以解决资源枯竭、环境污染等问题。同时，中国还必须投资于全球变暖的适应工作。相比其他有海洋帮助降温的国家而言，中国这个内陆国家受到气候变暖影响的程度更高。另外，中国或许还会在国家的带领下提高能源效率，使能源供应量翻番，提高可持续能源的比重。如果当局能够制定理性的国家规划，并加以实施，那么这些努力就会变得更为简单。中国一直都在制定五年计划。这一计划以系统性的方式，将中国逐步建设成符合其长期目标的国家。这一计划能够帮助中国这个庞大的国家使所有人都能吃饱、穿暖、居有所屋、享受文娱生活，同时抗击气候变化带来的挑战。

但是，高投资比例不会阻碍消费增长，因为经济增长同时也在快速增长。令人惊讶的是，到 2052 年，中国的人均消费将是现在的 5 倍。在未来四十年里，现在正在涌入大城市的贫苦农民，其可支配收入增长程度将是最高的。

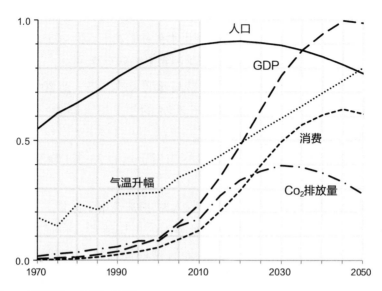

图表10-2a　中国状况，1970-2050。
范围：人口（0-15亿）；GDP与消费（0-40万亿/年）；二氧化碳排放量（0-400亿吨/年）；气温升幅（0-2.5摄氏度）。

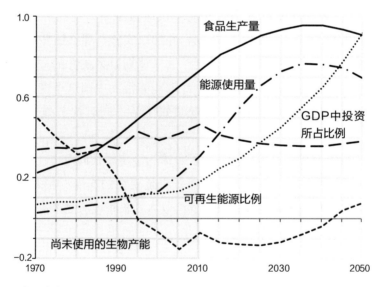

图表10-2b　中国生产，1970-2050。
范围：食品生产量（0-21亿吨/年）；能源使用量（0-80亿吨石油当量/年）；可再生能源比例（0-40%）；GDP中投资所占比例（0-100%）；尚未使用的生物产能（-8%-40%）。

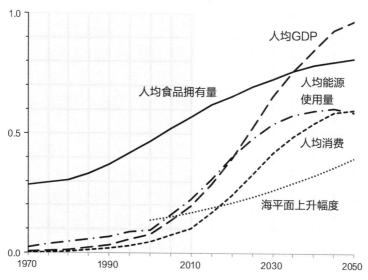

图表10-2c　中国生活水平，1970-2050。
范围：人均GDP与消费（0-35000美元/人/年）；人均食品拥有量（0-2吨/人/年）；人均能源使用量（0-8吨石油当量/人/年）；海平面上升幅度（0-1.4米）。

到 21 世纪 30 年代，中国的能源使用量将超过现在的两倍。之后，由于能源效率的快速提高，能源使用量将开始下降。二氧化碳排放量也会加倍，到 2030年达到峰值，也就是 150 亿吨 / 年。到 2052 年，碳排放量将进一步减少到 120亿吨 / 年，但这仍然是中国 1990 年碳排放量的 5 倍之多，人均排放量也有 10 吨/ 年。这大大超出了可持续发展允许的范围（人均：1 吨 / 年），与同期美国人均水平（9 吨 / 年）相当。两国仍然排放大量二氧化碳，这可能会在 21 世纪后半叶引发自我强化的气候变化。

到 2052 年，能源使用仍然带来了大量的碳排放，即便在中国能源使用结构中，可再生能源所占的比例与煤炭相同，其余分别由天然气、石油和核能提供。核能发电将占所有能源供应的 6%，来自超过 200 座核反应堆。

中国农业产量将增长 25%，直到 21 世纪 30 年代达到峰值。之后，土地平均产量将会下降，原因就是气温升高和水资源短缺。但是，食物仍然是充足的：人均食品拥有量达到 1.6 吨 / 年。这大大高于生存标准，接近除美国之外的 OECD国家的水平。

但是，中国仍然面临种种困难。首先，其国内资源不足以支持消费水平。根据我的预测，从 1995 年到 2035 年，中国的生物产能将低于其非能源足迹。在整整一代人，甚至是数代人的时间里，中国将不得不依赖于资源进口。这与中国的传统，及其自给自足的目标是相违背的。到 2052 年，中国终于可以再次取得平衡，但是这种平衡非常勉强，而且天平两端都在出现下降：由于气候变化，生物产能开始下降；由于人口减少，生态足迹开始减少。

在未来四十年间，气候变化将给中国带来巨大的问题。降水将继续向西南地区转移，越来越远离人口聚居地区；人们不得不通过运河，进行水资源的转移。内陆地区将出现沙漠化，而西藏地区的冰川融化，则会使夏季淡水变得更为稀缺。在沿海一带，不断上升的海平面也会带来更多的问题。但是，通过大型基础设施建设工程，人们将极大地减少（短期）危害。

总的来说，在未来四十年间，中国的经济神话仍将保持。由于强大的中央政府和各级政府的积极工作，超过 10 亿人的生活水平将有显著提高。中国的生态足迹将是巨大的，在国土之内以及（至少一段时间里）之外都是如此。中国也会显著地加强全球变暖的趋势，而这将是 21 世纪后半叶的重要问题。但是，届时中国人口将处在快速减少时期，能源和非能源生态足迹都在逐年减少。

《洞见 10-2：中国——新的超级大国》生动地描绘了当这个昔日强国再次成为全球超级大国时，世界将要发生的变化。

洞见 10-2　中国——新的超级大国

拉斯马斯·雷万（Rasumus Reinvang）

比约恩·布朗斯塔德（Bjorn Brunstad）

2052 年的中国，已经不再是传统意义上的民族国家了。它将是一个文化国家，是过去中国历朝历代的现代化身。古代中国曾经将自己视作文明的中心，而其他国家都是蛮夷之地。2052 年的中国，不仅是一个国家，还是一个全球化的民族身份，对自己辉煌的过去有着强烈的认识。从 1911 年到 2052 年，在经历了 150 年漫长而艰难的现代化进程之

后，中国终于再次成为经济上的强国，并且能够在本国的历史和天性的基础上，成熟自如地开展各种行动。

这个庞大的国家对排外和内部融合有着特别的感受。与其他主要文化不同，在 2052 年的电子化、全球化的世界中，中国绝大部分地区的文化都不会是多元的。大多数中国人是汉族——这种身份是与生俱来的，不能靠后天获得。

到 2052 年，中国将成为一个自给自足的文明国家，不需要传统意义上的攻克新土。中国有效的人口控制政策，以及向其他资源丰富、技术发达国家的稳定移民，将确保中国人口持续减少，而全世界中国人的数量缓慢增长。2052 年，中国人口数量（12 亿），将低于 2012 年的水平。

另外 2 亿中国人将生活在中国以外的地区，尽管他们最重要的文化身份仍然是中国人。他们分布在全球各地，希望子女能够获得高质量的教育，并且参与到各个层次的国际贸易中。因此，中国人将有机会，而且将会融入其他主流文明。但是，来自其他文明的人们融入中国文化的机会则更少。而且可以说，他们永远也无法真正融入这个文明——除非他们是汉族移民的后代。

到 2052 年，中国经济总量将是全球第一，尽管在人均 GDP 上，中国仍有较大的提升空间。由于经济总量庞大，中国将在全球经济中占据重要地位，在全世界都展现出强大的经济技术实力以及文化软实力。

我们无法预测，2052 年的中国将采用何种政治体系。但是，可以确信的是，2052 年的中国政府将积极地从中国传统中汲取有益的营养。传统上，中国一直倾向于运用儒家思想治国。这种思想在解决 21 世纪重要问题上将非常有效，可以将目前的资源密集型的生产方式，转变为对全世界都能产生长期福利的产业。

驾驭技术—经济新范式

到 2052 年，低碳、高效的产品，将大规模地取代目前所有部门中化石燃料的低效使用。像 20 世纪的石油部门一样，这些产品将在全球经济中占据主导地位。中国将早早地成为这一转型的主力——出于本国发展需求、相对薄弱的国家资源储备，以及精准的战略地位的考虑。

在相当长的一段时间里，中国都在积极地筹划富有雄心壮志的、自上而下的政策，并实施大规模投资。中国还将致力于在技术—经济新范式中，取得资源和技术的"支配性地位"；并提供必要的市场资源，将核心技术（如太阳能与风能的驱动设备、高速电力轨道交通灯）规模化、商业化。

在早期，中国公司会与技术先进的日本、韩国公司建立强劲的伙伴关系，同时积极利用海外中国公司（尤其是在北美西海岸的公司，最初这里的技术最为发达）的研发成果。在技术—经济新范式中，中国的核心战略资产，就是在稀土储备和生产方面的优越性。稀土在电池、电动马达以及智能手机生产中极为重要，而这些产品又是新范式中的中流砥柱。中国将逐步将价格低廉、产业链低端的产品生产转移到更不发达的国家中。同时，通过增加国内消费，增加高科技产品生产比例（尤其但不仅限于智能、低碳、高效产品），以维持强劲的经济增长势头。

中国广阔的国内市场，使得国外的生产厂商越来越多地考虑中国消费者的喜好，以及中国政府的产品标准。到 2052 年，大部分国家的能源体系，将极为依赖中国或东亚的技术和产品。这种依赖成为了相关政府担心的国家安全问题。

到 2052 年，许多国家的经济都将依赖于中国，因为中国将成为它们的主要贸易伙伴。这对于资源丰富、战略地位重要的国家尤为如此。

这些在经济上与中国紧密相连的国家，其外交政策必将与中国保持一致，其经济生态系统也会围绕中国运转。在地缘政治圈中，中国对邻国具有较大的影响力。中国的另一个影响圈，则包括了那些并不与中国接壤，但是在经济上与中国联系紧密的国家。这些国家通过出口，帮助中国弥补了较为薄弱的自然资源基础。这个由"伙伴国家"组成的影响圈范围更大。

中国将使用一系列政治和经济工具，包括多种形式的双边合作（例如文化交流活动、资助项目、研究项目、特惠贸易协议、海外发展援助），使这些国家和经济体能够最大限度地融入新的世界秩序，也就是以中国为中心的世界秩序。在 2010 年到 2020 年间的数次金融危机中，中国将利用其独有的财政盈余，再次为许多国家的庞大公共债务注资，条件比市场提供的更优惠。中国还将在海外大量投资，投资公共土地和基础设施建设，然后售出——如此一来，就可以在全球实力上实现巨大的跨越式发展。

应对气候变化

到 2052 年，中国将不得不与全球变暖的危害做斗争。自 20 世纪 50 年代以来，中国的平均气温升幅就一直高于全球平均值。而到 2052 年，在中国北方，严重的旱灾将成为常态。而在南方，频繁的暴雨则会导致严重的洪涝灾害和水土流失。粮食作物将有所减少，但中国并不会因此依赖食品进口，因为中国的人口同时也在减少。两大北方城市——北京和天津——及其 4500 万居民的用水，将来自大型长江引水工程，以及沿海地区的海水脱盐工程。在上海，人们不断加高堤坝，以防止海平面上升带来的海水倒灌。中国政府将致力于提出相关规划，逐步转移"不可持续的城市"的居民。

即便中国现在已经开始体会到极端天气的重大影响，到 2052 年，中国将成为系统性抗击气候变化的国家中最为有效、最有组织的国家（不考虑一些处理失当的事件）。中国还将证明，自己有能力避免大规模的不稳定现象，并采取建设性的、有效的方法，将资源用于适应工作。因此，2052 年的中国将拥有强大的气候适应能力，在不断发展的全球市场中占据主导地位。中国还会积极地向"伙伴国家"，以及缺乏有效管理机制的发展中国家，提供双边气候适应援助。

到 2052 年，中国将在文化、经济以及政治上，以其独有的方式，对世界产生重大的影响。尽管中国并不是唯一一个具有影响力的国家，但中国文明将是最为独特的，并且受到本国身份和思维逻辑的影响。这种影响来自国家内部，还有中国悠久的历史。

拉斯马斯·雷万（丹麦人，1970-）印度学家，曾在中国生活、工作。

他拥有奥斯陆大学（挪威）的博士学位，曾在哥本哈根大学（丹麦）与格但斯克大学（波兰）任教，并有着十年以上的国际范围内可持续发展的非营利性咨询工作经验。

比约恩·布朗斯塔德（挪威人，1973－）是一名高瞻远瞩的专家，在情景规划、范式预测，以及其他全面、动态的战略决策与集体行动动员工具方面，拥有 12 年的学术与实际操作经验。

我相信，《中国——新的超级大国》一文中的乐观看法是恰如其分的。在未来四十年间，中国将经历快速的发展。对我们这些既不是中国人，也不是美国人的人而言，重要的是，试着适应这一文化变革。

迈向 2052：除美国外的 OECD 国家

除美国之外（美国单列为一个地区），这一地区囊括了老牌工业市场经济体。除美国外的 OECD 国家地区，共拥有 7.4 亿人口，这相当于美国的两倍；其 GDP 总量也接近美国的两倍。因此，该地区扮演着重要角色，关于它的预测显示在图表 10-3 中。

在我写作本书之际，这一地区的人口增长已经开始出现停滞，这一态势将一直持续到 2025 年。之后，人口将缓慢减少。因此，到 2052 年，除美国外的 OECD 国家地区的人口比现在要少 10%。平均年龄以及粗死亡率将有所提高，而平均预期寿命则会继续增加。因此，总体而言，尽管出生率较低，这一地区的人们寿命更长，健康状况更好。平均家庭规模则将延续过去四十年的趋势，继续保持缩小的态势。

人口老龄化也将对支持负担造成一定的压力，但是这一问题要等 2030 年以后才会出现，而且届时支持负担只会增加 10%。我认为，社会将通过极为缓慢地推迟退休年龄，控制养老金体系承担的压力，来解决这一问题。这也会阻止潜在劳动力数量急剧下降，否则在 2052 年之前，该地区的潜在劳动力数量可能已经减少了四分之一。

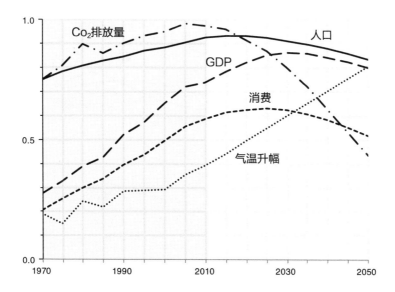

图表10-3a　除美国外的OECD国家状况，1970-2050。
范围：人口（0-8亿）；GDP和消费（0-30万亿美元/年）；二氧化碳排放量（0-70亿吨/年）；
气温升幅（0-2.5摄氏度）。

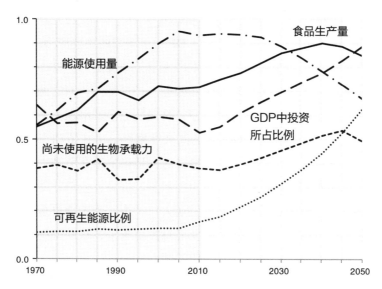

图表10-3b　除美国外的OECD国家生产，1970-2050。
范围：食品生产量（0-12亿吨/年）；能源使用（0-32亿吨石油当量/年）；可再生能源比例（0-
70%）；GDP中投资所占比例（0-40%）；尚未使用的生物产能（0-50%）。

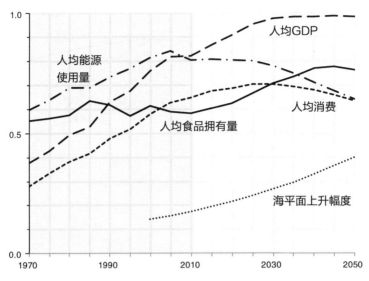

图表10-3c　除美国外的OECD国家生活水平，1970-2050。
范围：人均GDP和人均消费（0-36000美元/年）；人均食品拥有量（0-2吨/年）；人均能源使用量（0-5吨石油当量/人/年）；海平面上升幅度（0-1.4米）。

这一地区的GDP总量将继续增长，但增速一般——而且，GDP将在21世纪30年代初到顶，峰值比目前水平高15%。GDP增长缓慢的主要原因就是人口减少；但是，生产力增速缓慢也是原因之一。生产力增长缓慢是因为这一地区已经发展为成熟的经济体，大多数经济活动发生在服务与护理部门，而这两个部门的劳动生产率很难提高。生产力提高的主要途径，是促使更多的潜在劳动力获得就业机会，参与到正式经济中。目前，OECD的高失业率——潜在劳动力中有超过10%没有正式工作——提供了一个绝好的机会。这一地区的潜在劳动力数量还是相对较多的，有能力承担起老龄化社会的负担。但是，提高就业率，就需要将目前正在工作的人的一部分收入，转移到新增就业人口手中。为了使更多的人就业，政府需要展现足够的领导力，大多数人需要愿意投资未来，帮助解决这一地区面临的诸多挑战，包括老龄化社会和气候变化问题。

在这一方面，除美国外的OECD国家的起点比美国有优势。在过去几十年里，该地区一直保持着高投资率，接近全球平均水平（24%），比美国高出整整8个百分点。这是一个良好的开端。该地区可以继续增加额外投资，以解决资源枯竭、环境污染、气候变化、生物多样性丧失，以及所有现代社会的弊病。同时，还需要增加投资，以修复多变的天气造成的破坏；最近在澳大利亚出现的长期干旱，以及随后的洪涝灾害就是个很好的例子，显示了未来可能发生的恶劣天气灾害。

到 2035 年，除美国外的 OECD 国家地区的人均 GDP 将稳定在 35000 美元／人的水平。GDP 中，投资商品和服务的比例会不断增加，而消费商品和服务的比例则不断下降。到 2052 年，中国 GDP 将赶上该地区。届时，两个地区的人均商品与服务年产值将处在同一水平，仅（仍然）落后于美国三分之一。

仅仅粗略地讨论 GDP 的话，未来四十年里，美国发生的变化，将使美国成为第一个 GDP 在高位产生停滞的国家。接着，其他 OECD 国家的 GDP 增长也会出现停滞，峰值略低于美国。与此同时，中国 GDP 则会继续增长，到 21 世纪中叶，达到除美国外的 OECD 国家水平。从长期来看，在 21 世纪后半叶，这三个地区的 GDP 可能趋于相同。记住，我们讨论的是人均水平：到 2052 年，中国的经济总量，将是 OECD 组织所有 33 个国家——包括美国在内——经济总量相加的总和。

除美国外的 OECD 国家地区的能源使用总量将一直持平，并于 2030 年开始出现减少。与此同时，石油和天然气的使用量将一直处于不断减少的状态。石油所占比例将减少到三分之一，意味着该地区的石油使用量永远不会超过 2010 年左右的水平。换言之，该地区已经度过了石油高峰阶段。最初，这一峰值将被天然气的不断增长的大量使用所抵消，但是，只有到 2035 年以后，当可再生能源比例快速提高时，天然气使用才可能逐步减少。核能的使用一直在稳步减少；到 2052 年为止，四分之三的核反应堆将被关停。因此，届时只有约 70 座核反应堆继续工作，能源贡献比例不足 5%——而且反应堆主要位于法国和日本。

由于能源效率提高，能源组成比例发生变化，从现在起直到 2052 年，该地区的二氧化碳排放量将开始减少，而且减少速度越来越快。到 2052 年，碳排放量将比当前水平低 55%，比 1990 年低 50%。这符合 IPCC 于 2007 年提出的建议，也就是到 2052 年，减少 50% 到 80% 的碳排放量。但是，实现这一目标的过程中，碳排放量将远达不到欧盟目前的雄心壮志。以 2020 年为例。2009 年开始实行的 20/20/20 欧盟法规中，第一个"20"就是关于削减碳排放量的：欧盟希望，2020 年的碳排放量，就要比 1990 年低 20%。但这不会得到实现。

在未来四十年间，除美国外的 OECD 国家地区也将面临气候问题。旱灾增多以及不时发生的洪涝灾害，将对大部分区域，尤其是澳大利亚和地中海沿岸造成影响。但是，从中期看来，（欧洲和加拿大）北部不会遭受严重的气候影响，而且甚至会因此而得利。农业和渔业将受益于气温升高，可以从增加的二氧化碳中获得更多的养分。而过于炎热的夏天，则会使地中海沿岸的旅游业遭受重创。但是，随着更多的冰雪融化，在遥远的北方出现了新的机会。澳大利亚将面临多变的天气——干旱和洪涝交替出现。在这些气候变化的负面影响下，该地区的农业总产量将在 2040 年之后出现下降。同时，由于人口减少，城市化程度进一步提高，土地产量增加，尚未使用的土地面积将有所增加。21 世纪后半叶，在大规模农业收获之后，在北部可能还有空间使常绿林重新生长起来。

总之，在未来四十年间，除美国外的 OECD 国家地区将经历逐步的停滞过程。增长仍然存在，但无济于事。人口将缓慢减少，二氧化碳排放量将有显著减少。气候变化起初能够为这一地区带来好处，但随后就会造成破坏，最终导致农业产量的减少。某些资源将出现短缺，需要通过进口来填补；但是没有一种短缺将是持续的，也不会严重破坏良好的现状。随着回收利用逐步成为常态，从该地区的废弃物中，可以源源不断地提取原材料和能源。太阳光照和风力也非常充足，足以为该地区将近一半的企业和住宅提供能源。

在美国以外的 OECD 国家地区中，民主传统能够帮助稳定政治局势，阻止不公平现象的进一步加深，对其负面影响加以限制。但是，欧洲国家（或许德国除外）的毫不紧张，可能使这些国家错过商业良机。而美国，特别是中国，却会充分利用许多该地区的创造发明成果。因此，该地区在世界秩序中的地位将进一步下滑，但是居民的生活满意度仍然非常高。

迈向 2052：BRISE

我要讲的第四个地区，就是"BRISE 地区"。该地区包括了巴西、印度、南非以及其他十个大型新兴经济体，2010 年人口总量达到了 24 亿。这十个新兴国家按照人口数量从多到少排列，分别是印度尼西亚、墨西哥、越南、土耳其、伊朗、泰国、乌克兰、阿根廷、委内瑞拉以及沙特阿拉伯。这 14 个 BRISE 国家大多分布在热带和温带地区，拥有广袤的热带雨林与针叶林、广阔的热带草原和温带草原，以及大片肥沃的平原，一座座农业村镇点缀其间。在这个地区里，也有大型工业化精耕细作，大型制造中心，以及一些超级大城市。但是，大部分居民仍然生活在农村地区。

这些国家之间的差异如此巨大，以至于谈论平均值几乎是毫无意义的。但无论如何，BRISE 地区都代表了三分之一的世界人口，目前，该地区 GDP 总产值超过中国。将这些国家归为同一个地区的唯一原因，就是因为它们都是人口大国（平均人口为 1.7 亿），而且正处于工业化的道路上。该地区 2010 年的人均 GDP 为 6000 美元 / 年，比中国低了 15%。在未来几年里，中国将继续快速发展，而 BRISE 国家经济增长速度则更为缓慢。实际上，增速缓慢的过程已经持续了一段时间。BRISE 地区的预测显示在图表 10-4 中。

该地区人口不断增加，而印度在总人口中占了三分之一。但是，BRISE 地区的人口出生率正在急剧下降，其人口总量将在 2052 年之前就达到峰值，峰值远远低于 30 亿。劳动力数量的发展趋势也大致相同。

该地区的人口非常年轻，因此在未来四十年里，支持负担将大致保持不变。

但是，生产力的发展则更为不同。BRISE 国家正处在一个理想状态，可以从工业化国家（同时也越来越多地从中国）借鉴技术和解决方法。因此，如果外部环境保持不变，这些国家将实现快速的发展。在一些 BRISE 国家中，情况如此；但在另一些国家，尤其是人口庞大、情况复杂、政治民主的印度，其发展速度则会低于平均水平。因此，到 2052 年，该地区的 GDP 总量将是现在的三倍，而人均 GDP 则从 6000 美元 / 年增加到 16000 美元 / 年，达到 20 世纪 70 年代的欧洲水平。这是一个巨大的差距：BRISE 国家的物质水平，比除美国外的 OECD 国家国家落后了 80 年——也就是整整三代人的时间。

就像其他所有国家一样，BRISE 国家也需要提高投资比例，以解决接踵而至的现代问题——其中也包括气候变化。但是，由于这些国家已经习惯于高投资率，因此在 GDP 保持快速增长的背景下，其总体消费仍然会大幅增加，人均消费也是如此。

大多数投资将被用于扩张能源体系。到 2052 年，BRISE 地区的能源生产量必须达到 2010 年的两倍。该地区拥有庞大的能源资源：俄罗斯、沙特阿拉伯以及委内瑞拉有丰富的石油和天然气；南非和乌克兰有煤炭；巴西和印度尼西亚有生物质能；而俄罗斯和其他一些地区拥有核技术。到 21 世纪中叶，BRISE 国家将拥有约 70 座核反应堆（美国的两倍），提供 2% 的能源。而可再生能源的比例则会达到近 40%，其主要形式就是太阳能提供的电力和热能。但是，转化为生物燃料和电力的生物质能，也会对能源贡献良多。在这方面，巴西将成为领头羊。

能源体系的扩张如此之快，以至于化石燃料带来的二氧化碳排放量将一直保持增长，直到 21 世纪 40 年代才会到顶。尽管同时能源效率也有显著提高——部分是通过采用外国技术而实现的。

食品生产量将一直增加，即便一些土地受到了损害，因为该地区尚未使用的土地面积非常广阔（巴西、乌克兰和西伯利亚都是如此）。

但是，在全球变暖的大背景下，该地区也将面临潜在的气候灾难。在俄罗斯的针叶林中，虫害可能会损毁整片森林；印度尼西亚的沼泽中，大火将释放大量甲烷；巴西热带雨林将逐渐干枯至死；西藏的冰川消融，光秃的山坡没有植被来吸收多余的水分，因此东南亚国家将遭受洪涝灾害。对印度而言，海平面再上升 36 厘米带来的影响，更不必多说。这种影响可能是直接的，但更有可能是间接的：在恒河三角洲上，来自邻国孟加拉国的大量移民将使印度倍感压力。幸运的是，未来四十年间，并不是每个问题都会大规模地发生（我认为，而且我希望如此！）。但是，气候破坏足以减缓各国的发展，并占用投资，而那些投资本可以用于改善 BRISE 国家人民的生活满意度。

BRISE 地区现在拥有，而且未来也会拥有丰富的资源储备，因此非能源足迹只会占到生物产能的一半——主要得感谢无人居住的西伯利亚以及广袤的亚马孙雨林。因此，即便到 2052 年，BRISE 地区人均未经使用土地面积（0.7 公顷 / 人）将和美国（0.9 公顷 / 人）相近。当然，问题是大多数资源位于俄罗斯和巴西，而大部分人口居住在南亚和东南亚。

但是，至少这使理论平均值看起来更好。而且，在理想的贸易状态下，这些资源可以得到充分利用，造福所有人。

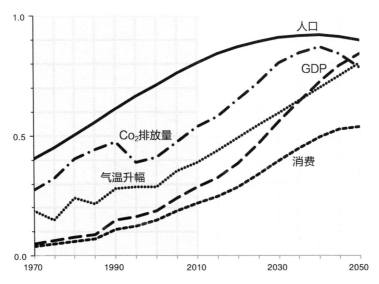

图表10-4a　BRISE地区状况，1970-2050。

范围：人口（0-30亿）；GDP与消费（0-50万亿美元/年）；二氧化碳排放量（0-130亿吨/年）；气温升幅（0-2.5摄氏度）。

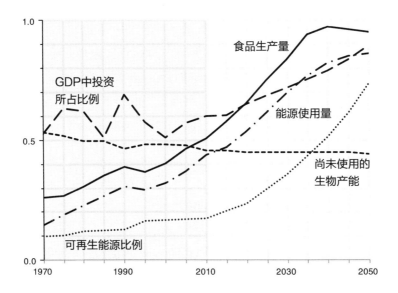

图表10-4b　BRISE地区生产，1970-2050。

范围：食品生产量（0-37亿吨/年）；能源使用量（0-65亿吨石油当量/年）；可再生能源比例（0-50%）；GDP中投资所占比例（0-40%）；未经使用的生物产能（0-100%）。

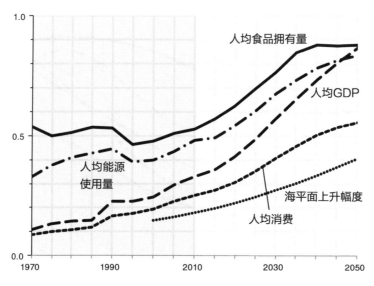

图表10-4c　BRISE地区生活水平，1970-2050。

范围：人均GDP和消费（0-18000美元/人/年）；人均食品拥有量（0-1.5吨/人/年）；人均能源使用量（0-2.5吨石油当量/人/年）；海平面上升幅度（0-1.4米）。

　　总的来说，在未来四十年间，BRISE 地区将会经历蓬勃的发展：经济总量扩张，人口增加，城市化不断推进。政府将热衷于采取行动，但是行动水平参差不齐。温室气体排放量将是庞大的，严重的气候破坏也将出现。总而言之，BRISE 将表现不俗。尽管其发展不如中国，但也好过我要预测的第五个地区：世界其他地区。

　　《洞见 10-3：丰富的生物燃料》就讲述了 BRISE 地区在未来能够取得的成果。

洞见 10-3　丰富的生物燃料

延斯·乌特维特－穆埃（Jens Ulltveit-Moe）

　　当前，对环境，尤其是对生物燃料的不抱幻想之中，其实蕴含了巨大的商业机会。巴西和非洲南部生产的第一代传统生物燃料——也就是用甘蔗制成的乙醇燃料——是最具潜力的。那些选择在 2010 和 2011 年之间进军乙醇燃料的人们，其投资成本相当低，而投资回报又很高。最重要的是，我认为，在本世纪20年代，气候变化和技术进步的发展，将促使生物燃料投资增加，为之前的投资者带来收益。因此，到2052年，许多人将因为甘蔗乙醇而累积大量的财富。

就是现在

利润的核心，就是以低价获得资产。如果市场正在蓬勃发展，那么情况就会更为有利。在我写作这本书的时候，进入生物燃料市场的成本还很小。部分原因是在哥本哈根和坎昆气候峰会中，集体气候政策遭遇了挫折，使许多（因为过于乐观，而且的确不切实际的）项目被迫搁浅。但是，投资界本身的保守倾向，以及对气候变化是否真实存在的怀疑，也使投资者继续采取观望态度，因而生物燃料的价格一直较低——这是一个绝好的机会，人们可以在追逐利润的同时，阻止气候变化的进一步发展。

目前，生物燃料发展缓慢，这使得机会变得更为有利。部分说来，生物燃料也值得快速发展。 在巅峰时期，美国的玉米乙醇每年能收到60亿美元的补贴——尽管这种生物燃料并不能减少二氧化碳排放，同时还会增加食品成本。类似地，在农场游说团体的推动下，欧盟通过了对玉米乙醇、植物柴油以及甜菜乙醇的高额进口关税，目的就是保护欧盟自有的生物燃料产品。所有这些行为都有损生物燃料的形象。而实际上，生物燃料的确能够有效减少交通运输带来的温室气体排放。

在金融危机爆发后，生物燃料投资者面临着更为有利的环境。因为公共预算收紧，就意味着削减对可再生能源的补贴。公共财政短缺——以及推动气候政策的民意缺乏——令投资者看到，在意大利、西班牙以及德国，对可再生能源的补贴被大幅削减，由此产生了许多投资机会，尤其是投资那些和化石燃料相比，成本较低（至少是相近）的可再生能源。而我相信，甘蔗乙醇就是其中一例。

甘蔗乙醇的优势

生物燃料生产并不需要完善的农业土地，因此生产成本相对较低，而且相关生产技术正在飞速发展。此外，生物燃料对碳排放没有任何影响：使用甘蔗乙醇的过程中所排放的二氧化碳，将在来年甘蔗的生长中得到吸收；而甘蔗乙醇的生产也不需要大量的化石燃料或肥料。生物燃料还是可持续能源：几十年来，巴西的甘蔗生产都是依靠雨水供养的，整个过程对土壤没有任何损害。

实际上，巴西是全球最大的甘蔗乙醇生产国。该国的甘蔗生长密度很高，因此食品生产并没有受到严重影响。种植甘蔗也不会造成土地沙漠化。甘蔗种植面积仅占巴西耕地与牧场的0.9%，却正在为全国超过一半的汽车提供电力。

在全球层面上，IEA估算，到2050年，需要1亿公顷（Mha）或者6%的适宜土地，以提供27%的交通运输燃料。在2010年，3000万公顷的土地被用于种植生物燃料作物。其中，美国和欧盟就占了2000万公顷。这两个地区对能源作物的不满，可能会使人们停止使用这部分土地，因此需要新增1.2亿公顷的土地，以生产生物燃料。

幸运的是，世界其他地区仍有许多没有被充分利用的土地。仅巴西一国就有超过2亿公顷的牧场。其中大部分都可以被用作生产甘蔗，因为目前的肉类生产只需要一块更小的区域——通过牧草种植和水资源提供的技术进步，这是可以实现的。东欧也有4000万公顷的土地没有得到充分利用，南非的潜在土地面积也大致相当。即便美国和欧盟不再生产生物燃料，开发1.2亿公顷的土地用以填补空白，也是完全可以做到的。

如今，在巴西，甘蔗乙醇没有任何补贴，其零售价格却可以与汽油相匹敌。相当于一桶石油当量的甘蔗乙醇，其生产成本仅为60美元。随着技术进步，成本可能进一步降至40美元。巴西绝对是全球生物燃料生产成本最低的国家。一吨甘蔗乙醇的生产成本，只有美国玉米乙醇的35%，德国甜菜乙醇的23%。

但是，要使全世界都用上生物燃料，那么成本就会很高。IEA估算，到2030年为止，交通运输的总成本中对生物燃料的投资成本占了1%

到 2%；在随后的 20 年里，其生产成本将相当于 120 美元/桶的石油价格。据 IEA 的估算，从 2010 年到 2030 年的 20 年间，交通运输能源的净节省率为 1%。同时，由于生物燃料的使用，交通运输带来的碳排放量将减少 25%，产生巨大的社会效应。

甘蔗乙醇生产已经取得了巨大的技术进步，而且这一趋势很可能持续下去。到 2011 年为止，每公顷产量每 20 年就翻一番。即便增长率减半，到 2052 年，单位产量也将再翻一番。

其次，目前技术主要关注的是怎样利用甘蔗中所含的蔗糖。因此，甘蔗利用的全部太阳能中，只有三分之一得到了利用。但是，通过燃烧甘蔗皮和废渣，还可以再多利用四分之一的太阳能，将其转化为电力，使甘蔗的能源产量提高将近一倍。

最后，从甘蔗中提取乙醇的发酵过程中，会产生高浓度的二氧化碳。比起化石燃料燃烧产生的二氧化碳，这类二氧化碳的捕集和封存成本更低，方法也更简单。因此，未来一些生物燃料的净排放量甚至可能出现负值。

展望未来

那么，在未来四十年间，人类对甘蔗乙醇的利用，将产生怎样的影响呢？

在富裕国家中，科学家关于气候变化的强烈警告，逐渐成为人们日常亲眼看到的事实，这使得人们产生了行动的意愿，无论短期成本有多么高昂。在本世纪 20 年代，这种意愿就会出现。因为届时全球平均气温将明显上升，极端天气出现频率提高，西伯利亚和加拿大的冻土层开始融化，释放出甲烷。所有一切都让选民感到恐惧不已。

到 21 世纪 20 年代，在抗击气候变化的战斗中，中国已经接过了欧盟的旗帜。中国政府之前就敏锐地感受到了气候变化带来的挑战。一系列洪涝旱灾的出现，进一步促使中国在 2020 年左右开始采取紧急行动，展开应对。然而同时，美国却成为全球减排行动的绊脚石。但是，即便是美国的选民，最终也会要求政府采取行动，解决化石燃料的二氧化碳排放问题。尽管相比中国和欧洲，这种诉求落后了整整十年。

到本世纪 20 年代，燃料价格将出现大幅上涨。原因就是碳交易价格高昂，而且多数选民要求生物燃料在所有燃料中占有一定的比例。

巴西几十年来一直在大规模使用甘蔗乙醇，并大获成功，提升了生物燃料在公众心目中的形象。这使得一些生物燃料拥有良性的利润空间，其生产和使用规模也会快速扩张。

能源作物部门的技术含量将不断提高，而作物产量和作物抵抗不利环境的能力也会继续快速提高。转基因技术终于被全世界所接受——欧盟除外——为巴西和亚洲的产量提高贡献良多。而甘蔗、林业和农业的废弃物，则会日益成为发电、发热的宝贵原材料。

到 2052 年，甘蔗产业对全球交通运输燃料的贡献，就和今天的 OPEC 组织一样至关重要。如果届时巴西能够利用其耕地和牧场的 7%，同时甘蔗乙醇产量在未来四十年里保持 1% 的年增长率，那么甘蔗乙醇的总产量将是现在的 16 倍，能源总量相当于每天生产 250 万桶石油，或者目前伊朗或尼日利亚的石油出口总量。我相信，这很有可能发生。

总的来说，对巴西以及南非的早期投资者而言，甘蔗乙醇将创造出巨大的财富。而那些投资于美国和欧洲生物燃料的人们，则会非常失望。

延斯·乌特维特-穆埃（挪威人，1942-）是 Umoe（www.umoe.no）公司的创始人和 CEO。该公司营业额达到 10 亿美元，拥有 7000 名雇员。Umoe 公司进行逆周期投资。最近，投资项目从大型油轮和油田地震（oil seismic）转向了可再生能源，包括生物燃料和太阳能光伏。

《丰富的生物燃料》一文生动地展现了绿色增长——这也是后（金融）危机时代中，许多国家难以实现的雄心壮志。

迈向 2052：世界其他地区

我对世界其他地区（ROW）的预测，显示在图表 10-5 中。

ROW 地区是对 186 个国家进行折中组合之后的结果。这一地区 2010 年的人口数量为 21 亿，相当于全球人口的三分之一。186 个国家中，有 17 个国家的人口超过 3000 万，总人口超过 10 亿。人口最多的国家包括巴基斯坦（1.68 亿）、尼日利亚（1.62 亿）、孟加拉国（1.42 亿）、菲律宾（9400 万）、埃塞俄比亚（8200 万）、埃及（8100 万）、刚果（6800 万）以及缅甸（4800 万）。该地区的工业化程度全球最低，同时也是最为贫困的。人均 GDP 只有 BRISE 地区的近三分之二。

该地区人口仍在快速增长——年增长率达到 1.9%——而四十年前，这一数字为 2.4%。人口增长率将继续下降，人口将于本世纪 50 年代左右到顶，峰值约为 31 亿。生育率将大大降低。原因和其他地区一样，就是受教育程度提高、避孕手段提高、城市化水平提高。但是，和其他地区相比，ROW 地区城市化发挥作用的时间更晚，因为该地区工业化程度仍然较低，而人口数量又相对较多。

未来四十年间，该地区潜在劳动力数量将增加近一倍，而且人口年龄相对较小。因此，支持负担将延续长期下降的趋势，减轻工作人群的负担。

过去四十年间，该地区的生产力发展时快时慢。我们也没有理由认为，这种趋势将会在未来结束。在未来四十年间，一些国家将经历经济腾飞，复制其他新兴经济体的成功。但是，这不会改变平均经济增长率，后者仍将保持较低的水平。劳动生产力将以每年 1.2% 的速度增长，加上劳动力数量 2% 的年增长率，使 GDP 的年增长率超过 3%。

通过简单的数学计算，我们就可以知道，到 2052 年，ROW 地区的 GDP 总量将是现在的 3 倍。人均 GDP 也会从 4000 美元 / 人 / 年增长到 8000 美元，约等于 20 美元 / 天。这大大高于 "2 美元 / 天" 的标准。在过去几十年里，人们一直用这个标准来界定真正意义上的贫困。根据我使用的 2005 年购买力评价标准，"2 美元" 相当于 3 美元。因此，到 2052 年，ROW 地区的平均收入将是基本生存标准的 6 倍。但是，大部分收入流向了城市地区。因此，农村地区仍将处于贫困之中。

ROW 地区还将提高投资比例，以解决接踵而至的现代问题——包括气候变化。但是，（总体而言）这一地区仍将深陷贫困、治理糟糕，因此投资额的绝对值仍然会非常小。其中一部分投资将被用于逐渐扩大能源部门，还有一部分用于降低能源供应的气候强化程度。一部分资金很可能来自富裕国家的发展援助，作为清洁发展机制的一部分，专门用于解决气候问题。

从现在起到 2052 年，ROW 地区的能源体系将逐步扩大，二氧化碳排放量也会逐渐增加。但是，由于能源效率以及可再生能源比例的提高，碳排放量将逐渐停止上升的趋势。外国技术——例如太阳能光伏和电动汽车——可能提供了一些帮助。无论如何，到 2052 年，该地区的人均碳排放量仍然仅为 1 吨。如果可持续的、公平的排放标准得以实施，那么 1 吨的数量正好符合人均排放限额。因此，到 2052 年，ROW 地区的居民仍然延续着可持续的生活方式——如果仅仅从气候角度来看的话。他们排放的二氧化碳，只有美国的七分之一。该地区的工业化程度相对仍然较低。

食品生产量的增长速度，将超过人口增长；人均食品拥有量将逐渐增加，超过生存标准的 2 倍。原因就是，通过提高肥料输入、改善种子质量、增加水资源供给，土地产量得以不断提高。但是，这个数字只是整个地区的平均值。在该地区的 30 亿人口中，大多数人仍将生活在饥饿之中。另外，在 2040 年左右，由于气候变化以及住房建设需求增加，可耕种土地面积将开始减少。更糟糕的是，到 2052 年左右，ROW 地区将不得不通过进口，以维持食品、纤维素和鱼类的消费。所有具有生物产能的土地，都已经被利用了起来，不存在任何尚未使用的生物产能了。

总的来说，世界其他地区——也就是上文所指的 ROW 地区——仍将是全球最为贫困的地区。尽管人均生产和消费会有增长，到 2052 年，ROW 地区的 30 亿人的生活水平，仍将远远低于另外 50 亿生活在美国、除美国外的 OECD 国家、中国和 BRISE 地区的人们；即使未来四十年里，OECD 地区的发展将停滞不前。

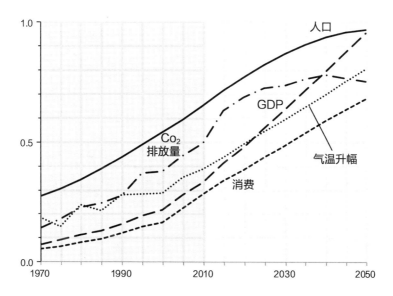

图表10-5a　世界其他地区状况，1970-2050。

范围：人口（0-32亿）；GDP和消费（0-25万亿美元/年）；二氧化碳排放（0-60亿吨/年）；气温升幅（0-2.5摄氏度）。

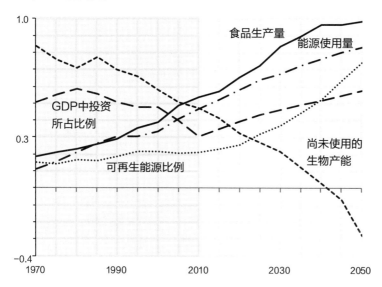

图表10-5b　世界其他地区生产，1970-2050。

范围：食品生产量（0-25亿吨/年）；能源使用量（0-30亿吨石油当量/年）；可再生能源比例（0-40%）；GDP中投资所占比例（0-40%）；尚未使用的生物产能（负20%-50%）。

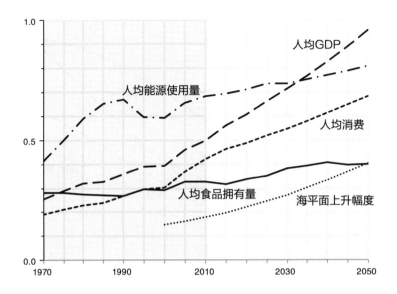

图表10-5c　世界其他地区生活水平，1970-2050。

范围：人均GDP与消费（0-8000美元/人/年）；人均食品拥有量（0-2吨/人/年）；人均能源使用量（0-1吨石油当量/人/年）；海平面上升幅度（0-1.4米）。

第十一章
和其他未来的对比

为了提高预测的内在一致性，我尝试着将自己的预测与其他模型的结果进行比较。这里，我选择了两个仿真模型——它们是少数几个综合的、动态的因果模型，而且时间跨度足够长。我之所以进行这种比较，是为了找出自己的预测和其他模型之间，预测结果的不同，解释其原因，并作出必要的修改。当然，这种测试并不能证明我的预测是正确的。但是，它的确有助于我看到自己思维方式中的强项和弱项。

与全球电脑模型之间的对比

我们采用的第一个模型，是 World3 模型的修订版。我们曾在 2003 年使用了 World3 模型，为《增长的极限》一文做一个三十年的更新，进行仿真实验。修订版在之前的基础上，添加了更多能源和气候部门的细节。其假设基础非常有意思：人类将首先使用能源回报率（EROI）最高的能源。我们对模型结构进行了进一步的修改，使之能够更好地反映图表 3-1 中的因果结构。接着，我们通过运行模型，发现了电脑运行的预测结果和我自己的结果之间的差别。最大的差别就是，修订后的模型系统认为，因为可再生能源出现的速度过慢，世界将于 2050 年左右崩溃。通过加快可再生能源的引入，就可以推迟危机爆发的时间。

我们并没有继续推进这项对比实验，因为我只想确认，我们可以通过使用计算机模型，以内在的方式处理所有相关的因果机制，来重新创造全球预测中的重要元素。我还想确认的一件事就是，书中预测的时间点是合理的。实验证实了这两个想法。因此，这次对比实验并没有使我对预测做出大的改动，只是在一些细小的方面做了调整。例如，与我的预测相比，World3 模型修订版显然对食品和环境方面有着更为悲观的态度。这是因为该模型基于现代农业数据，计算得出的全球生物产能小于我的预测。如果修订版是正确的，那么现在全世界的食品拥有量将小于我的预测中四十年后的数值。但是，如果生物产能的确更小，那么全球就会通过向农业投入更多的额外资金部分弥补食品的短缺。但是，在此过程中，世界还不得不牺牲一些重要投资——例如，对能源效率或气候变化修复的额外投资——从而在这两个问题上，面临更大的挑战。因此，如果世界比我所预想得更小，那么人类超出地球承载力的时间将会提前。

修订后的模型系统认为，食品短缺到来的时间比预测要早。因此，我们又进行了许多科学研究。这些研究关于未来四十年间气候变化对全球食品生产的影响。有趣的是，正如之前一章所谈到的，现在人们认为，大气中二氧化碳浓度的提高，能够对农业产生积极的影响——超过了未来四十年间，全球变暖对农业的负面影响。从长期来看，整体影响将是负面的，而且负面影响越来越大。但是，这已经超出了我的预测时间范围。我对预测进行了修改，反映了这个观点。

最后，修订后的模型系统显示，2052 年之后，世界将立刻崩溃，完全失去控制。在这个问题上，我的预测并没有提出详细的观点，因为预测只关心 2052 年之前的发展。我的预测并没有说全球变暖会在 21 世纪后半叶引发自我强化的气候变化，而后者等同于全球崩溃。但是，与修订版相同的是，我的预测中也显示，人类活动已经非常接近地球承载力。尽管在 2052 年前，人类活动还没有超出地球承载力，这可能在 2052 年之后很快成为现实。

与《增长的极限》研究的对比

在研究未来的长期发展时，大多数研究人员多选择提出一个可能的情景，而不是一个真正的预测。这就是说，他们将自己限制在有限的条件研究中，试图回答的问题是：如果一系列条件得到满足，那么情况将是如何。例如，如果癌症得到治愈，那么全球人口会发生什么样的变化？如果航空燃料也被纳入二氧化碳限额交易体系，那么旅游业会发生什么样的变化？如果欧盟出现分裂，那么欧洲经济增长将发生什么样的变化？这种局限于合理的话题讨论，而不进行真正的预测，使得人们可以更容易地给出一个能经受质询的答案。

至于我的全球预测，则大不相同。我试着不去局限研究的范围，并积极地向没有条件限制的预测努力。其原因就是，我希望回答自己提出的问题：在我的余生，世界将会有什么变化？你可能还记得，在第一章中，我曾经希望能够找到一个清楚的答案，使我不再对未来一直忧心忡忡。我做这个预测，也是为了帮助你更好地回答这个问题："我在2052年对生活的满意度有多高？"

现在，我的预测就摆在这里。看看它和其他研究成果的对比，是一件非常有意思的事情。我们自然而然地会想到，要把自己的预测和其他成果进行对比；然而遗憾的是，可供对比的四十年预测并不多。但是，我们却有机会与1972年的长期全球未来研究，也就是与《增长的极限》（LTG）进行比较。我的优势就是，我曾经参与《增长的极限》的研究工作。1992年，我与人合写了该书的第一版，并于2004年参与了后续研究工作。这些经历自然会让我的观点有失偏颇，但是我会尽可能保持中立，至少是在结论受到影响的时候，清楚地指出我的偏见。我最大的偏见或许就来自我的身份——我来自富有的工业化国家，接受了自然科学方面的教育，对自然界有着很深的敬畏之心。我与传统想法不同的观点，可以从这些背景中找到源头。

预测与情景

在我的预测与LTG将对比之前，我们必须首先着眼于二者最大的不同——那就是，LTG并不是一项预测，而是一个情景分析。最初，LTG想要回答的问题就是，在一系列拟定的政策条件下，到2100年，全球人口、工业化、食品生产、资源利用以及污染问题将出现哪些变化。如果人们投入更多的资金用于人口控制，那么情况将发生什么改变？如果农业技术得到改进，能够减少土壤流失，那么情况将发生什么改变？如果届时全球不可再生能源数量少于预期，那么情况将发生什么改变？如果经济增长停止，那么情况将发生什么改变？

通过12个不同的情景，LTG回答了2100年世界状况的问题。其中一些情景显然是不受欢迎的，它们显示了人类活动将超过地球承载力，随后人类生活质量出现下滑。其他情景则更为温和，（在模型系统中）通过实施前瞻性的社会政策，使得整个系统得以维持稳定。我认为，这本书备受讨论的一个原因，就是许多人发现，维持稳定的政策（例如为人均消费设定上限）非常令人反感。治疗药物似乎比疾病本身更糟糕。

LTG 含蓄地支持了那些帮助稳定世界模型系统的政策。但是，该书的主要命题，就是"更高的聚合度"（a higher level of aggregation）。LTG 声称，全球人口增长和经济增长，将在 21 世纪前半叶达到地球的物理极限。世界将经历这些限制因素带来的困境——因为社会采取应对措施和出台决策的时间过晚——并进入过冲状态。随后，世界只有两种选择："控制下的衰落"或者"自然导致的失控崩溃"。LTG 希望，社会能够实行高瞻远瞩的政策，并快速响应，以避免过冲情况的出现，确保社会能够可持续发展，公平对待其成员，不超过地球承载力的极限。

很显然，LTG 的论述显示，其预言能力是极为有限的。数据和知识并不足以使 LTG 做出误差较小的可靠预测。我们唯一能够相信的，就是关于"行为模式"的论述，其中包括发展的大致趋势和模式。LTG 清楚地显示，自己无法预言衰落出现的时间，甚至无法预言最有可能出现的过冲形式。但是，LTG 的确关注了实体限制因素造成的威胁：资源短缺和环境破坏。更温和的威胁，例如不公平现象加深或者文化脱节，则被放在了次要位置。

在下面的章节里，我将更详细地讨论 LTG 中所传达的意思，因为这可以深化本书所要表达的意思。

进一步讨论2052年

从最宽泛的角度看，我的预测可以被认为是对 LTG 中某个"过冲—下降"情景的进一步阐述。我的预测中，气候危机正在逐渐逼近，原因就是一个显而易见的全球限制因素：在气温不升高的条件下，地球大气所能承载的二氧化碳是有限的。我的预测还提到了其他限制因素，例如有限的化石燃料储备、有限的可耕种土地面积、有限的野生鱼类数量，以及有限的生物多样性保护区面积。但是，大致说来，气候是未来四十年间最为紧迫的限制因素，而且关键问题是，我们已经处于"过冲状态"：目前，温室气体年排放量已经接近全球海洋和森林吸收量的 2 倍。因此，大气中这些温室气体的浓度，以及平均气温都在不断升高；未来几十年间，人类（以及自然）的生存状况将发生变化。从某些程度上来说，人们的生存状况变得更为艰难。

但是，我们已经不仅仅是过冲了。为了避免"自然导致的失控崩溃"，人类业已开始艰难的行动，而且已经走上了"控制下的衰落"道路。人们已经成立了IPCC 与联合国气候变化框架公约等；数十年来，相关谈判也在一直进行，目的就是要以良好的管理模式、高效并公平地推动减排行动。这些努力已经取得了一些成果；但是，目前的结果并不足以确保全球气温升幅维持在 2 摄氏度之内。

LTG 与我的预测之间的关系就是：我的预测选择了 LTG 中所列的情景之一，认为这是未来最有可能发生的情况。在我看来，2004 年版的 LTG 中，情景 3 最有可能发生。在这个情景下，由于相关技术的应用，不可再生能源资源的短缺，以及污染带来的危害被推迟到了本世纪中叶。我的预测还加入了另一种资源——化石燃料，以及另一种污染来源——二氧化碳，而且认为，二者对未来发展至关重要。接着，在 LTG 中对情景 3 简要论述——有关"污染危机"中，我的预测还加入了量化计算，使结果更为精确。

LTG 不断重复的一点就是，在研究崩溃 / 衰落之后的世界发展中，World3 计算机模型并不适用。原因是，预测某种资源变得稀缺，或是某种污染来源达到警戒线之后，社会紧张和冲突、制度性回应以及权力竞争采取的发展模式，在过去以及现在都是非常困难的。

在我的预测中，我试图从我们在 LTG 中的工作中，做到更进一步。我选择了"气候"作为第一个出现严重过冲的领域，并指出了两种能够解决问题的主要工具：提高能源效率；增加可再生能源。我还试着描述在使用二者的过程中，可能发生的变化。我试着猜测，当我们现有的、大体民主的机构，继续努力解决新出现的气候危机时，会发生什么——而我的结论是，他们行动不够迅速，无法及时解决问题。我还认为，冲突将出现在两个"软"领域：生产力增长乏力（使分配问题的出现加快）；不公平现象过于严重（导致社会紧张和冲突）。我还试图将后果进行量化计算。

在 LTG 的"污染危机"情景中，越来越多的工业部门将释放污染物质，而这将最终超出全球生态系统的吸收能力。其后果就是，环境污染程度提高，人均寿命缩短，农业减产。大量资本从工业投资中被撤回，投入污染控制中，以减少污染造成的危害，解决未来的排放问题。最终结果就是，工业生产力下降，导致人均消费品与服务拥有量减少。

我的预测与 *LTG* 的预测情景大致相同，但我采取了更为传统的宏观经济学角度。我认为，人们将增加必要的投资，以解决资源枯竭、环境污染、气候破坏、生物多样性减少等问题；而不公平现象则会导致人均消费的减少。我还将消费出现减少的时间点，精确到了本世纪中叶；而在富裕国家中，消费衰退出现的时间更早。在其他经济水平较低的国家中，消费水平不会出现大幅下降。因为我并不认为在 2052 年之前，这些国家的经济会实现真正意义上的腾飞。

收入锐减与福祉锐减

在我的预测中，过冲的原因是人类社会对温室气体排放的回应过于缓慢，以至于排放量超过了未来可持续发展的限度。消费增长放缓（在富裕国家中，则是消费减少），部分原因就是削弱气候问题所需的成本过高。预测假设，社会不会采取足够的应对措施，因此 21 世纪后半叶出现的自我强化的气候变化，可能会导致消费进一步减少，使未来更趋向于"崩溃"。尽管这个用词过于情绪化了。

在许多人眼中，*LTG* 所列的情景有关人类活动。人类活动以极快的速度跨越了全球限制。这种过冲导致了人口过多和污染严重，继而引发的饥荒缩短了人类寿命。另外，这种过冲还具有鞭鞘效应（whiplash effect）。有害物质同时降低了农业生产力，导致更为严重的饥荒——进一步缩短了人类寿命——这非常符合马尔萨斯的理论。但是，在当今世界，金钱与贸易的全球化程度非常高，因此，全球范围内的衰落，更有可能表现为购买力的下降，而不是死亡率的上升。无论是哪种情况——我想说的是——都会导致生活质量下降。因此，出现过冲和崩溃的会是"福祉"，而不是人口数量或是 GDP。

在"过冲—崩溃"情景中，有一段时间里，"福祉"水平超过了可以长期维持的水平。在面临即将到来的衰落威胁时，人类可能采取的一种应对方式，就是重新定义"福祉"这个概念。如此一来，只有那些可以持续供应的要素才会被包括到"福祉"中。另一个解决方法就是等待，直到全球人口足够少，使每个人都能够享受到现在少数人才能享受到的特权。我认为，在 21 世纪里，我们会看到，这两种方法都会得到部分采用。因此，如果我们避免在发展过程中整个世界遭到摧毁——如果我们避免自我强化的气候变化出现——那么，希望可谓尚存：到2100年，世界人口将比现在少得多；而能源体系中，太阳能占有率为100%。人类更接近可持续发展的状态。如果在发展过程中，一些不可持续的价值观能够得到扭转，那么情况会更美好。

将"过冲与崩溃"和"过冲与衰落"加以区别，将很有益处。"过冲和崩溃"指的是，全球不可控制地走向大规模灭亡；而"过冲和衰落"指的是，人类在持续了一段时间的相对繁荣之后，生存状况变得越来越糟糕。

这么说来，我认为，人类将在21世纪遭遇"过冲和崩溃"。但是这件事不会在2052年前发生。真正的考验，将于本世纪后半叶袭来。届时，我们就会知道，自我强化的全球变暖是否会发生，人类是否能够平静地接受这种变化（通过将剩余人口移往不会受洪水侵害，或是不受气候变化影响的城市中；同时确保，在一个持续变暖的世界中，能够维持必要的生产）。

我还确信，在2052年之前，世界就会感受到许多"过冲和衰落"的现象。美国的衰落就是个主要案例。昔日的全球霸主势将跌落宝座。同时，美国人均消费水平还将最早出现到顶（可能已经到顶了），继而开始长期下降的态势。正如我在预测中详细阐述的那样，这种衰落的原因，不仅仅是增长的物理限制。而且，清洁能源成本的增加，以及解决极端天气的需求增加，将对不断放缓的生产力增长造成更大的负担，不可持续的不公平现象则会使情况雪上加霜。

有意思的是，即便"过冲和崩溃"真的出现，21世纪的情况也不会以这些角度得到呈现。由于过冲而导致的崩溃，可能被描述成由于管理不善而导致，并将一直持续的变化。这种管理不善来自各个层面——国际、国家以及企业层面。根源的描述也会不同——就像2011年的"阿拉伯之春"一样。一些人认为这是对民主和自由的诉求，而另一些人则认为，这是在资源短缺的环境下，人口压力激发的反应。类似地，一些人认为，美国在21世纪初发动伊拉克战争，目的在于获取石油，而不是为了推广民主理念。或者，你可以考虑一下自己的情况：在世界走向气候过冲的过程中，你已经经历了一大半。但是，你可能从来没有以这些角度思考过问题。

"过冲和崩溃"的一些细节

LTG 出版后的四十年，证实了在全球决策中，使"过冲和崩溃"这个概念得到广泛的理解和使用，是非常困难的工作。这实在是令人遗憾。如果人们希望避免不可持续的做法，那么意识到世界走向过冲和崩溃的可能性，并强烈地意识到其严重后果，将极为有益。

在这里，值得简要概述 *LTG* 在出版之后所引发的关注。该书的出版引发了一场公共辩论，这场辩论一直持续到了今天。辩论双方对书中的观点都有着强烈的看法。对其支持者而言，*LTG* 是非常有益的、富有建设性的警告。全球社会应当选择一条不同的发展道路，这条道路必须更为生态。在这些支持者看来，*LTG* 描述了可持续发展的必要性——尽管"可持续发展"这个词是不久前才发明出来的：*LTG* 使用了"全球平衡"（global balance）一词，表达了相同的含义。然而对其批评者而言（而且批评者占大多数），*LTG* 对当前的社会由于资源枯竭直接将立刻崩溃的预言，不仅是错误的，而且该书还是一部极富有危险性的平庸作品。

在出版的最初二十五年里，没有人真正地发现了该书所要表达的信息。*LTG* 真正想要传达的是，缓慢的社会决策，很可能导致过冲情况的出现；而一旦人类处于过冲状态，那么结果只有一个，就是逐渐衰落，直到回落到可持续发展的水平。人们普遍认为，*LTG* 的观点是错误的，因为实际上石油并没有出现枯竭。意大利科学家尤格·巴迪详细地讲述了这场公共辩论。他提醒我们，在这一时期，人们对 *LTG* 的态度，类似于最近能源工业内外，气候怀疑论者对 IPCC 的错误对待。

但是，在 2000 年，*LTG* 风潮再起，成为一项值得尊敬的研究。有意思的是，发起这项运动的人是一名石油工业家、投资银行家。他就是来自德克萨斯州的马修·西蒙斯。西蒙斯研究了自 1972 年以来的能源价格上涨趋势，并得出了这样的结论：能源价格的上涨，是一种早期警告，使人们警惕未来石油与天然气生产中出现的瓶颈。4 年后，他的结论被证明是正确的。当时，美国的天然气价格出现了井喷。2008 年，澳大利亚科学家格雷厄姆·特纳更进一步，指出了世界正处在 *LTG* 中 World3 电脑模型的"标准运行"状态，也就是从 1972 年以来"一切照旧"的情景。而最近在 2012 年，声誉颇高的《新科学家》（*New Scientist*）杂志将 *LTG* 沉浮录展现给了更多的科学界读者，为 *LTG* 的研究戴上了王冠。

但是，《新科学家》的文章并不是唯一清楚地指出社会反应延迟和过冲与崩溃的风险之间存在联系的文章。换言之，长时间的延迟，会带来各种阻碍，使人们难以实现可持续发展。

在过去20年里，在政治话语中，"可持续发展"逐渐成为了褒义词，因为这个词不仅提出了目标，还为实施各种战略提供了空间。但是，这个词本身也有其弱点：可持续发展的目标并不能告诉你接下来应该做什么。因此，我建议你不要"追求"可持续发展，而是努力"避免"不可持续的发展模式。最好的方法就是把不可持续的做法逐个找出来，并加以改变。

你得先从自己身边做起——也就是说，你得找出那些如果不加以改变，就会"冲你的鼻子打上一拳"的东西。或许，你得在本地报纸发现你没有减排之前，先主动减少自己的碳排放；在你无力支付高价燃料账单之前，减少汽油和供暖用油。如果你现在购买的咖啡品牌，其种植园对工人剥削深重，那么或许你得考虑换一个牌子。这就是对可持续发展的践行。

"过冲和崩溃"的行为模式，对于我们理解整个问题非常重要。因为这一模式显示，我们的做法中有一些并不是可持续的。在贾里德·戴蒙德的《崩溃》（*Collapse*）一书中，他详细阐述了这一行为模式可能带来的崩溃影响。但是，从政策角度来看，这一问题的核心在于行为模式的第一部分：消耗不断增大，以至于超出了限制。核心问题就存在于系统和政策中；这些系统和政策允许，甚至是推动了消耗的快速增长，并最终超出了可持续发展的范围——超出了地球承载力。

自然科学家更能够理解并采用"过冲和崩溃"这一概念。生命科学家对此感触尤为深刻，因为他们在实践中感受到了自然系统的动态变化。他们非常清楚，一些动物种群规律性地出现食物过冲，接着陷入饥饿；动物有时还会在发展过程中摧毁食物供应链。他们也清楚地了解到，必须首先恢复食物供应，动物种群才可能恢复。试着考虑下面这个例子：一个鹿群生活在高原上，高原面积有限，没有狼群或其他捕食者，因此鹿群数量无法保持稳定不变。在食物充足的情况下，鹿群数量不断增长，最终吃完了高原上所有的草，将草原变为一片沙漠。

对那些对于"我们的行为类似鹿群"观点表示赞同的人来说，上述情景的政治隐喻，可谓不言自明的。重要的是，你必须了解周遭环境的承载力，明白是什么因素使你不断逼近承载力范围。同样重要的是，避免给环境造成不可承受的压力。因为如果环境不堪重负，你就可能摧毁了环境的再生能力——可能是暂时地，也有可能是永久性地。为了避免过冲，我们就需要具有远见卓识，并及时采取行动。否则，地球环境很有可能丧失其可持续性。

让我们分六步，仔细看看这背后的逻辑原因吧。

1. 人类会带来生态足迹

人类的生态足迹，可以用来衡量人类对物理环境造成的负担。这个概念非常广泛，理论上包括了所有人类对自然资源的利用，及其对环境造成的全部影响——无论是哪种形式的利用和影响，都是如此。粗略地看，人类生态足迹就等于人类资源使用量，加上人类污染排放量。通过这样的定义方式，可以将生物多样性丧失的影响也包括在内。

正如第六章中所讨论到的，非能源足迹就是生产供人类消费的食物、肉类、木材和鱼类所需的土地，加上城市和基础设施占用的土地面积。我将其称为"非能源足迹"，是因为它不包括获取人类能源所需的土地面积，以及吸收所有化石燃料排放的二氧化碳所需的森林面积。

一个好消息是，人均非能源足迹的快速增长趋势已经停止；在一些国家中，甚至出现了下降的情况。但坏消息是，由于人口数量增加，非能源足迹总量也在不断增长：我们的确需要更多具有生物产能的土地，为人类提供食物和衣服。另外，生态足迹总量（其中包括能源足迹）也在不断增长，现在已经是地球承载力的 1.4 倍。

如果我们使用"生态足迹"这个概念，而不是模糊的"增长"或者"物理增长"概念，来形容人类活动对地球的负面影响，那么就可以避免在过去十年里，关于"增长还是不增长"辩论中产生的大多数困惑。但是，直到 20 世纪 90 年代，人类生态足迹才真正成为一个备受信赖的概念。当时，第一次发表了使用量化方法，研究人类生态足迹的报告。在此之前，辩论中充斥着各种困惑。因为大多数人都认为"增长"等同于"经济增长"，或是"GDP 增长"，尽管这个词实际要表达的意思是"生态足迹的增长"。

2. 人类足迹正在增加

自 1972 年，或者自有数据记录以来，人类足迹的确一直保持着增长。人口增长，以及人均资源消费量与污染排放量增加，都是个中原因。但是，与此同时，科技进步通过减少获取或者吸收某种污染源所需的土地面积，也一直在减少人类足迹。

3. 足迹可能超过地球承载力

人类生态足迹可能会超过地球承载力，但是持续时间不会太长。人类可能超过可持续收获的极限，但是持续时间不会太长。

例如，只要你拥有一整片森林，那么你砍伐的树木数量，就可能超过森林再生能力。只要你拥有一整个鱼群，那么你捕获的鱼类数量，就可能超过鱼群再生能力。只要你拥有一整个仓库的粮食，那么你吃掉的粮食数量，就可能超过土地再生能力。但是，你绝不可能长期这么做。人类足迹中的消费部分，可能会超出可持续范围，但是只在有限的一段时间内，不然人类将耗尽所有的储备。

你可以向一个池塘排放污染，并且这种排放超过池塘微生物的分解能力；但是，你必须在微生物被杀死之前就停止这种做法。你可以使物种不断灭绝，生物多样性不断丧失——但是，你必须在生态系统崩溃之前就停下来。你可以向大气排放二氧化碳，而且超过海洋和森林的吸收能力，但在全球变暖到使人类无法生存之前，你就必须停止。因此，你可以这么做的时间很短。如果你不顾后果，一意孤行，那么地球承载力将会崩溃，你也不得不停止自己的行为。

4. 决策延迟增加了过冲的可能性

随着人类足迹不断接近承载力极限，社会通常会采取应对措施，但是二者之间会有延迟。首先，社会将花费一部分时间，讨论人类是否真的在逼近极限——在辩论过程中，足迹将继续保持增长。只有当人类全面突破极限时，社会才会承认这一问题并采取行动，衡量过冲状况并加以记录。只有到那时候，辩论才会退居其次，社会才会试探性地开始减缓足迹增长。在辩论和决策逡巡时，人类足迹将继续增长，超出可持续的范围。

想要找到目前人类活动的确超出地球长期承载力的证据，并使所有人同意这一状况，需要（几十年？）时间。国家与国际机构通过必要的立法，阻止人类过度使用地球资源和生态系统，又需要（几十年？）时间。真正实施这些立法措施，并切实地做出改变，还需要（几十年？）时间。因此，在超过承载力相当长一段时间之后，足迹才会开始停止增长。

LTG 中提到的"由于决策延迟造成的过冲"，并没有得到广泛的理解。一代人之前，也就是 1972 年的时候（当时人类生态足迹只有今天的一半左右），人们无法想象，全球社会将允许自己的发展超过地球承载力。这一点也不令人惊讶。到现在，我们了解的东西更多了。目前，人类对生物圈的需求，是全球生物产能的 1.4 倍。全球温室气体排放量是可持续标准的 2 倍。许多全球渔场都有过度捕捞的行为，因此商业鱼类数量正在逐渐减少。热带雨林正不断被侵食。2012 年的世界，已经处于"过冲"状态。

5. 一旦陷入过冲，缩减将不可避免

在长期看来，人类每年使用的物理资源以及产生的各种污染，都不能超过自然（以可持续方式）提供资源或吸收污染的能力。换言之：人类生态足迹不能无限增长，因为地球的物理条件是有限度的。过冲只能是暂时现象。

在每一种过冲中，人类都必须退回到可持续发展的范围内。人类要么通过"控制下的衰落"或者"自然导致的崩溃"来实现。而后者就是因为"自然"或者"市场"的负面影响没有被削弱而导致的。"控制下的衰落"的一个例子，可以是通过立法或是有计划地减少捕鱼船只和工具，限制每年捕获的鱼类数量，使之维持在可持续发展的水平。而"崩溃"的一个例子，则是通过破产手续，使渔场不复存在。因为鱼类消失殆尽（更精确的说法是：鱼类数量非常少，以至于商业捕捞不能获得经济利益），渔场失去了所有收入。

到目前为止，世界还从未经历大规模的自然崩溃。但是，一些本地的过冲状况已经出现了，而随之而来的就是缩减。有关"控制下的衰落"最著名的一例，就是通过 1987 年《蒙特利尔议定书》（*Montreal Protocol*）减少破坏臭氧层的物质的努力。当时，人们发现南极洲上空的臭氧层正在变得稀薄。而有关"自然导致的崩溃"最著名的一例，就是 1992 年之后，加拿大鳕鱼捕捞业的崩溃。这个例子的情况令人悲观：在停止捕捞 20 年之后，鱼群数量仍然没有恢复。

一些人声称，缩减——无论是被迫的，还是有计划的——在经济增长的过程中，是再正常不过的一部分，因而无需多虑。在这些人看来，过冲和缩减只是一种资源被另一种资源替代的过程；或者，更宽泛地说，就是一种技术让位给另一种的过程。如果二者之间的交接能够顺利进行，那么这些人的观点还是站得住脚的——如果人类福祉不会出现暂时性的下降。但是，如果在交接的过程中，由于旧方法（例如廉价石油）退出舞台之后，新方法（例如太阳能氢）还没有到位，人类福祉出现暂时下降，那么这一转变必然伴随着缩减，或者用经济学家的话来说就是，福利损失。

6. 通过具有前瞻性的政策，可以避免过冲情况的发生

让我们展望一下未来。在正常情况下，当人类活动逼近承载力极限时，社会将发现这一问题，并采取积极措施，防止人类超出极限。过冲和崩溃的问题是可以解决的——至少在理论上如此。但是，这在实际操作中又很难做到，因为具有前瞻性的政策通常需要今天的人们做出牺牲，为美好的未来牺牲自己的利益。明智的政策必须确保，人类足迹不会超出可持续发展的范围。这就意味着，政策必须阻止人类活动的过度扩张，即便后者会带来短期的利益。在一个由目光短浅的选民主导的民主政体中，以及一个由目光短浅的投资者主导的市场中，这是很难做到的。

许多人会反对目光长远的政策，宁愿依赖自然而然出现的"技术解决方法"。实际上，他们反对的是"世界是有限的"这个看法——即便是在物理层面上的限制，他们也不相信。他们相信的是，技术消除地球限制因素的速度，比我们达到这些极限的速度更快。换言之：技术进步将一直推迟极限的到来，并提高地球承载力。

对于这种技术乐观主义，我并不抱有一丁点的信任。我认为，在所有方面，地球都存在极限。系统中存在巨大的反应延迟——承认极限存在和定位极限；阻止人类活动扩张的长时间、牵涉利益众多的决策；真正实施相关措施等方面的延迟，很可能导致过冲现象的出现。一旦陷入过冲，那么缩减将是唯一的解决之道。如果在过冲过程中，生态系统遭到破坏，那么逐渐滑向可持续的过程会更加漫长。

在最近几十年里，全球社会已经处在过冲状态，人们也通过各种论坛的方式，进行了大量的讨论，希望找到一条通过全球协作，使世界重新回到可持续发展的

道路。在需要进行的工作方面，联合国千年发展目标提出的建议可能是最切合实际的。而且，人们也已经取得了一些成果，并对成果加以衡量。但是，我们还远远没有就协同工作达成共识。如果我们能够互相合作，那么人类生态足迹就能够得到减少。

如果世界能够更好地理解过冲和崩溃的行为模式，或者其动态影响，那么就能更好地理解这一点：人类生态足迹过冲所带来的严重影响，已经离我们非常近了。

对 21 世纪后半叶的看法

你可能还记得，在第二章里，我选择四十年的预测范围是出于多种考虑的——其中最重要的是，现在距离我们第一次进行全球预测，正好是四十年的时间。

讽刺的是，在选择了四十年这个时间跨度后，我发现，预测结束的时间正好是我们的实际行动——全球系统的实际缩减——即将开始的时间。正如我的预测中所显示的，2052 年大致就是人均消费水平到顶的时间。在全球范围内，物质水平将同时开始下降。2052 年就是全球平均气温超过 2 摄氏度的时间节点。但是，到 2052 年为止，全球人口已经开始减少，因此地球承受的压力也在逐渐减少。我们从化石能源转向太阳能经济的进程，已经完成了一半。因此，全球下行过程可能仅仅是短暂的现象而已。

为了能够对未来形成更全面的看法，我们可以把目光放得更长远些，看看2052 年之后五十年的发展。只有通过这种方式，我们才能够全面考虑人口下降、GDP 增长停止、全球变暖严重，以及在决策者了解到超过气候限制是危险的、可能导致自我强化的气候变化之后，各种因素结合带来的影响。我们才能决定，未来的人们是否会达到"控制下的衰落"，避免"自然导致的失控崩溃"这一后果。

预测更为久远的未来，自然是困难的。另一个原因就是，在未来四十年的最后几年所采取的行动，将影响到 21 世纪后半叶的世界发展。我们现有的计算机模型和思维模式，并不能给出关于未来缩减的正确结果。因此，我们必须越来越多地依赖于艺术和猜测。在这一章的最后，我希望你能够阅读两个长期思考的例子，它们都非常引人深思，可以帮助你更好地思考未来发展的结果。

第一个例子，就是《洞见 11-1：第五个文化阶段》。这篇文章提出了一个极为重要的观点：人类文化将不断发展，而下一个——也就是第五个——阶段可能出现在 2052 年。如果文章的观点正确，那么在未来，人类自我组织的方式将和现在大为不同，在决策中更依赖非传统的来源。团队的复杂网络可能会为未来发展制定方向。其领导基础，有一部分来自在过去的严肃商业行为中，被认为是没有价值的观点。

洞见 11-1　第五个文化阶段
达格·安德森（Dag Andersen）

---

21 世纪前叶将受到许多人的影响。这些人首先是希望能够赶超工业化国家的生活水平，继而是民主制度。同时，当前体系的负面影响将更为清晰地显现出来。然而，我并不认为在 2052 年之前，人们会主动地对整个体系加以改变。即便是当前的金融资本主义体系发生崩溃，也不会使人们主动地做出决定，迎合变革。但是，现在正在发生的，而且在未来四十年里会变得更为清晰的，就是新文化的逐渐显现。它们正逐渐出现在当前现实的创意领域。

我所谈论的是范式的巨大转变。其转变力度可能超过从中世纪中诞生现代文明的变化。在如今这个全球化的社会中，如果没有一个全球化的权力结构，就没有人能够阻止范式的变化。但是，与此同时，也没有人能够加速变化的发生，尽管现在开展行动的成本较低。

我相信，整个系统即将发生变化，这是基于简单的推断得到的结论。在过去一万年里，文化历史的主要特征的发展过程，就是从简单、无意识，转变到复杂、有意识。即便许多人会逐渐了解到，在这个小小星球上，物质财富的无限增长是不可能实现的，决策结构——在经济或者政治上——都没有达成一致，推动根本性的范式转变。替代方法必须出现，显示其优越性，并逐渐占据主导地位。

如果我们将过去的文化变革分为几个阶段来研究，就会发现，这些变革都有四个共同点。首先，它们都是从范围有限的范式，转变为更宽泛的范式。人类已经学会通过客观的、有意的方式，谈论现实中有意思的一部分。第二，这些变革都带来了新的技术和手段，扩大了对现实的理解。第三，是更高层次的组织结构。第四，自由度更高。

尽管我认为，四十年的时间不足以使我们实现人类进化的下一个——也就是第五个——文化变革，但是其轮廓已经开始大致显现。我们可以通过三个主要支柱，来研究这个变革。这三个支柱就是实体、社会和精神方面。

实体层面

地球的生态系统迟早会促使经济结构发生转变，从基于增长的死循环结构，转化为基于回收和可再生能源的经济——我们或许可以通过高科技技术，以较为平和的方式进行这场变革。但是，如果情况不妙，那么我们就会用科技含量较低的方式加以推进。这一转变所包括的仅仅是实体方面的现象，每个人都可以真实地感受到这种变化。

从技术的角度来看，我们已经可以通过相对复杂的方法，推动实体变革。在 2052 年之前，机器人、智能机器以及纳米技术就可以重组经济结构，将其分散为小规模、高科技含量的单位，依靠本地原材料和可再生能源进行运作。这就意味着从简单的机械化工业模型，转化为更复杂的有机模型。而在后者中，整个生命圈都被纳入了考虑范围。

这一转变可能是渐进的，而且在经济上是有利可图的。同样，它也会和现有的经济思想彻底决裂，不再是基于增长的资本主义，而且很可能受到既得利益集团的抵制。因此，即便是实体变革，也会首先在经济结构的边缘地带出现。只有在那里，这种变革才不会被视作威胁。而随后，更为根本性的变革将会到来。

社会层面

人们已经可以在人际关系——这种非实体现象方面——看到下一个文化阶段的特点。在这个虚拟世界中，人们对变革的恐惧甚于对技术/经济变革的恐惧。但是，这一变革已经可以被观察到，而且在商业竞争力方面尤为突出。

变革采取的，是我称之为"创造力团队"的形式。在一个由创造力团队主导的体系中，旧的自上而下的集权体系不复存在。创造性团队依靠的是对话机制。每个人都可以递交自己最好的想法、观点以及经验，为团队做出贡献。如果一个团队的组成结构良好，那么它做出的成果就越多，团队本身也更有活力、富有创造力，并且能够适应各种环境变化，但同时也会提出更多的要求。网络组织的形式再好，也是同一个构造的不同变形。创造性团队需要更高层次的意识，而由此释放出的能量，在长期过程中，能够在关键领域超越旧有体系。

如果人们能够有意识地利用建设性对话，就可以与过去的竞争观彻底决裂——而竞争观也是传统经济思想的基础。这也是一个新的方法，能够解决民主体系中互相冲突的利益矛盾。在真正的对话中，你不再通过控制外部因素来寻求安全感。关系所蕴含的能量，在于互相给予的乐趣；安全感就在你自己心里。你给予得越多，你得到的就越多。在未来几代人的时间里，从这种互动关系中得到的有益经验，一定会将旧有的对抗性模型逐出历史舞台。

精神层面

但是，到2052年，旧范式的核心中日渐消亡的，就是关于实体物质——我们肉眼可见的东西——是唯一真实的现实的概念。

目前的思想、感受和精神现象，都被认为是物理过程所附带的副作用。一旦跨到了下一个文化阶段——一旦对现实的新看法得以形成——那么旧范式的核心就会被扩展到非实体部分。在笛卡尔的时代里，现象曾经只属于宗教范畴，但是它会再次成为我们对现实看法的一部分。

新的宗教虔诚、自我发展和治疗手段也在逐步形成。现在，大多数人信仰某种神祇，相信生与死。那么，这对现实会产生什么影响？下一个文化阶段，将是巨大的变革，与人们对宗教的兴趣是否会有增减无关。人们将以非常不同的方式，体会到自己的存在。旧范式会显得狭隘、原始——表现的是一个较低的文化层次，没有人愿意回到那种低层次中。

我们如何看待自己和周围的环境，将变得至关重要。当这种看法发生变化的时候，其他所有东西都会随之变化。但是，这种看法的转变，并不是一夜之间就能完成的。在通往自我发展的道路上，逐渐形成了一群簇拥者。他们认为，自我发展非常重要；只有通过自我发展，人们才能过上美好的生活，在各种环境下都有良好表现。对这些人而言，意识的发展本身就是一个目标。他们有意识地在成人之后，继续寻求进一步的成熟，因为这为生活提供了意义和质量。

目前，在自我发展领域，已经出现了为数众多的方法论、调查和实验。人们正在尝试各种方法，其中大多数方法都来自现有秩序之外的范式。想想替代疗法吧——这种方法中，实体与精神之间的交流是才核心。替代疗法建立在整体模型的基础之上，实体只是多个维度之一，问题的根源并不一定来自实体方面——和我们想的截然相反。

大多数方法都是在毫不起眼的研究机构中提出的。大多数方法都利用简陋的家用设备进行试验，但是这也是 20 世纪 30 年代之前技术革命的特点。变化的速度究竟有多快，目前还尚不可知。但是，值得记住的是，莱特兄弟——两名自行车修理工——建造了第一架飞机之后，在不到 66 年的时间里，人类就将阿姆斯特朗送上了月球。因此，在未来四十年里，将会发生许多巨大的变化。

达格·安德森（挪威人，1947-）是一名政治科学家、自由顾问、讲师，并写作了《第五个阶段：通往新社会的道路》(*The 5th Step: The Way to a New Society*)（2007）。

《第五个文化阶段》提醒我们，人类并不会一直做同样的事情，也不会一直以相同的方式做这些事情。在本世纪，人类可能不再像过去那样，只关注物质财富了。

第二个，也是最后一个关于长期未来发展的观点，就在《洞见 11-2：生命之树的第三次绽放》。这篇文章提出了另一个引人深思的观点，那就是自我编程的机器人的崛起：机器人看着你的时候，就像是你看着眼神空洞、一脸茫然的狗那样，让人无法忍受。

洞见 11-2　生命之树的第三次绽放

乔纳森·罗（Jonathan Loh）

在未来四十年里,将会发生一件大事。这件事不仅会改变人类历史，还会改变生命进化本身。我们可能不知道这件事发生的确切时间；但是，到 2052 年，这件事肯定已经发生了，而且我们对此非常清楚。类似的事件曾经发生过两次，但是二者发生的方式不同；而第三次事件发生的形式，也会与前两次不同。

为了描述之前的两次事件，以及即将到来的第三次事件，我会使用"生命之树"（the Tree of Life）这个类比。这棵树的某根树枝上，突然就开出了星星点点的美丽花朵。这种事情之前发生过两次。在最近的一次里，花朵开在了无数嫩芽中的一支上。第一次绽放，则是在所有多细胞生物开始进化之时，也就是 5.5 亿年前。第二次，则迎来了人类文明多样性的迸发，也就是大约 7 万到 8 万年前。第三次绽放即将到来。它将在生命之树的外围绽放，带来一场全新的、变革性的生命多样化。

想象一下，地球历史被浓缩成了一年。在太阳系中，地球从炽热的尘埃和气体凝聚成星球，是在 45 亿年之前的事情；让我们将地球形成的这个时间定为 1 月 1 日的 0 点 0 分。随后，地球开始逐渐冷却。生命出现的时间大约在 3 月，但是直到 11 月为止，所有的生命都还是单细胞生物。到 11 月中旬左右，单细胞开始聚集在一起,形成了多细胞生命，也被称为埃迪卡拉动物群（ediacaran fauna）。

第一次绽放

埃迪卡拉动物群仅仅存在了几天的时间。在 11 月 18 日，寒武纪爆发就摧毁了这些多细胞生物。寒武纪爆发时一场突如其来的进化革命，产生了新的生命形式，其速度之快，是前无古人后无来者的。各种奇特的有机生命体纷纷出现，这些生命体都非常复杂。许多生命体长有坚硬的盔甲，还备有利器。于是，一场卓绝的装备竞赛开始了。到 11 月 20 日早晨，一切终止。第一次绽放结束了。但是自那以后，所有生命体都带有绽放时期发展出的特点。

生命之树继续开枝散叶，产生了新的物种，失去了旧的物种。这种状态持续时间超过 50 万年。接着，在 12 月 31 日的深夜，在生命之树的一根树枝上，发生了无与伦比的事件。那根嫩枝——百万根嫩枝中的一根——毫无特别之处，尽管它代表了一个庞大的哺乳动物种群，但是它的规模不是最大的，发展速度不是最快的，也没有最尖利的身体盔甲或者武器。但是，这根嫩枝突然开始开口说话了。在这根嫩枝上的种群，就是我们人类。由于我们卓越而独特的创新，也就是语言的发明，这棵生命之树开始了第二次奇妙的绽放过程。

第二次绽放

现代人类第一次出现，是在大约 20 万年之前，也就是我们假设的一年中的最后一个小时。关于"人类语言究竟是怎样出现的，在何时出现的"这个问题，现在还没有一个明确答案。最初，人类语言可能只是手势，而不是口语表达。但是，一旦人类学会了开口说话，口语就开启了一整个全新的进化过程——也就是文化进化。各种文化的进化过程，类似于物种的进化，其中也包括了变异、遗传传递以及物竞天择。文化传递的方式并不是父母向子女传递 DNA，而是通过个体向另一个个体学习行为模式而实现的。而语言就大大提高了传递的效率。

如今，全世界正在使用的语言大约有 7000 种，每一种语言都代表了不同的文化。这些语言代表了文化之树最外围的嫩枝。但是，还有许多更早的语言，它们已经消亡了。就像物种一样，一些语言可以被归为一个母系，拥有共同的起源，而另一些语言则自成一派。

生物进化和文化进化之间的一个巨大差异，就是速度。生物进化是缓慢的，而文化进化则非常迅速，人们在其一生的过程中，就可以目睹文化所经历的进化。另一个不同点就是，各种语言之间存在着相互借鉴的现象。互相借用词语，就像是不同物种交换基因一样，是大多数生命体都无法完成的事情。

尽管语言出现的确切时间已不可考，但大致是在 7 万到 8 万年之间。当时，人类数量只有 10 万左右，大多数分布在非洲大陆。当时，也就是最后一次冰河时代的中期，假设中 12 月 31 日的 23：52 分左右，人类开始从非洲向其他地区迁移，沿着海岸线和河谷，逐渐来到亚洲。大约 4 万到 6 万年前，他们的后代成功地穿越了东南亚大陆和澳大利亚之间的海峡。其他人一路向北，迁移至欧洲；或者穿越陆桥，来到美洲。最后一次大迁移中，人类穿越的并不是大陆，而是太平洋。直到 1000 年前，人类才最终到达了新西兰。此时，离新的一年到来还有 7 秒钟。

随着人类逐渐迁移至世界各地，生活在相对隔离的小团体中，他们也携带了自己的语言和文化。因此，文化进化产生了数以千计的不同结果，创造了现在丰富多彩的人类语言和文化。这就是生命之树的第二次绽放——文化爆炸。

灭绝

多样性总是伴随着灭绝。在这整整一年里，至少发生了五次大规模的灭绝，全球物种多样性骤然减少。这五次分别发生在 11 月 26 日、12 月 2 日、12 日、15 日和 26 日。在 12 月 12 日，也就是 2.45 亿年之前，96% 的物种灭绝了。12 月 26 日，也就是 6500 万年之前，在最后一次大规模灭绝中，恐龙从地球上消失。但是，每一次大规模灭绝之后，生物多样性都能够逐渐恢复，甚至超过原有的水平。

如今，我们正面临着第六次大规模灭绝。但是，这一次面临损失的不仅仅是生物多样性，还有文化多样性。现在，全世界超过一半人正在使用的语言，数量不过 25 种。在剩下的 7000 种语言中，有一半语言的使用者人数小于 1 万名。

使用者去世是语言灭绝的一个原因。而另一个更为常见的原因，就是人们转而使用第二语言；在几代人的时间里，人们就会逐渐忘记自己的母语。同时灭绝的还有语言所代表的文化。其根源就是全球化、移民浪潮、现代通讯技术，有时还包括文化统治。

生物—文化多样性丧失的趋势，在 2052 年之前得到扭转的可能性似乎不大。而且，我认为，随着多样性的不断降低，在生命之树的一根语言嫩枝上，会开始另一个快速的变化。这一次的语言不再是英语或者中文，而是刚刚被发明的一种语言——计算机语言，将激发生命之树第三次绽放。

第三次绽放

这里谈到的计算机语言，并不是程序员用来编写程序的工具，而是计算机用来给自己编写程序的语言。这种语言，将和带来生物和文化多样性的因素一样，充满了变革。

潜在的原则就是，人们可以为计算机指定一个目标，并提供起始程序。接着，计算机多次复制程序，随机改变程序代码。随后，计算机运行新的程序，选择效果最好的版本，丢弃其他版本。这一循环不断重复，直到产生一个能够最大程度满足目标的程序。当然，在生物或文化进化中，并不存在终极目标；数字进化中也是如此。程序挑选的过程，将由无处不在的应用市场所决定。

计算机编写的程序效率更高，因而将逐步取代人工编写的程序；接着，计算机设计的计算机将逐步取代人工设计的计算机。最终，人类将无法完全理解计算机工作的原理。到 2052 年,计算机将经历复杂的进化，成为人工智能体，甚至具有意识。起初，计算机需要依靠人类才能完成制造，并得到电力；但是，计算机逐渐摆脱了这种依赖。大多数人类会欢迎计算机技术的蓬勃发展，因为这会提供质量优良的应用，使人类生活更轻松，或者物质水平更高。

计算机编写的程序，将经历快速的多样化发展；但是到2052年，这一发展仍未达到成熟的状态。生命之树的新枝，还将长有程序；就像在以往的树枝长有物种或语言一样。但是，我们现在还不清楚这些程序的形式或作用。人类文化通过模仿因子进行传递：模仿因子就是可以在个体间进行复制的想法。模仿因子就是文化基因，但是它存在的环境是大脑，而不是细胞。计算机文化则会存在于人类大脑之外，在计算机之间进行传递。我认为，这种传递的基本单位应该被称为"exeme"[①]，也就是可执行模仿因子。它等同于文化中的模仿因子，或者生物中的基因。

因此，在未来，进化多样性的两种古老形式即将消亡，而新的形式即将出现。我们并没有规划，或者期待这样的发展道路。我们的人类祖先也没有选择开口说话；我们的单细胞祖先也没有选择组成多细胞生物。这一变化出现的原因很简单，就是根本性的创新会促成大规模进化多样性的发生。这会使我们身处何种状况？我们能够控制计算机文化吗？还是说，计算机看待人类的方式，就像人类看待其他物种一样：在计算机眼里，人类是有趣的、实用的，甚至是必需的。但人类却也是更低层次的生命形态。

乔纳森·罗（英国人，1963-）是一名动物学家，研究领域包括生物与文化多样性的监测和保护。他是伦敦动物学会名誉副研究员，以及WWF的顾问。

自我改善的计算机程序——显而易见，这个想法非常正确，而且对未来发展具有重大影响——你一听到这个词，就会疑惑，自己为什么从未思考过这个问题。

---

① 作者将"executive"和"meme"合并而成的新词。——译者注

《生命之树的第三次绽放》的确提出了一种完全不同的发展趋势。

在前两篇"洞见"中提出的观点，应该能够提醒我们，不要认为现有的问题或者看法是一成不变的。我们或许需要不止四十年的时间，才能够真正发生改变。但是，到 2112 年，在那时的人们眼里，我们会变得非常陌生；就像我们现在看 1912 年的人们一样。在 1912 年，世界人口还只有 17 亿。他们生活在相对隔绝的国家中，对世界其他地方所知甚少，没有电力或者互联网，妇女也没有合法权利。由于中产阶级生活水平、电子技术以及大规模气候破坏的合力影响，在未来一百年里，我们很可能经历巨大的变革——尽管在地球漫长的 45 亿年历史中，一百年不过是一眨眼的工夫。

12

你该做些什么？

从我对世界到 2052 年的发展预测来看，全球未来前景的确可以用"黯淡"来形容。但是，未来并不会是灾难性的。在这个世界上，可以找到的那些将世界重新导向可持续发展所需的工具，我们手里都有。本书所展示的未来，远远不如某些人提出的雄心壮志和期待。那些人尽管为数不多，却真正关心人类现在以及到本世纪中叶面临的情况。

首先，在我的预测中，包括了大量的穷困人口。因此，尽管届时世界人口远远少于许多人的担忧，仍然有大量人口生活在水深火热之中。以我的标准看来，仍然有大约 30 亿人的物质生活条件不尽如人意。他们无法获得足够的食物、住房、医疗服务和安全保障。在未来四十年间，社会将采取一些行动；但是，这些努力并不足以在 2052 年就彻底解决贫困问题。

第二，对大约 10 亿正生活在富裕国家的人而言，我的预测还带来了坏消息。对富裕国家的普通人而言，在未来漫长的四十年间，他们的工资不会有任何实际的增长。人均年消费水平（以经通货膨胀率调整之后的美元计算）将保持不变，甚至出现下降——尽管人们仍然在努力地工作。原因就是，富裕国家必须使用更多的经济资源，以解决未来四十年间接踵而至的现代问题。富裕国家还必须构建更为清洁，同时也更昂贵的能源体系；投资建造高能效的住宅、汽车和工厂；并抵御气候变化带来的破坏性影响。富裕国家必须修复极端天气带来的破坏，并支持相关研发工作，找到稀缺、高价能源的替代品。

富裕国家需要做的事情还有许多。如果这些国家希望世界一直能够适宜人类居住，就需要花费巨额成本；它们不仅需要为自己投资，还需要为贫穷国家投资。至少，富裕国家必须为贫困的副作用买单，因为这些副作用会直接影响富裕国家人民的福祉——例如，富裕国家必须解决贫穷国家温室气体排放的问题。后者不会将解决此类问题作为首要任务，因为其负面影响到三十年之后，才会影响到贫穷国家。同时，在气候变化方面，我认为贫穷国家有理由拒绝为问题买单——他们才占据着道德制高点。这是因为，气候问题实际上是富裕国家导致的。目前，大气中有 7700 亿吨二氧化碳是人类排放的；其中大部分来自富裕国家。

我需要再次强调的是，我并不喜欢自己的预测结果。对我来说，预测中的世界，几乎毫无吸引力可言。我宁愿预测的结果是消费增长，同时气候变化和贫困问题能够得到永久性的解决。但是，我并不认为这会发生，即便在富裕的工业化国家，这也是一件不可能的事情。这些国家不会衰落到无政府状态——但是也没有能力推动经济快速增长，而后者正是消除失业和不公平现象所必需的。这些国家无法成功地实现经济复苏。失败的原因并不是经济复苏本身不可能实现，而是这些国家无法做出必要的决策。工业化国家，尤其是美国，不会真正面对现实，采取行动。的确，这些国家会尝试一些努力。经济精英手中的一部分资源会被转移到地位较低的人手中，但是这并不足以使整个国家变得更为公平。一些传统生产将被转移到绿色环保部门，但是这并不足以将全球气温升幅控制在 2 摄氏度以内。在整整一代人的时间里，富裕国家将逐渐被边缘化；同时，中国以及一些 BRISE 地区新兴经济体将迎头赶上。对此，美国人遭受的情感创伤最为严重。他们必须习惯失去世界领导权的感觉。

我的预测中，提到了我认为各个地区会采取多少行动。然而，行动相加起来的总和仍然不足以解决问题。在中国和 BRISE 国家中，贫困问题将得到极大的改善；但是在世界其他地区（ROW），情况并非如此。各个地区的行动，能够减少全球温室气体排放量，但是速度不够快。因此，到 2052 年，世界人口中的大多数——尤其是那些生活在（相对安全的）大城市之外的人——其生活环境将更为恶化，受到干旱、洪涝、虫害、海平面上升、生物多样性丧失、风暴等自然灾害的破坏。

更糟糕的是，在 21 世纪后半叶，自我强化的气候变化将会出现，影响到每一个人——无论他们是贫是富、来自南方北方、是否接受过教育。最终，较为富裕的人们很可能行动起来，试图解决问题。在一些经济较为落后、民主程度较低的国家，也会有明智的领导人加入这一行列，促成行动的实现。但是，大多数人不会采取任何有效的行动。他们正在努力工作，填饱肚子。

因此，我们应该做些什么？实际上，这包括了两个截然不同的问题：为了阻止我的预测结果发生，社会能够做些什么？为了在我预测下的世界中生活得更好，你能够做些什么？第一个问题需要国际性的社会行动。第二个问题则在你的掌控之中——和其他人选择做什么无关。让我们逐个来讨论这些问题吧。

理想状态下，全球社会应该做什么

第一个问题是最简单的。社会应该做些什么，才能够解决贫困和气候变化的双重挑战呢？你可能已经意识到，这个问题的答案人尽皆知。一些委员会和机构也早就重复过无数次了。

在贫困问题上，50 年来各种经济组织提供的发展援助及其试验证明，为了取得长期经济增长，必须为所有人，尤其是妇女，提供稳定的国家机构和教育保障。我们还了解到，外部人士很难有效地提供这些解决措施；贫困国家的人民必须自己行动起来。外部人士可以通过提供培训、取消过多的债务、允许进口该国商品等方式提供帮助。许多人会说，自由市场是最好的方法，能够使贫穷国家的经济得到提振。其他人则指出，中国的经验证明，尽管市场是必须的，但并不一定需要保持自由；即便资本流动并非受到利润的引导，经济快速增长仍然是可能的。最重要的是提供一个秩序良好、可靠的环境，减少腐败，在未来提供充足的投资。

在经济方面，问题在于怎样真正实施这些方法。过去五十年的经验告诉我们，夸夸其谈比脚踏实地容易得多。过去的经验也告诉我们，如果发展中国家的资源能够用于建设本国，而不是让跨国公司坐收渔利，那么结果会更好。简单而切实的方法——例如在每年固定的一段时间里，工人从事建设国家的工作，国家按期如实发放工资——就能够有效地减少贫困。但是，即便是如此简单的方法，要想真正实行，也并非易事——在资本化和政治化的世界中就是如此。

因此，消除贫困需要人们继续持久、艰苦、传统地工作，也就是促进经济增长；人们必须从过去的经验中汲取大量教训，而不是受到意识形态的蒙蔽；人们必须有更加强烈的意愿进行再分配，使弱势群体获得更多的收入和财富。或许，使选民理解、接受这种努力不会立即缓解问题的本质，也是有益的做法。我的预测显示，这一过程将是极为缓慢的。

那么，你需要做些什么吗？在我看来，你唯一的义务，就是为各种冒险提供道德和政治上的支持，支持帮助人们脱离贫困的努力——只要这些努力是在科学知识的基础上展开的。即便某些做法和你认同的意识形态有差异，即便你需要缴纳更多的税，也要支持这些努力。

接着，让我来谈谈气候变化的问题吧。在这个问题上，解决方法也是众所周知的。宏观层面和微观细节的解决方法，人人都知道。即便是最不关心气候变化的人也清楚地知道，想要将全球气温升幅控制在 2 摄氏度之内，需要做些什么。在过去五年里，人们已经不知道多少次地反复谈到必须采取的行动，这实在是无聊之极：全球社会必须（a）提高能源效率；（b）转而使用可再生能源；（c）停止破坏森林；（d）在大量（因为可再生能源发展不够迅速，因此无法及时关停的）化石燃料发电厂和水泥厂中，采用碳捕集和封存技术。所有措施在技术上都是可行的，而且也不是特别昂贵。如果现在就实行这些措施，那么人均消费只会被拉低几个百分点。如果能够得到正确的执行，那么这些努力就不会降低就业率。人们可以从事风力发电场的建设工作，而不是建造新的煤炭发电厂；制造电动汽车，而不是高油耗汽车；预测碳配额的价格，而不是石油期货的价格。相应的转变还有很多。

因此，解决气候问题主要关系到经济结构的（细微）调整。这种调整并不困难——但是，选民和政治家必须愿意进行改变，而这种情况很少发生。在资本流动受政治调配的经济中，经济结构调整则相对较为简单。而在自由市场中，结构调整就是件难事了。问题就在于，气候友好型解决方法通常比最廉价的方法更昂贵。而最廉价的方法，就是什么也不做。为了推动经济结构向气候友好型转变，就需要相关的立法支持，以帮助气候友好型方法获得市场竞争力。但是，想要通过某项立法，就必须获得大多数支持票。而一项短期内会带来高昂成本的立法，很少能够获得大多数人的支持。因此，自由市场一直没有任何变化。尽管我们都知道需要做什么，但就是无法达成一致。

更让我气愤的是，气候友好型方法，常常并不比替代方法更昂贵。它们只是看起来比较贵——原因很简单，因为我们没有将最廉价的方法，也就是"市场"方法带来的隐形成本计算在内。如果用一个较低的折扣率，为非清洁和清洁方法带来的外部影响计算更为实际的价格，那么目前许多气候友好型解决方法的价格，也是具有竞争力的。但是，那些掌握权力的人，并不允许我们使用这种价格计算方法。因此，清洁方法就被置之一旁。我们已经找到了问题的症结所在，许多人也正在致力于为温室气体排放制定真实的价格。但是，让我懊恼的是，这些努力需要时间。同时，在许多领域都存在强大的政治力量，阻挠某些解决方法的实施，仅仅因为这些做法会带来更高的税收、更强大的政府，或者二者兼有。

那么，你需要做些什么呢？在我看来，你的义务就是公开支持减排：强调气候变化的确正在发生，并需要人们及时的关注。气候问题可以通过技术得到解决，而且解决成本相对较低。而且如果大多数人都同意采取措施加以应对，那么你也已经做好准备愿意为解决方法提供资金支持。除此之外，如果你还愿意向别人展示，改变生活方式、减少温室气体排放是一件很简单的事情，那么我认为你做得已经超出分内之事了，因为你已经帮助提升了人们的政治觉悟，而这是激发人们采取并一直持续强劲的、系统性的行动，以开拓气候友好型未来所必须的。但是，正如你从我的预测中所了解到的，我很遗憾地表示，这种大规模的行动出现的时间很晚，直到本世纪 30 年代之后才会出现。

如果你也被我的略显蛮横的描述所激怒，那么你或许也想看一看，传统学说认为，应该怎样解决贫困和气候变化的双重挑战。他们的论述距离现在更近，表述得也更为正式。例如，联合国秘书长主持的可持续发展特别委员会，最近发布了《持久的人民，持久的地球》（*Resilient People, Resilient Planet*）报告。这份报告是对联合国千年发展目标的补充和拓展。2000 年，189 个国家同意制定了联合国千年发展目标，这八个目标现在深入人心，但是在某种程度上似乎有些难以达成。

从一个传统的、富裕国家的角度来看，可能我的预测中最令人伤感的部分，就是工资不会上涨——实际可支配收入还有可能减少——这就是未来四十年间富裕国家中（大致）会发生的情况。作为身处全球收入和年龄金字塔顶端的人，对我而言，这并不是一个问题。但对那些更年轻，收入更低的人而言，未来看上去糟糕极了。

那么，人类该做些什么呢？我认为，真正的答案，应该是先不回答问题，而去确定不同的成功标准。人们应当接受消费水平下降的事实，并通过其他方法，提高福祉。显然，对生活福祉而言（一旦你超过了最低生活水平，也就是富裕国家上一代人达到的平均水平），消费水平并不是唯一的影响因素。当然，我知道，无论人们收入多少，收入增加总是能够提高福祉；而且对低收入人群而言，收入增加是提高福祉的唯一方法。但是，在富裕国家中拥有平均收入水平的人民，其福祉标准很有可能开始因人而异——在稳定消费的条件下——而不是一味地希望收入增加。

因此，当2052年的新年到来之际，请不要对你上一年的收入感到沮丧；尽管在考虑通货膨胀率之后，你的收入并不比2022年开始领取退休金的祖父更多。你应该高兴的是，你的生活满意度（2030年以后，全球数据局会每个月都会使用完善的工具，计算你的生活满意度）会显示，自数据局开始计算以来，你的满意指数平均每年上升了1%——尽管你的收入并没有任何的增加。

谈到新的成功标准，你需要做的就是使更多的人意识到，社会需要改变其目标。提醒你自己和身边的人，金钱并不是生活的全部。利用任何一个场合，来庆祝一切能够证明这一点的事情。去告诉每个人：时间很紧迫，我们现在就需要衡量成功的新标准！提醒他们，从现在起，GDP至上的概念——也就是现在的成功标准——这个概念在20世纪30年代提出之后，用了整整三十年的时间，也就是到20世纪60年代，才成为政治家策论中常用的词汇。社会需要整整三十年的时间，才能够在20世纪40年代提出衡量GDP的切实方法，在50年代建立GDP常规计算的制度框架，并最终在国家层面建立了GDP与GDP变化的日常汇报机制。你需要做的事情，就是帮助工业化社会完成转变，在三十年之内，完成向每月国家福祉计算的过渡。

因此，为了帮助全球社会加快行动，结束贫困，解决全球变暖问题，为社会发展制定新的目标，你和其他人都有许多事情要做。如果世界真的能发生巨变——我希望如此——那么我们就可以迎来更美好的明天。这个明天一定比我预测的要美好得多。

20 条个人建议

你应该尽量避免本书中做出的预测，还是做好准备迎接预测中的未来？答案是，两个都要。你应该努力改变未来，同时也要开始找到那些你可以加以改变的事情。它们能够帮助你在未来世界中，生活得更为惬意。而未来世界并不会一致行动，而是会眼睁睁地看着贫困问题顽固存在，气候变化逐渐加深。

因此，我有一些建议：作为想要生活舒适的个人，你应该做些什么。即便大多数人所做的决定，将使这个世界失去吸引力。大多数建议最适合像我一样，在富裕国家中过着舒适生活的人。当然，你也应该根据自己的实际情况做出相应的调整。对那些深陷贫困的人而言，我的建议和四十年前没有差别：努力工作，并共同努力，建设一个公平、具有生产力、组织良好的社会。在短期内，这需要对一些传统和不公平之处加以打破。

我的建议并不完全符合道德标准。如果每个人都照我说的去做，那么大家的情况都会变得更糟糕。但是，在我为可持续发展而努力的几十年里，很少有人听从我的建议。因此，我并不认为现在会有很多人追随我的脚步。对我而言，未来是由多数人的看法所决定的，而大多数人不仅不会赞同我的建议，甚至不同意我提出这些建议的背景条件。

说了这么多，一起来看看我的 20 条建议吧。

1. 关注满意度而不是收入

记住，生活满意度才是你最重要的目标。问问自己，什么是真正能让你高兴的？什么是真正让你对生活感到满意的？你更希望处在哪种状态中？换言之，你希望未来四十年会发生什么变化？或者说，如果你活不到四十年之后，你希望自己在垂垂老矣时，能够对自己说些什么呢？

对那些真的只想要多赚钱的人而言，这些问题的答案都再简单不过了。赚钱是一个简单而实际的目标，可以使生活满意度逐渐提高。但前提是，你认为经济优越是唯一的目标。如果你还在意自己赚钱的方式，或者在你拼命赚钱时，配偶离开了你，或者你的孩子或朋友并不赞成你的目标等，那么情况就会变得糟糕。

通过这种（私密的）询问，大多数曾经宣称自己只关心赚钱的人，都改变了原先的目标。通常，人们仍然坚持要赚更多的钱，但是增加了一些附加条件。例如，不要因为总是在办公室（或是使用智能手机），而眼睁睁地看着第三任丈夫／妻子离去。在认真思考过后，大多数心智健全的人都会认为，自己的生活目标已经非常复杂，归纳起来就是"使生活满意度最大化——条件是收入维持在一定水平之上"。

在理解收入并不是答案的全部之后，我们就向着正确的方向迈出了一大步。我们因此意识到，即便无法增加收入，也可以提高福祉。我同意，如果所有朋友和邻居都以收入作为评判你的标准，那么你很难将收入之外的东西纳入考虑范围，但并不是完全不可能的。许多人已经做到了。他们选择的职业并不能带来最多的收入，却能够提供其他生活乐趣。只消看看政府、学术圈和非政府组织，你就能明白我说的意思。在那些行业中，许多人选择的目标，就是我在后工业化社会设定的生活目标："满意度就是为你所信仰的东西工作，并取得一些成就。"这就意味着，一旦你达成了某个目标，就必须迅速地设定另一个新的目标，这是很重要的。

2. 不要喜欢某些最终会消失的东西

从我的实证经验来看，人们最终喜欢做的事，就是他们经常做的事。那些总是玩牌的人，就喜欢玩牌。那些总是滑雪的人，就喜欢滑雪。好处是逆命题也成立：如果你希望在老年的时候喜欢玩牌，那么你可以从年轻的时候就开始玩牌，并一直保持这个习惯。在其他并不怎么有吸引力的领域，情况也是如此：如果你希望在年纪渐长的时候进行慢跑，那么你最好在年轻的时候就开始这么做。在坚持大约十年之后，你就会发现慢跑给你的身体带来的好处。

那么，这和全球未来有什么关系呢？你有能力影响自己的未来喜好，因此你应该从现在开始，选择那些能够适应未来变化的喜好。正如你从预测中看到的，未来生活将和现在截然不同。如果你现在不采取行动，那么你的喜好就会被过去的生活所限制。结果就是，你可能发现未来并不尽如人意。

让我举个例子吧。未来将是现代化的，而且人口稠密，空间密度很高。未来生活与20世纪50年代之后的英国城市，或者开阔的加利福尼亚郊区非常不同。大多数人将居住在超级大城市里，居住在某栋摩天大楼中的一间公寓里。我想说的很简单：如果某个人喜欢住在公寓里，那么当她真的住在公寓里的时候，她就会比较满意；而如果她一直住在公寓里，那么她就会喜欢住在公寓里。因此，我的建议是：不要爱上郊区生活。提醒自己，住在郊区需要定期给草坪除草、备受蚊虫困扰，还得修理房顶、疏通下水道、忍受漫长乏味的旅程，去城里上班、泡吧或是购物。你得学着喜欢上公寓生活。

3. 投资奇妙的电子娱乐设备，并学着喜欢上它们

你即便不是幻想家，也可以看到，电子娱乐——正在通过网络或无线设备进入你的家庭——将在未来几十年里发生巨大的变化。现在，人们已经可以通过电视机或计算机，去之前只有勇者才能抵达的地方旅游。

而且，你还可以亲身体验到过去发生的事件。你可以通过屏幕，看到、听到埃及法老的声音或者诺曼底战役的情况。你也可以通过相同的方法，来攀登珠穆朗玛峰。我也可以这么做。在大多数情况中，这些数字体验是如此的真实，几乎可以替代实体感受。比起早期人们刻在石头上，或是画在岩穴中的描述，这些数字体验更能让人感同身受。比起勤劳的僧侣所写作的故事，数字体验更能使人们亲身感受到数百年前发生的故事。

随着技术的进步，电子设备将带来更好的体验。毫无疑问，图像将以三维的方式呈现，或许还能传来各种气味，以丰富人们的体验。多媒体将无处不在，尽管你或许更喜欢在家里，和某些人一起观看。人们在本质上还是社会动物。

另一个重要的发展就是，电子设备将更多地呈现虚拟内容——就像是哈利·波特的魔法世界，或者电脑游戏迷经常玩的游戏情景。虚拟世界将更多地与真实世界一起，争相获得我们的注意力。

有些人会问，当人们可以待在家里，动动手指就能看到各种栩栩如生的景点时，是否还有人会愿意忍受长时间的飞行，只是为了暴晒在烈日之下，在一大群游客中寻找空隙，以亲眼看看真实的风景名胜。我想，愿意待在家里的人会越来越多。除非是那种一辈子只有一次的旅行，例如观察稀有动物，才会有人愿意长途跋涉。但是，因为观察稀有动物需要天不亮就起床，在并不舒适的地方无尽地等待，因此会有人宁可窝在沙发上，看看虚拟图景。这么做更简单，也更便宜。由于虚拟旅行制造的生态足迹非常小，因此这种逐渐远离真实世界的趋势会进一

步加强。我同意，仍然有许多人愿意花一些时间，探访罕见、环境脆弱的地方。数十亿个家庭娱乐中心，也会对电力供应提出更高的要求，对生态系统造成负担。但是，比起每个人都真的去旅游，虚拟旅游的生态足迹更小，更能使动物过上平静的生活。

目前，视频会议已经大大降低了商务旅行的必要性，而这一趋势也将持续下去。而且，当你可以在电子设备上，以三维立体图景看到自己的母亲，看到她坐在房间里，你闻到她屋子里的香味，你还会经常去看望她吗？所以，你和她都得学会喜欢上这种虚拟通讯手段。

最后，值得注意的是，对真实事物的喜爱，逐渐成为了通过习得才能掌握的爱好。我并不是很喜欢电子通讯手段；我还是更喜欢面对面的谈话。但是，我知道这只是个人喜好罢了。正如你已经了解到的，我认为喜好是可以改变的。而对通讯手段的喜好已经开始改变了。我们的孩子就很乐意在社交媒体上，通过短信和图像的方式交谈。他们选择了网络交流，而不是我喜欢的电话方式；而我的祖父也不喜欢电话，认为打电话不够尊重别人。如果有什么重要的事情需要讨论，他更期待人们能够亲自到访。

因此，我的建议是，你应该购买相关的硬件和软件，以便在家享受一个美妙的虚拟夜晚。如果你能够每天使用这些设备，十年之后你会更喜欢它们。在你积极地改变喜好的过程中，虚拟世界的发展也能大大超过你的想象范围。

4. 不要教你的孩子去热爱野生生活

价值观是通过教育传递的：父母将价值观传递给自己的孩子。与此同时，孩子成长的社会也将带来有益，或者有害的影响。因此，价值观并不是注定的。它就像你的喜好一样，是可以改变的。在真实世界中，父母都在尽可能地使自己的孩子重视本地环境、本地宗教、本地政府形式以及本地娱乐——无论这种娱乐是斗牛、曲棍球、赌博，还是民族舞蹈。如果可以的话，父母还会教孩子说本地语言，这样他们就能更好地融入本地环境，生活更轻松。总而言之，在传统上，是父母将本地文化灌输给孩子的。

这种价值观的传递是有益的——如果它能够教会孩子享受自己生活的环境——但前提是，社会变化必须是渐进的。如果社会或环境变化的速度太快，那么上一代的建议就毫无用武之地。过去价值观所给予的关怀，还有可能引起难以调和的代际冲突。

一个有趣的例子就是，人类正在将野生自然环境不断地从地球表面去除掉。这个过程还没有全部结束，但是目前，野生自然环境距离最近的村庄、高速公路、输电线，或者基础设施工程只有不到 10 公里的距离，而且这一距离正在快速缩短。人们尚未成群结队前往参观的野生风景区，其数量已经越来越少了。因此，那些（包括我在内）曾经被父母教育，要热爱野生环境的人发现，能够参观的地方越来越少，景点也越来越远。这些不幸的人们只能怀有深深的不满。当身边空无一人，他们才可以感受到久远的、无人打扰的自然。这种对纯净自然的热爱，和其他喜好一样，是后天习得的。尽管我们自身的基因组成可能促进了这种热爱，因为我们自己就是从深邃的纯净森林中进化而来的。

因此，当你看到自己的孩子坐在电脑前，犹豫他是不是应该去亲近大自然，坐在篝火堆前时，你应该制止自己加以干预的冲动。如果你教育孩子，他应该热爱静谧的大自然，那么你就在教育他热爱一种越来越难寻觅到的东西。孩子很有可能会不高兴——因为他无法在未来找到自己热爱的东西。未来的世界有 80 亿人口，GDP 是现在的两倍。更好的选择是，教会他们在大城市的喧嚣中，找到平和、平静和享受——并且通过耳机，聆听源源不断的音乐声。

5. 如果你喜欢丰富的生物多样性，那么现在就去欣赏

人类生态足迹正在不断增长。现在，我们使用的生态服务，是地球承载力的 1.4 倍。而到了 2052 年，我们会需要更多。只要我们的使用量大于生产量，那么全球储备就在不断消耗之中。就人均而言，目前尚未使用的土地量只有 1970 年的一半，到 2052 年，这一数字会再减半。在七十年的时间里，我们就会失去全部尚未使用土地的四分之三。

尚未使用的生物产能的减少就意味着未经开垦的耕地面积、未经砍伐的森林面积、未经放牧的山坡、未经利用的海龟海滩、未经管理的瀑布数量、未经破坏的珊瑚礁群，统统都在减少。未来四十年间，对自然资源的摧毁还将继续。当然人们还会继续努力，保护生物多样性的重点区域——如东非大草原、喀麦隆的原始热带雨林、婆罗洲中心多山地区、大堡礁五颜六色的珊瑚礁、加拉帕戈斯群岛

的稀有动物等等——但是，即便是自然公园，也会受到气候变化的影响。由于海水温度上升，珊瑚礁的褪色速度将越来越快，失去往日的光彩。由于冬季气温过高，无法杀死病虫，针叶林将受到树皮甲虫的摧残。气候变化所到之处，自然公园内外的生态系统都会受到波及。

因此，如果你还想亲眼见证伟大的生物多样性，那么现在就行动起来吧。如果你已经同意我的第2条建议，而且更喜欢虚拟旅游，那么就不必着急。大多数生物多样性的美景，已经通过电子设备得以记录——而且极为详尽。在未来，在许多动物灭绝之后，人们仍然可以感受到美妙的生物群落。但是，亲身感受惊人的美丽以及未经打扰的生物多样性的内在和谐，是截然不同的经历。所以，现在就去看看吧；你很快就看不到了。

事实上，那些从未感受过自然的人们，认为自然有些骇人。因此，真正听从我的建议的人会更少。这是件好事，旅游给脆弱的生物多样性带来的压力会更小，你也会有更多的时间，认真听取我的第6条建议。

6. 在世界奇观被人群毁坏之前，去参观一下吧

人类文化多样性消失的速度，似乎比生物多样性更快。文化多样性的减少，是由于全球化的作用，但是其本质却是过去五十年间，通讯强度的爆炸性增长。文化统一性，也就是文化差异的趋同，受到了电视机的帮助（在全世界的贫困村庄，人们都能看到加利福尼亚海滩生活，这成了人人都能看到的梦想），最近又受到了互联网的帮助（世界几乎每一个角落都能清楚地了解所有事情）。因此，在大多数人类到访的地方，文化已经越来越相似，越来越没有乐趣可言。

尽管文化多样性开始减少，如果你希望能够真正融入不同的生活方式，世界上还是有许多地方值得前往。许多真正的瑰宝已经消失了，但是过去的文化中，有一部分仍然被保存在博物馆中。俄罗斯的冬宫、法国的凡尔赛宫和中国的故宫都象征着过去几百年来，地球上存在的极度不公平现象，发人深省。它们都是值得造访的景点。问题是，在这些景点，以及其他如埃及金字塔、柬埔寨吴哥窟都挤满了前来参观的游客。即便是现在，如果你希望不排队就参观意大利佛罗伦萨的珍宝，就需要提前几个月预订门票。如果你不想这么做，那就等到中国中产阶级人数超过5亿的时候吧。届时，中国游客的数量将是美国和日本游客数量的总

和。这种情况在短短数十年之内就会出现。一些文化可能不会被同化，但是由于参观人数过多，接近这些文化就变得更为困难。除非人们开始复制文化——就像迪士尼公司所做的那样。在第一个迪士尼乐园变得拥挤不堪之后，迪士尼公司就新建了许多类似的主题公园。

文化面临的威胁，不仅来自拥挤的游客，还来自社会动荡的加剧。由于本地骚乱，一些景点会面临破坏，甚至彻底消失——就像阿富汗内战中被摧毁的巴米扬大佛一样——或者难以靠近——就像在叙利亚内战中，变得完全无法接近的佩特拉石城。

这些趋势都会继续下去：文化统一性增强，游客越来越多，在管理不善的国家中社会动荡程度也会提高。我的结论是什么？在你还可以去参观这些景点的时候，就去吧。不要让那些有限的障碍——例如恐怖主义威胁、提早预订或者像马车一样不舒服的座位——阻挡你的脚步。到 2052 年，一切都太晚了。到那个时候，文化世界将更趋扁平化，而博物馆里更是人头攒动。

7. 生活在受气候变化影响较小的地方

尽管科学研究还无法明确显示，在地方层面，天气状况将发生怎样的改变，但是气候变化造成的整体影响已经是人尽皆知了。英国哈德利中心的计算机模型提供了英国天气状况的十年预测。模型还预测了到 2050 年，你所在的国家的气候状况。因此，如果你正在考虑定居地点，那么哈德利模型能够告诉你，某个地区的气温升幅、降水和海浪高度情况。模型还可以提供一年不同季节的预测结果。

这些预测中包含了强烈的不确定因素，但是你仍然可以了解到大致的趋势——如果你希望这么做的话。对我们挪威人而言，挪威西海岸降水将会增多是个好消息；这可以使水库充盈，以生产廉价的水电。但是，在港口城市卑尔根，一年中有这么几天，其中世纪文化遗迹可能会被泡在水中。人们或许要进行抬升工程，或是修建堤坝，保护这些遗迹。而在挪威的东南部，气温上升则意味着购买海拔 400 米以下的滑雪小屋是不明智的。

如果你想获得建议，那么以上就是大致的建议。如果你想要基于本地情况的，更为详细的建议，那么不妨问一问本地的户外爱好者或者农民，问问他们认为环境正在发生什么改变。当然，最好的方法是，既寻求本地人的建议，也参考计算机模型给出的预测。但是，我的确认为，你还必须考虑常见的因素，例如家庭、工作、朋友、成本、语言、文化等等——然而，在考虑了这么多因素之后，你可能根本不会想要搬家了。

我们已经知道，从现在起到2052年，海平面还会再上升一英尺。这提供了许多的信息，告诉你不应该居住在什么地方（以及在人们发现自己不得不生活在水下——或者从悬崖上跌落下来之前，你应该及时出售哪幢房子）。我们已经知道，哪些地区注定会变得更为温暖，在夏季甚至变得过于炎热，无法居住。尽管全球变暖是一个渐进的过程，在你居住的地区变得过于炎热之前，还有相当长的一段时间，我还是建议，如果你的确想要搬家，你应该避免居住的地区，就是已经过于炎热或干燥的地区的周边。

另一个重要的考虑因素，就是周围任何一条大河的未来情况。居住在传统的洪涝地区是充满风险的选择，尤其是居住在冰川融雪河流旁，或者穿越森林的笔直河流旁边。这两种河流带来季节性泛滥的可能性很大。最后，居住在山脚下并不是个明智的选择。到2052年，冻土带将向上移动两米。那些正处于冰封状态的山地将开始融化，出现山体滑坡现象。

重要的是，你得找到一个地方，那里不会受到新的天气状况的影响——包括强风、暴雨增多、干旱增多、滑坡现象等——更不必说森林火灾了。接着，你就得做出选择。希望你能够在自己的文化圈内，找到合适的居住地；也就是说，你不必千里迢迢搬到另一个地方去。对某些人而言，这不是件容易事：最显而易见的例子，就是生活在太平洋低海拔岛国的人们，或者喜马拉雅山区的村民。后者依靠冰山融水为夏季作物灌溉。

你还得记住，免受气候变化，不仅意味着免受其直接的物理变化，还包括免受间接影响，例如气候难民的涌入、无法从遥远的渔场获得蛋白质摄入，或者禁止在珊瑚礁地带捕鱼、砍伐热带雨林，使许多人丧失生计来源的法规。

8. 搬到一个有决策力的国家去

想要做出一个理智的、基于事实的、具有前瞻性的关于未来居住地的决定，并不是件容易的事情。有许多未知的因素影响了决定——我们知道的未知因素，以及不知道的未知因素，都会造成影响。这就是第8个建议的基础：你居住的国家，应该有能力发现正在出现的问题，并采取行动解决问题。

大多数工业化和新兴经济体都有着强劲的经济实力。如果政府决定要使用这种力量，就可以解决大多数问题。如果人们可以就行动达成一致，就可以投入足够的人力和资本，解决任何问题。只有那些理论上无法解决的问题——例如无需成本的能源——或者几代人都无法解决的问题——例如使两种信徒众多的宗教和谐共存——才是例外。幸运的是，阻碍我们创造美好世界的障碍，大多不属于上述两类。这些障碍都是可以消除的，只要人们有解决的方法。真正的挑战在于，人们普遍无法达成一致意见，使用经济手段来实行这些方法。

例如，在气候变化问题上，只需要将税收提高几个百分点，就能获得足够的资金，在一代人的时间里解决气候问题。因此，解决方法是存在的，但是大多数社会都无法取得一致意见，同意使用这种解决方法，因为他们缺乏广泛的政治支持。人们不愿意做出短期的牺牲，某些利益小集团也会强烈反对解决方法，因为他们会失去特权。

尽管如此，在过去几代人的时间里，民主社会和自由市场仍然解决了许多复杂的问题。但是，在接下来的时间里，社会面临的问题并不能通过以往的方式得到解决。全球变暖就是个很好的例子。要想解决问题，似乎需要更多的集中行动。国家政府可以做出许多行动，使本国免受气候破坏的影响：新建堤坝、迁移城市、加固建筑、改变道路、建造更好的雨水管道和更大的水库等等。如果各国政府都能达成协议，一致行动，那么用美国政府的话来说，就是可以"为人民提供更安全的家园"。而且，这种结果并不是通过加紧边境管理，或是减少气候难民涌入，而是通过实实在在的改变国家面貌得到的。

但是，这样的行动需要大笔投入。而且，无论投入成本是被转嫁到气候友好型产品、服务，还是税收上，民众都是成本的实际承担者。这里就出现了一个问题。只要还存在更为廉价的方法，民主政体和自由市场就会选择成本较低的方法。二者都是目光短浅的，都喜欢短期利益，而不是长期投入。二者都强烈地希望能够立刻省下钱来。因此，必要的行动会被推迟。人们只会在危机爆发之后，而不是危机爆发前，采取行动。在河水漫过堤坝之后，人们更容易达成一致意见，修建更高的堤坝；而在水面上升仍是理论预测时，就很难使人们同意新建堤坝。

因此，我建议你选择一个有决策力的国家，能够在未来几十年采取积极的行动。这个国家必须有能力说服民众，使民众选择少有人走的道路。更直白地说，你应该选择一个不仅仅依靠民主政体以及自由市场的国家。中国自然是有能力做出前瞻性的行动的。美国目前的行动能力令人担忧。但是，你还有其他的选择。德国一直在通过民主手段，推广昂贵的可再生能源体系，尽管其煤炭储量丰富，而且一直能够从三个互相竞争的供应国（挪威、俄罗斯、阿尔及利亚）稳定地进口天然气。德国议会甚至通过抬高电力价格的手段，成功迫使消费者为可再生能源买单。

如果我告诉你，中欧很有可能是受气候变化影响最小的地区之一，平均海拔也最高，那么你可能会想到，这是另一个符合第7条和第8条建议的地区。但是，中欧天气阴沉，而且在工业冷却方面，莱茵河的作用可能会减弱。而且，许多人也已经将中欧作为他们的移民目的地。

9. 了解会威胁生活质量的不可持续因素

一旦你决定了居住的地点（我想，你可能还是会选择待在原来的地方，因为我们都受到安土重迁的思想影响），我建议，你应该列出未来十年或二十年间，该地区可能面临的问题——包括实体威胁（不正常天气、移民潮、电力管制）以及非实体威胁（税负增加、新法案、文化削弱）。以我的预测作为指引，来确定该地区未来的变化吧。

你可能会发现，列出这些问题是件累人的事情，需要你发挥创造力和独立思考的精神。你不妨问问朋友、邻居，看看他们觉得未来十年间，本地环境和设施将面临怎样的负面影响。每当外国人问我，是否应该移居奥斯陆时，我都会这样回答：这是个不错的主意。但是，人们必须牢记，过去使冬天变得妙不可言的白雪，未来将化成一摊融雪。而且，挪威人已经对高税收习以为常；尽管其税率之高，是美国茶党（Tea Party）无论如何都无法想象的。

另一个方法是，首先写出你认为重要的东西（在某个行业工作、通勤时间短、学校质量高、环境安全、有医疗服务），然后针对每一项都提出这个问题：按目前的趋势，这种服务/设施能够持续多久？能够持续十年或者十五年吗？举个例子。假设，你认为自己的福祉（至少部分）依赖于低退休年龄。那么我建议，你应该认真地考虑，从所有老龄化工业国家搬离。因为，在富裕国家中，解决（包括我在内的）老年人口过多的唯一有效、显而易见、容易得到议会通过的方法，就是提高退休年龄。如果你了解到，这些国家采用民主政体，而且大部分选民都低于退休年龄，那么你很容易就能想到，人们最终会迫使社会提高退休年龄。我同意，退休年龄提高的确切时间现在还很难确定。而且你可以通过移民以外的方法，来达到提早退休的目的。但是，如果你希望能够依靠自己的积蓄生活下去，那么一定要给资金找个安全的避风港，以免在气候恶化、社会紧张加剧时，造成资金损失。

在你写完了所有对福祉的威胁之后，这张单子有两个作用。它可以帮助你适应变化——从老龄化的 OECD 国家搬走，或者建立自己"不受气候变化影响"的养老金基金。如此一来，即便退休年龄提高，你也不会受损。但是，单子的第二个作用，就是使你采取更现代的方式，教育自己的孩子，使他们更能适应未来的生活。换言之，如果每年的降雪可能消失，那么就让孩子们喜欢上高尔夫球。如果你认为，高尔夫球场将变得拥挤不堪，那么不妨试试室内武术。

10. 如果你无法忍受服务或护理工作，那么就选择能源效率或可再生能源工作

一旦你决定了居住的地点，以及未来可能面临的威胁，那么是时候考虑自己的职业规划了。或者说，你已经过了考虑职业的年龄，那就考虑一下怎样为儿孙辈提供建议吧。我的预测中，并没有详细讨论未来就业机会，但的确给出了一些指导意见。

首先是一些大致的建议。去接受一些教育吧。它能够确保你的生活更有意思，可以选择从事的职业也更好。你学习的科目并不重要，只要你能选择自己喜欢的学科。如果那个学科的学位并不能确保你找到工作，那么就换一个学科。这总比从零开始要好。和没有工作比起来，既没有受过高等教育也没有工作，是更为糟糕的处境。

未来几十年间，经济将继续保持增长势头，就业人口数量也会增加。在中国和 BRISE 国家，就业人口数量增长的速度，大大快于 OECD 国家。因此，在中国和 BRISE 国家，找到工作的机率更大。这些相对不够成熟的经济体还有另一个优势：他们的工业部门仍然在蓬勃发展，因此在制造业中找到工作的可能性更大。

但是，在成熟经济体中，第一产业（农业、林业和渔业）以及第二产业（制造业）将出现衰退。就业机会的增长将主要出现在第三产业（服务和护理行业）。如果你喜欢做个办公室白领——也就是从事金融、零售、教育、健康或护理行业——那么未来是属于你的。如果你不希望成天坐在计算机前、照顾别人，或者真的希望靠双手做事，那么能源效率和可再生能源行业，对你的吸引力更大。当然，建筑行业也会充满吸引力，尤其是在气候破坏的适应和修复工作中。

国民经济核算报告中，包括了各个经济部门的组成结构。报告还给出了不同部门的经济附加值。通过长期追踪这些数据的变化，你就可以看到各个产业的起伏。规模庞大的部门中，就业人数较多；发展快速的部门中，每年新增就业人数较多。研究这些数据可以提醒你，经济中仍然存在着许多规模较小、正在衰落的部门。对冒险家而言，这些部门提供了新鲜的机会。

最后，如果你现在还没有工作，记得为自己的权利而斗争。长期失业有关分配问题。而通过改变国家政策，分配问题总能得到解决。最简单的方法，就是对富人课以重税，并使用这笔税收，创造更多的公共就业机会。毫无疑问，这种方法会受到大多数人的反对。更为现实的做法是，使国家货币贬值。在一段时间过后，出口行业的就业机会就会增加。但是，货币贬值也会受到一部分人的强烈抵制。他们不愿意支付更高的价格，购买进口商品，或是去海外度假。一些富裕人士也会担心，由于通货膨胀，自己的积蓄将蒙受损失。作为变通，政府可以印刷更多的纸币，雇佣你来承担一些必须完成的工作（例如清扫大街、教育儿童、照顾老人、修建高速公路）。这对你而言是有益的。你的收入增加，消费随之增加，因此相关部门也会受益于消费扩大。但是，大多数人还是会反对这种做法，因为他们"辛苦赚来的"工资的购买力，会因此下降。

如果失业者不群起反抗，争取自己获得体面工作的机会——我指的是，如果有必要，可以采取有威胁色彩的抗议活动——其他人也不会帮助他们获得这种权力。

1967 年的一部电影《毕业生》（Graduate）中曾提到，未来是"塑料的"。然而现实发生了改变。未来有关服务、护理、能源效率和可再生能源，以及气候破坏的适应与修复工作。如果这些都不能帮到你——那么你应该积极、有策略地进行抗议。

11. 鼓励你的孩子学习普通话

对已经掌握中文的 15 亿人而言，这是个再简单不过的建议了。但是，对我们这些人来说，观念的转变更为困难。因为在我们接受的教育里，人人都应该学英语——因为英语可以使你接触到全世界的人，在世界各地都找得到工作。英语可能会继续保持这种领先地位，因为（基本）英语非常简单。而且，全球有 10 亿人已经（大致）能够说些英语了。但是，与未来的全球头号强国——与它的人民、公司和文化进行直接联系——依靠英语是无法做到的。

正是因为普通话非常难学，因此少数会说普通话的人，就占据了极大的优势。在就业市场中尤为如此。如果你正在担忧自己未来的收入，你的孩子又承担着养老金的重担，那么你就应该说服他们，学习普通话。随后，在中国经济蓬勃发展之时，他们也能依靠语言优势，分得一杯羹。

我对那些只会说中文的人，也有类似的建议：学学英语吧，这样你就能与世界绝大多数人更好地进行交流，因为他们永远不会学着说中文。比起一顿大餐，良好的沟通更能帮助建立"关系"。

12. 不再相信"所有的增长都是好事"

现在，我要从实体享受转向讨论非实体的价值。但是，我的目的还是为了帮助你，在这个未来几十年里，会做出许多错误决定的世界中，找到提高自己福祉的方法。

你可能和我，或者大多数人类一样。如果你相信的东西成真，你会很高兴。而且，像大多数人一样，你认为——你的感受也是发自肺腑的——"增长就是好事"。你不假思索地认为，增长是好事——与停滞和"没有增长"相比，增长好得多。这种不言而喻的信仰，使你在潜意识里，喜欢事物出现增长——当你在报纸上读到 GDP 增长、就业率提高、贸易扩大之类的字眼时，你会感到高兴——当你了解到日本人口出现下降，奶酪销量缩水、新车登记数量比去年减少 7% 时，你会感到不舒服。像大多数人一样，你的本能使你感到，如果事物出现下降，那一定是发生了什么问题。"增长就是生命"这句口号——增长范式下，市场营销人员宣称的口号——就抓住了人们的这一心理特点。

但在这里我想说的是，你的肺腑感受会导致不必要的沮丧。如果你希望在未来四十年间，一直保持愉快的心情，那么我建议你修正一下对经济增长的看法。在未来几十年间，一系列事物将出现下降趋势。在某些情况下，下降意味着根本性的解决方法，能够解决许多潜在问题。因此，下降是一件值得庆祝，而不是沮丧的事情。你需要教会自己以及你的思维，辨别好的增长和坏的增长，并且对好的增长和好的下降都抱有同样的热情。

我们自然而然地认为"增长就是好事"，这一点也不奇怪。因为最近的历史发展，以及铺天盖地的信息，都在宣扬这种观点。另外，在过去半个世纪里，经济增长的确解决了许多问题，帮助提高收入、消除贫困、创造就业、为公共服务提供了施展的空间。与此同时，经济增长的核心内容，也就是结构重组，给许多工人带来了问题。他们成为了"冗余人员"，不得不失去自己的工作，或者重新接受培训。

但就总体而言，未来的经济增长恐怕并不是一件好事。我们需要敏锐的目光——来察觉到这种改变的发生。许多人对温室气体排放量是否会继续增加，仍然抱有怀疑。2010 年，在他们了解到 2008 年到 2009 年，欧盟 27 国的碳排放量下降了 7% 时，就非常高兴。如果你很快加入了这些人的行列，开始欢迎国家能源消耗量的减少，因为重点是提高生活水平，而不是提高年均能源使用量，你也不必对此感到惊讶。国家可以通过加强住宅隔热性能，提高人民的生活水平（也就是使室内温度更适宜居住）。对我们大多数人而言，有节制地减少国家能源使用，是一件好事——因为它不会使我们的室内环境质量下降。在电力行业中工作的一小部分人，却是例外——但是在一个完美的世界中，他们可以转移至能效部门。

顺便说一句，历史有时候充满了讽刺。经济快速增长带来的快速城市化，常常导致生育率出现大幅下降，而且人们主动选择了减少生育数量，因为人们不再愿意多生孩子。无论政策是否存在，人口都会出现减少。这一讽刺在于，这种公共自由意愿出现的时间，比公共政策的实行时间，要晚上大约一代人的时间。的确，人口减少会带来一系列挑战（不得不提高退休年龄、老年护理工作的需求量超过幼儿园）。但是，这些挑战是可以得到解决的，而且挑战并不如人们所想的那样严峻。正如图表 4-2 所示，"支持负担"的增长是相当缓慢的。

总而言之，你应该抛弃"增长就是好事"这种观点，认真地思考一下——这并不要你显得充满理性智慧、见多识广，而是为了在未来几十年里，当重要的社会变量开始下降时，你仍然能够对生活保持一定的满意度。

这种思维转换尤其适用于国家 GDP 的问题。未来，国家 GDP 即将出现到顶，继而下降。这首先将发生在富有的工业化国家（日本将首当其冲），接着扩散到世界各地。在 21 世纪后半叶，世界人口将继续下降，生产力则达到了极限。届时，理解世界正在发生的改变，就尤为重要了。你必须提醒自己，福祉高低与人均 GDP 增长率联系更为紧密，而不是总 GDP 增长率。

因此，从现在开始提醒自己，你应该支持 A、B、C 的增长，以及 D、E、F 的下降。对增长和下降都要怀有相同的热情和喜悦。

13. 记住，那些基于化石燃料的资产，突然在某一天将会失去价值

第 12 条建议——差别对待不同的增长——带来了一个非常实际的结果。该建议遵循的事实就是，许多事物不会一直保持增长态势，这其中就包括一些公司的股价。这些公司生产并出售化石能源。正如预测所显示的，全球能源使用量将在 2040 年左右到顶，之后出现下降——因为能效稳步提高，人口数量则加速下降。化石燃料使用量到顶的时间，则会早得多，因为可再生能源的市场占有率也在不断提高。

这一现象离真正出现，还有很长一段时间。至少在金融界，在目光短浅的分析员眼中，就是如此——对这些人而言，明年是无法想象的遥远时光。他们仍旧会依据化石能源公司的能源储备，为这些公司制定股价；煤炭、石油、天然气的储备量越高，公司的股价就越高。但是，他们还没有考虑到，这些能源公司拥有的化石燃料储备量，是将气温升幅维持在 2 摄氏度以内所允许的燃烧量，也就是 2052 年之前使用量的好几倍。

我同意分析员的观点，即投资者还需要很长的时间，才能真正认识到这一点。在此之前，能源公司的股价不会出现突然下跌的情况。但是，这并不意味着股价跳水这种事情永远不会发生。这些能源公司的股价，迟早会出现大跌，以反映真实情况。那就是，在公司的预测中，来自煤炭、石油和天然气销售的收入，永远也不可能成为现实——因为人类正在积极地选择不再使用化石燃料，或者（更有可能发生的是）能源效率不断提高，可再生能源的不断发展，使全球化石燃料使

用量到顶，继而出现下滑。

对那些未来十年间，将利用能源股票所得收入的人而言，这件事是不是就和他们没有关系了呢？我不确定。值得指出的是，当德国政府在 2011 年决定，在 2020 年之前全面取消核能使用时，相关的德国能源公司股价迅速出现了下跌。这些公司原来是可以通过生产核能来获得现金流的；但是现在，它们不得不承担关停核电站的高昂成本。一切发生得如此之快，以至于分析员们完全没有时间重新制作表格，向顾客发出警告。

或许，更加明智的做法是，在养老金基金中减少化石燃料股票的比重。这至少能够使你更加安心吧。

14. 投资那些对社会动荡不敏感的事物

既然我们已经谈到了如何保障养老金基金的安全，我希望再讲另一条建议：不要投资那些会受到社会动荡影响的公司。但是，这条建议恐怕不是很有用，因为我无法告诉你，这些社会紧张态势将在何时、何地出现。但是，它们一定会使你少之又少的养老金雪上加霜。

我只能说，正如我的预测所示，未来几十年间，这些紧张态势都会出现，因为在资本主义经济中，不公平的现象在逐渐加深；因为稀缺资源的分配不均匀；因为气候变化带来的影响。此外，随着经济逐渐成熟，生产力增长缓慢将导致失业问题的出现。

我还要重申，这些紧张态势究竟何时会出现，现在还很难确定。但是，我确定，如果我们能够在紧张态势出现前，就意识到这一现象的影响；至少在下赌注之前，能够考虑一下社会动荡的可能性及其影响，将是一件有利的事情。

15. 做分外之事——以避免在未来受到良心上的谴责

一旦你在新的居住地，也就是不受气候影响、治理良好的地方安顿下来，并将养老金投资于未来表现良好的公司，你就应该重新考虑这个问题：未来精神福祉。

你的首要工作，应该是做好准备，以便日后能够回答一个问题，而且答案无懈可击。这个问题就是："祖父 / 父亲，在 21 世纪初，当人们被允许随意排放温室气体时,你做了什么?"你需要一个答案,这个答案不仅能够让你的儿孙辈满意,还要让所有因为没有听从我的建议而被困在不安全地带的人们感到满意。后者正在你的家门口,敲着门,希望你这个"避风港"能够接纳他们。

幸运的是,答案非常简单。你所有要做的事情,就是花时间——最好是在公共层面,但是至少你应该在个人、家庭和社区范围内——推广理性的看法、政策和事件。这意味着,你必须捍卫事实,那就是贫困和气候变化的双重挑战的确存在,并支持各种合作解决方法(在本章之前已有叙述)。遗憾的是,在从事这些工作的过程中,你将面临狂风暴雨般的反对声。这些声音来自目光短浅的选民、政治家和财富所有者。明智的做法,就是为所有行动保存纸版记录,这样你就可以证明,自己的确为未来福祉做了分内的事情。

在公司层面上,我在其他地方也明确地指出了,公司应该怎样尽其职责,努力消除贫困现象,使气候处在稳定的水平。简要地说,公司应该继续保持增长,同时每年至少将"每单位附加值的碳排放量"减少5%。附加值就是公司对GDP的贡献。根据传统的国家核算制度,家庭活动并不能为GDP做出贡献。因此,家庭活动应该每年减少1.7%的碳排放量。这一目标很容易就能达成。因为到2020年,通过增强住宅隔热性能、驾驶节能汽车、减少一半的飞机旅行——将每年两次、每次一周的假期,改为每年一次、每次两周——就能做到。

再次重申:你必须留下纸版记录——核算一下每年自己对气候影响程度的同比下降,是一件很有意思的事情。而且,在未来发生争议时,纸版记录也非常有用。

16. 在生意上:在当前的不可持续做法中,寻找潜在的商业机会

让我从个人层面转向公司层面,谈谈公司应该怎样利用我的预测,得到乐趣和利润。

第一个建议是,公司应该像个人一样,遵循第9条建议:了解公司利润链中存在的威胁因素——我将其称为公司雷达监测,发现的最为紧迫的不可持续做法。这就需要公司找到,如果公司战略一直不变——而且世界发展也符合我的预测——首先会出现严重问题的方面。我必须重申,这一发现过程需要创造力,并且可以受益于外部观点。例如,公民社会中最严厉的批评家,可以为公司提供有

益的建议。公民社会往往代表着不切实际的理想主义,他们可能会更清楚地看到,公司行为中存在的问题。那些问题将使公司出现在小报头条或者互联网上,名誉一败涂地。

一旦你了解到,哪个方面会首先出现问题,你也就知道了亟待解决的问题。有时候,问题很容易就能解决。例如,化肥产业就了解到,可以通过新的亚拉(Yara)催化剂,使植物不再释放大量氮气,而且无需任何成本。

然而,更为常见的情况下,公司无法从解决方法中获利。但是,你也知道了,公司应该在议会中争取些什么;公司应该努力使政府通过法案,修改税收和法规,使这些解决方法有利可图。飞利浦公司就为我们树立了良好的榜样。这家灯泡制造公司成功地进行了变革,从生产廉价、过时、高能耗的灯泡,转而生产更为昂贵,但是瓦数更低的灯泡。整个转变过程还是有利可图的。飞利浦的成功秘诀,就是与公民社会进行合作,使欧盟制定了关于旧式灯泡的禁令。这一禁令为新产品打开了销售市场,使公司学习曲线中的生产成本大大降低。同时,大量能源被节约下来,节约的成本也处在合理范围内。

一种缺乏职业道德的"最后选择",就是把自己的子公司廉价出售给还没有看到希望的公司——其实那些公司压根不愿意看到希望——因为它们怀有意识形态上的偏见。

17. 在生意上:不要混淆了销量增长与利润增长

正如你从预测中看到的,世界正在面临着翻天覆地的变化。不仅市场的地理位置会发生改变,能源体系以及我们使用的产品,也会发生改变。商业环境也将随之变化。从商业的角度看,关键问题就是找到一匹可以获胜的赛马。而商业界的自然反应,就是寻找正在快速发展的市场,因为他们假设,快速增长就意味着高额利润。事实并不完全如此。让我来解释一下。

现在,有两个正在快速增长的行业,分别是风力发电和光伏技术。未来我们很可能看到,充电型混合动力汽车也会加入这一行列(这种汽车在最初行驶的 30 到 50 公里,使用晚上在车库中充满的电池,之后就使用传统的汽油引擎)。在我看来,风力发电和光伏技术,很有可能成为最终解决方法的要素;而充电型混合动力汽车,则是转型期广泛使用的技术。未来的汽车将完全依靠发电厂的电力或氢气，而且发电厂在发电过程中，不会排放任何二氧化碳。但是，我想强调的是，尽管风力发电、光伏技术、充电型混合动力汽车是快速发展的市场，这三者都不能确保投资人获利。

要想知道为什么，就想象一下那些隐含的动态变化吧。在使用现有技术的条件下，只有当销售价格和生产成本之间存在差价时，才会产生利润。如果这种差价存在，那么就意味着这个行业有盈利机会，投资者也会被吸引过来。只要新加入的人数保持在合理范围内，就不会发生任何问题。但是，如果差价巨大，那么该行业的吸引力就会很大。结果就是产能过剩，继而对价格产生下行压力，导致利润降低。另一个结果，就是产能和销量的快速提高。因此，我们可以看到，快速增长并不一定能够带来高额利润。

对该行业的先行者而言，情况尤为恶劣。因为后来者通常会借鉴前人的经验，其成本就会更低。同时，后来者还有一个优势：他们知道，市场的确存在，而且了解市场的大致规模——因为先行者已经展示了这两个要素。因此，后来者就可以大规模地进入市场，在生产中利用规模经济效应，将先行者挤出市场。学习曲线有利于降低成本、提高效率，但是获取这种知识的能力，并不遵循先来后到的原则。

我的结论一点都不新鲜。大多数经验丰富的投资者，已经充分了解了这一点。获取利润的确是非常困难的事情，即便你已经找到了具有利润空间的市场。但是，值得向经验不足的人们强调的是，销量的快速增长，绝对不是高利润的保障。最近的一个例子，就是 2010 年到 2011 年，光伏市场出现的价格崩盘。由于中国的创新技术和生产能力，光伏板价格暴跌，使许多先行者损失惨重。但是，价格崩盘也使光伏板的装机容量飙升——支持了我的预测，也就是能源竞赛中，太阳能光伏将成为获胜者之一。但是，早期投资者未必能够从中获利。

18. 在政治上：如果你希望再次当选，应该只支持能带来短期利益的行动

让我换个话题，来谈谈世界政治问题。正如你从预测中了解到的，我相信，政治家所能做的事情非常有限，因为选民本身是目光短浅的。选民希望得到改善，但是并不希望采取任何行动，真正改善生活。他们希望的是，在短期内——也就

是 4 年之内——就得到改善。如果你说"让我们在今天牺牲 X，以便在 2040 年获得 4 倍于 X 的收益"，那么你获胜的可能性就非常低了。希望这么做的政治家，往往会失去选民，失去影响力，失去他们的职位。在最近一段时间里，有能力使人民接受长期政策，而且地位重要的政治力量，似乎只有欧盟（在气候问题方面）以及中国共产党（在经济发展方面）。二者成功的原因，很可能是因为他们受到民主控制力的影响较小。而大多数政治家没有这种福气。

所以呢？实际结果就是，如果你希望赢得选举，从事公共服务，那么就必须创造一个平台，这个平台在短期内显得非常有吸引力。如果你对国家的长期发展有着雄心勃勃的计划，那么你最好重新组织自己的信息。例如，假设你支持电动汽车，因为它们能够减少城市温室气体排放，为我们的孙辈提供更美好的环境。我建议，你应该声称，电动汽车能够立即减少噪音、降低城市污染程度，这样就能获得更多的支持。如果你的听众都非常老于世故，那么在演说的末尾，你或许应该说，电动汽车还可以"顺便"减少温室气体排放，在长期看来，能够帮助解决气候问题。但是，不要把电动汽车的长期作用作为演讲的重点。

或者，假设你认为，住宅应该增强隔热性能，以减少电力需求，减少本地公用事业的碳排放量。但是，你也不能将这个原因作为论述的重点。我认为，如果你强调，隔热性能好的住宅，能够减少每月能源开支，那么你的工作就会进行得更为顺利。如果你足够明智，通过改变法规，允许公用事业与建造新型住宅的公司一同分享能效投资的利润，那么就可以确保人们可以很快地看到自己的账单金额有所减少。公用事业会提供投资所需的资金，承担建设项目，以账单减免的形式，将一半的节省费用让利给消费者。

最后，假设你是奥巴马总统。假设你支持气候政策，支持在美国大草原上新建风力发电厂，以及在底特律制造电动汽车，汽车使用的电力就来自草原风力发电。但是，你不应该将这一政策称为"为了帮助下一代人而制定的美国气候法案"，否则目光短浅的美国国会和选举人就会反对你的做法。你可以将其称为"使美国立刻成为能源独立国家的法案"，因为风力发电和电动汽车的确有短期效应，能够帮助美国减少对中东石油的依赖。

永远不要低估短浅目光的强大作用。

19. 在政治上：记住，实体限制因素将主导未来发展

在二战结束后的头十年里，资源限制并不是政治的热门话题。人们缺少的是资本，无论是在现实层面还是在财政方面。开明政府通过限制消费增长，努力增加投资。因此，尽管资源需求的确有所增加，但是人们一直坚信，地球资源是极其丰富的。问题的关键在于如何获取这些资源。类似地，环境污染也不是核心问题——或许伦敦和洛杉矶除外。当年，这两个超级大城市，都备受烟雾的困扰。人们还认为，从任何角度来看，世界都是广袤无边的。对那个时期而言，历史上存在的资源限制（也就是土地），已经从经典宏观经济学的等式中消失了。因此，在20世纪后半叶，大多数经济政策的知识基础，并没有认识到，世界是有限的。这些政策忽略了一个事实，那就是所有资源都是有限的，地球吸收污染的能力也是有限的。

接下来的四十年里，人们的认识发生了改变。大多数国家中，都出现了土地短缺的现象。用于种植、放牧、造林的土地短缺，而且获取更多的土地就需要花费人力物力，而不是像以前那样可以自由取用了。在巴西、乌克兰和其他一些地区，仍然拥有土地储备，但是大多数可耕种的土地都已经得到了开垦。此外，海洋也是有限的，其生产淡水、保持生物多样性、传播花粉、吸收二氧化碳的能力也是有限的。的确，技术可以帮助提高限度，但前提是必须有充足的能源。这就需要人们深思熟虑，做出明智的决策，并加以实施——这绝对不会自动发生，在实施过程中也一定会面临本地反对声。

因此，未来的政治家必须花费大量时间，解决资源枯竭和环境污染问题。这两个问题都不会在短期内得到解决。人们不可能一下子就取得突破性成果，一举解决所有问题；因为问题的本质有关地球有限的承载力。对政治家而言，幸运的是，人们正逐渐认识到资源是有限的。选民可能会有足够的耐心，给政治家足够的时间，解决这些重要问题。而在一代人之前，情况绝非如此。

新的关注点有两个"前奏"：石油到顶问题，以及气候变化问题。二者都反映，在面临实体限制因素时，决策进展速度之缓慢。首先，人们争论了几十年的时间，争论上述这两个问题是否真正存在：传统石油产量是否的确存在限制；森林和海洋吸收人类二氧化碳的能力是否存在限制。接着，人们又花费了数十年的时间，希望得出最好的解决方法。最后，我们还需要再等待数十年的时间，才能

看到相关政策真正得以实施，看到传统石油被其他能源替代，或者二氧化碳浓度有所降低。

对政治家而言，需要以正确的方式看待这个缓慢的过程。只有这样，才不会失去耐心或信念；才能在短期利益的基础上，提出自己的政治观点，而且不会立即遭到选民的否决。

最后，还有必要提醒未来的政治家：在公共辩论中，我们毕竟已经看到，实体限制因素正在成为日益重要的部分。在过去几十年里，生产力一直是关注的焦点：经济政策的首要目标，就是提高每小时产生的附加值。但是，在新的实际中，我们已经看到，人们日益关注能源生产力以及二氧化碳生产力，也就是每单位能源或二氧化碳能够产生的附加值。当能源和二氧化碳取代劳动力，成为更重要的限制因素时，关注的焦点自然就发生了改变。

术语和概念的挑战仍然存在。如果我们采取的讨论角度，是每单位能源或二氧化碳创造的经济价值，而不是每单位人力创造的经济价值，那么讨论效果可能会更好。但是，如果其他限制因素更为紧迫，那么关注每单位水、石油、土地、肥料或者生态足迹创造的经济价值，会是更好的选择。这就强调，在一个日益拥挤的世界中，实体限制因素正扮演着愈发重要的角色。

在关于气候问题的争论中，还可以通过创造两个全民公敌，来达成目标：二者分别是"能源强度"（也就是每单位 GDP 所需能源）以及"气候强度"（每单位能源带来的碳排放量）。我们的长期目标，应该是尽可能减低这两个指标。

20. 在政治上：同意人人都能公平地获得有限资源，比言论自由更重要

最后，未来的政治家应当考虑，资源限制因素对选民行为与投票偏好产生的影响。在 18 世纪大革命之后，人们都一直倾向于支持建立政府，但前提是，政府应该尽可能弱小，并采取放任态度，使个人能够决定自己未来的发展。当然，关于这个观点，有着不同的生发。在斯堪的纳维亚半岛国家、中国以及苏联，人们也尝试着建立了更为强有力的政府。但是，在过去几代人的时间里，人们都大致遵循同一个观点：个人拥有追求自我利益的权利，只要这种行为没有侵犯大多数人的利益。人权的制度化，包括言论自由的规定，就是这个观点所取得的成果之一。

然而，我认为，在资源受限的世界中，这一观点将发生改变。改变需要时日，但是那些允许少数人掌握有限资源的政府，将逐渐失去合法性——即便这些政府允许人们自由地谈论、写作有关这方面的问题。如果水资源变得稀缺，而少数富有的人被允许买下所有剩余的水资源，迫使其他人减少用水量，或者从富人手中购买水资源的话，那么我相信，一定会爆发长期的社会动荡。因为通过理性的方式，完全可以解决这类问题。政府可以通过法案，使每个人都能以相对较低的价格，获取一定量的水资源；而剩余部分则可以交由市场，通过供给关系进行资源配置。

我们已经看到，在能源领域出现了这样的变化。许多政府都发现，有必要为穷人提供石油补贴。因为少数 OPEC 国家（以及挪威），拥有大部分石油资源，并且有能力抬升价格，售价远超实际生产成本。这使得穷人蒙受了严重的损失。遗憾的是，大多数补贴都不足以解决问题。但是，在未来，人们仍然有可能在配给基础上，建立完善的体系，高效地进行资源配置。

在代际间公平分配问题上，也存在类似的变化。在未来四十年间，政治家将受到更多的压力，不得不考虑未来几代人的权利。但是，这一问题的进展，比实现一代人之间的公平分配更为缓慢——因为没有人会为那些尚未出生的人争取权利。但是，但愿到本世纪末，将会出现国际法庭处理代际公平问题。

如果一个政府能够确保每个公民都能够公平地获得有限资源，那么这个政府就能够更安然地存在。而一个只知道推动个人权利，使每个人都争着想要得到更多的政府，就可能会面临社会动荡。

在一个日益拥挤的世界中，集体福祉的重要性将逐渐超越个人权利。

学会与即将到来的灾难共存，并仍然抱有希望

以上就是我能够提供的全部建议。现在轮到你了。你得选择最适合的居住地、使自己的福祉最大化。而且未来世界的变化，并不会遵循一直以来的趋势。

我有时候也会处于和你相同的情况中，因此我同意，主要的挑战来自心理。当你了解到，世界正在滑向灾难边缘时，就很难对未来保持乐观的心态。即便你的个人生活多姿多彩，令人满意，了解到人们在系统层面犯下了如此巨大的错误，

以至于集体未来将被摧毁，也是件揪心的事情。

　　因此，最后我想鼓励你：不要让未来可能发生灾难的消息，摧毁了你的精神意志。不要让一个颇为黯淡的未来，扼杀了你的希望。希望那些不太可能发生的事情发生吧！为那些不太可能发生的事情努力工作吧！

　　你还得记住，即便我们并没有成功地将世界变得更为美好，未来仍然存在。未来世界仍然将呈现在你面前——尽管它本可以更美丽、更和谐。

Closing Words 结语

我只有最后一件事要说：
请帮助证明我的预测是错误的。

只要齐心协力，我们就能够创造一个更好的世界。

马斯克成功操盘特斯拉的顶层设计和关键动作
马斯克能持续跨界创新的底层逻辑和商业智慧

特斯拉：
埃隆·马斯克的颠覆创新与商业智慧
书号：978-7-5169-2209-5

—— 17 位企业家、投资人、媒体人倾情推 ——

周奇 金沙江联合资本 管理合伙人	**檀林** 苹果公司中国区前市场总监 前海再保科技董事长	**张鹏国** 宇视科技 创始人兼CEO	**杨蜀** 深圳标普云科技 创始人	**李琦** 杭州瑞德设计创始人 中国工业设计协会副会长
王玥 连界董事长 由新书店创始人	**徐晨** CMC资本 合伙人	**陈为** 正和岛 总编辑	**贺磊** 新出行网站 CEO	**何伊凡** 《中国企业家》杂志 副总编辑	**宗毅** 芬尼科技 创始人兼董事长
唐文 氢原子 CEO	**张志勇** 文凤汽车 创始人	**于夫** 自动驾驶领域 嵩级别专家	**邓斌** 书享界 创始人	**陈雪频** 智慧云 创始合伙人	**余晨** 易宝支付总裁 联合创始人

联袂推荐

《时代》周刊2021年度人物 / 美国科学院院士**埃隆·马斯克**